“3S”系列丛书

“3S”技术及其应用

冯仲科 余新晓 编著

中国林业出版社

图书在版编目（CIP）数据

“3S”技术及其应用/冯仲科，余新晓 编著. —北京：中国林业出版社，1999.11（2020.8 重印）

（“3S”系列丛书）

ISBN 978-7-5038-2418-0

Ⅰ. 3S… Ⅱ. ①冯… ②余… Ⅲ. 地理信息系统-应用-森林资源-资源管理 Ⅳ. S757.2

中国版本图书馆 CIP 数据核字（1999）第 63051 号

“3S”技术及其应用

出版 中国林业出版社（北京市西城区刘海胡同 7 号）
邮编 100009
印刷 三河市祥达印刷包装有限公司
印次 2000 年 1 月第 1 版 2020 年 8 月第 8 次印刷
开本 850mm 1168mm 1/32 印张：10
字数 273 千字

定价 23.00 元

内 容 提 要

"3S"技术指 GPS（全球定位系统）、RS（遥感技术）、GIS（地理信息系统）及其集成技术，是当今国内外地学界高新技术之一。本书系统地介绍了森林资源与环境空间数据特征、GPS 控制网建立、DGPS 应用、辅助测量定位手段等内容，同时扼要地叙述了 RS 数字图像处理、GIS 原理和"3S"集成技术。全书旨在建立一个以DGPS、RS 为矢量、栅格数据源，通过 DGPS 实施校正、定位、补测、补绘，进而与 GIS 集成，实现预测与决策一体化的"3S"资源与环境调查监测系统。

本书可作为森林资源、环境、水保、测绘、海洋、地质、采矿、石油、土地、建筑、水利、道路、铁路、管线等专业大学本科生、硕士和博士研究生课程教材及相关科技人员参考书。

序

资源过耗、环境恶化、人口激增、粮食短缺已成为举世瞩目的世界性问题，只有通过实施社会经济和资源环境可持续发展战略，这些难题才能予以控制和解决。

资源与环境问题，具有功能的多样性，形成周期的长期性，状态的动态性，分布的广域性和空间结构性，人类对其作用、功能的认识和控制必须借助于一系列的数学模型、物理模型和模拟模型，而这些模型往往又依赖于空间地理模型。因此，必须建立一个以 GPS、RS、GIS 及其“3S”集成技术为主导的对地观测系统，进而使我们对资源与环境问题能从整体上加以解决，并成为数字地球的重要组成部分。

在《“3S”技术及其应用》付梓之前，我先睹为快，并同二位作者多次商榷其中有关问题。冯仲科、余新晓是我熟悉的两位有才华、踏实、勤奋、具有创新精神的年轻学者，他们根据近年来承担的多项国家、部委和国外合作研究项目及在北京林业大学等院校为大学本科生、硕士和博士研究生开设的“3S”技术等课程基础上，结合资源环境方面的研究案例，编著本书。本书包括理论、方法和实践。全书以 GPS 为精密测地矢量数据源，以 RS 为海量栅格数据，以 GIS 为数据、图形、图像管理平台，以资源与环境的监测与控制为目标实现对地观测，这与我十多年前在生态系统控制工程研究中构想的上情下达、下情上达双锥决策反馈系统惊人地相似，也使这类问题得以解决。

我向资源、环境、林业、水保、农业、测绘类学科的本科生、研究生和学者推荐这本新书，并期望读者向作者多提意见，以推进“3S”技术在我国资源与环境科研、教学、产业、管理等方面的广泛应用。

吴君恭

中国工程院院士

1999年8月18日

前　言

“3S”技术通常指GPS、GIS、RS三者的集成技术，是20世纪90年代兴起的集空间科技、计算机技术、电子技术、无线电传输技术与地理科学、信息科技、环境科技、资源科技、管理科技以及与地学相关的一切学科于一体，进而保证我们能对与地学相关问题从整体上优化、系统、实时、自动解决，并实现预测与科学决策一体化。在国外，与此相关的研究称之为Geomatics，已是热点研究课题之一。

国家现代化建设的发展为资源、环境科技工作者提出了更高的要求，为其发挥聪明才智开拓了广阔天地。资源过耗、粮食短缺、环境恶化、人口激增，所有这些举世关注之难题，只有实施可持续发展战略才能得以控制和解决。而一切可持续发展的战略要依据“3S”技术提供对地观测信息、科学预测、辅助决策，其实施效果又要依据“3S”技术去评价。从微观资源环境调查、监测、评价去看，“3S”更是不可缺少的技术手段。基于此，“3S”从20世纪90年代初开始，迄今热度不减，有关院校纷纷开设此类课程，有关研究人员纷纷投入“3S”研究，产业部门尽力投入了“3S”运营，形势一片大好。为适应上述需要，作者结合近年来在北京林业大学等院校为硕士、博士研究生开设的课程，参考、引用国内外相关文献、专著中的资料，联系作者承担的国家、部委和国际合作项目，编著此书。

全书共七章，包括资源与环境空间数据导论、GPS控制网、DGPS应用、辅助测量手段、数字图像处理、GIS原理、“3S”集成等内容。本书建立在以DGPS为矢量数据，对RS校正、定位、补测、测、算、绘，通过GIS实现预测与决策于一体的“3S”资源与环境调查监测系统。

本书编著过程中，中国工程院院士关君蔚教授、北京林业大学“3S”方向博士生导师游先祥教授等给予热情鼓励、支持和指导，李崇贵、牟玉香、贾建华、赵俊兰、刘涛、南永天、刘月苏、范文义、王让会、刘世海等参加相关课题研究、讨论、实验。在此，深致谢意。

由于“3S”技术尚在发展探索阶段，许多问题还不确定，加之编著者水平有限，缺点、错误在所难免，恳望读者指正。

编著者

北京林业大学

1999 年 8 月 18 日

目　录

第一章　森林资源与环境空间数据导论

现代科技和以工业为主导的生产力的发展，一方面扩大了人类改造自然的活动领域，提高了人类同自然作斗争的能力，从而把人类社会的物质文明和精神文明推向了一个前人无法想象的新高度；另一方面也带来了一系列棘手的社会问题。近百年来，世界人口的过快增长，粮食供应短缺，生态环境的明显恶化，自然资源和能源的过度消耗，以及核灾难的威胁等问题难以控制地恶性发展，使人类的处境受到越来越严重的困扰，成为举世关注的全球性问题。全球问题的出现,并不意味着社会经济和科学技术的发展应当终止,人类完全有能力解决这些问题。但是，这些问题的出现表明，人类的社会生活，至少是其某些方面，已经发展到需要进行全球性管理的时代。

森林，人们过去只强调其资源性能，即生产木材和其它林业产品，这种理解，显然有很大的片面性。作为陆地上最大的生态系统，森林除能为我们生产木材之外，还有多种经营、综合利用、防风固沙、水源涵养、抗污染、野生动物栖息、旅游等多种功能。因此，对森林资源开发与其生态环境作用和功能的研究是具有学术和实用价值的。

由于森林资源与森林生态环境，具有功能上的多样性，形成周期的长期性，资源与环境的动态性，森林成熟的不确定性，林区分布的广域性和空间结构性，人们对其作用和功能的认识和研究必须借助于一系列的数学模型、物理模型、模拟模型。地图就是人类最早用于认识森林的重要模拟工具，而以 GIS 为支持的现代电子地图则是人们研究森林的理想的数学模型、物理模型和模拟模型。GPS、GIS、RS 及其“3S”集成技术则能够实现现代对地观测系统，从而使人类对森林资源、环境功能的认识建立在地球之外，实现数字化、自动化、实时化、动态化、集成化和智能化。由此，地学信息数据和地图在森林资源与环境中的作用是十分重要的。

地学信息和地图都是测量的产物。经典的测量学定义为“研究地球形状大小及确定空间点位的科学”，而现代测量则定义为“研究空间数据采集、传输、处理、变换、存贮、分析、制图、显示的科学和技术。”无论是经典测量学，还是高新科技武装的现代测量学都是研究将地形（含地物和地貌）测绘成图。现实客观世界的地表是非常复杂的，但是，任何复杂的地表空间物体都可以抽象，即从体到面，从面到线，从线到点，所以，复杂的地表形体的最终表现不过就像测量学定义所言，只是“确定空间点位”（即定位）的科学了。所谓定位，实质就是确定位置，科学而言，就是确定某点相对于某一坐标系（框架）的三维坐标，从动态的角度去看，还要考虑点的三维运动速度。

GPS（全球定位系统）是迄今为止人们认为最理想的空间对地、空间对空间、地对空间定位系统。因此，研究GPS定位的特点，使其在森林资源环境中发挥空间定位作用，解决相关问题，具有学术和技术上的双重意义。

第一节　定位技术发展简史

测绘的终端产品是制图，而其实质是定位，纵观测绘科技发展史，人类在认识自然和改造自然的过程中，发现和发明了一系列定位方法、定位工具，使人类能够认识地球及其之外的空间，这种认识的半径随科学技术的发展而迅速延长。

早在原始社会，我们的祖先们就将自己生息的地区做成类似于今天沙盘的模拟模型，从而形成了最早的测绘与定位。奴隶社会的产生，阶级的出现促进了原始社会的瓦解和社会生产力的发展，同时促使了土地权属的划分，形成了几何学、测量技术和定位技术。

空间定位的重要手段和技术有：

一、天文测量定位法

中国先人对古代天文测量贡献之大，是世界上其它任何国家无法相比的。早在公元前十一世纪，河南省登封县告成镇建周公测景（古“影”字）台。现存河南省开封观星台，建于元朝，是我国现存最早的天文台。大约在公元前三世纪，古希腊埃拉托色尼第一次用天文测量法推算地球的周长，并在其专著《地理学》一书中首次用经纬网绘图，同一时期，古希腊亚里士多德首先提出“大地测量”一词。公元前一世纪，中国最古的天文算法著作《周髀算经》发表，书中阐述了“盖天论”及利用直角三角形的性质，测量计算高度、距离等。不久，西汉落下闳创立“浑天说”，经他改进的赤道式浑天仪，在中国使用两千多年。公元 160 年，中国东汉张衡发明漏水转浑天仪，经后人发展，成为世界上最早的机械钟，而此前的 150 年，古希腊托勒著《地理学指南》，书中论述地球形状、大小、经纬度的测定方法，并选定经过大西洋中费罗岛的子午线为本初子午线，一直沿用到 1884 年。1276 年，中国元朝郭守敬创制多种天文仪器，其中立运仪的结构与近代地平经纬仪相似，可以测定天体的高度和方位角。郭守敬还主持进行了大规模的天文测量，并采用球面三角形解算天文问题。1608 年，中国明代徐光启和意大利利玛窦合著《测量法义》，实现了中西方测量的结合；同年，荷兰眼镜匠汉斯发明望远镜，为人类天文大地测量学的发展奠定了基础。1667 年，法国首次在全圆分度器上安装望远镜进行测角，大大开阔了视野，扩展了观测半径。而德国科学家开普勒于 1609、1619 年提出的关于行星运动的三大定律（通称开普勒定律）为天文测量学的全面形成奠定了理论基础。1794 年，德国高斯提出最小二乘法，并用于谷神星（小行星 1 号）轨道的平差计算，从而使经典测量平差有了理论依据。1769 年，法国拉普拉斯提出用天文方位角控制三角测量误差积累的概念，被后世称之为“拉普拉斯”方位角。两年后，又发表《天体力学》一书，建立了行星运动的摄动理论和行星的形状理论。1801年，德国高斯发明由三次观测决定天体运行轨道的方法。1810年，拉普拉斯发现测定的天文纬度同大地纬度有差异（垂线偏差），导致了19世纪大地测量学与天文测量学家联合进行大规模的弧度测量。1860年，俄国人福尔升首次用有线电报测定经度。1884年，国际子午线会议在美国华盛顿召开，会议决定，通过英国格林威治天文台的子午线为起始子午线。1890年，德国列普索尔特设计第一具目镜接触测微器并应用于天文测量。1925年，国际天文学联合会第二届大会通过国际经度联测计算，中国上海徐家汇天文台为世界三个基点之一，1926年开始首次国家经度联测之后，又进行过几次联测。

宇宙间天体的相关位置和运行都有一定的规律，天文测量就是利用其规律，在选定的地面点上，观测某天体（主要是恒星）的高度和方位，并记录观测瞬间的时刻，从而确定该地面点的地理位置——天文经纬度及由该点至另一地面点的天文方位角。这种方法是各点单独进行观测的，彼此观测点间没有任何依赖关系，因此是20世纪60年代以前数百年基本的大地测量定位方法。在那时，测量学家认为天文测量工作组织简单，误差不积累。然而，天文测量定位精度不高，一般为±5～9m，而且受垂线偏差影响很大，如当地面某点垂线偏差达±3～4″时，导致地面上的点位误差达±90～120m，即使经过垂线偏差改正，其剩余误差仍有1.0～1.5″左右，反映在地面上的点位误差仍达±30～50m，所以，20世纪60年代以来，空间技术（主要是人造地球卫星）、光电技术（主要是计算机和光波测距仪）发展，天文测量已趋淘汰。然而，对于垂线偏差的确定，重力点位置的测定，没有大地点的区域（如边远林区）进行小比例尺测图，拉普拉斯方位角测定、起始坐标、起始方位确定时仍有一定意义，但其应用前提是不具备手持式GPS接收机。目前，一个小小的手持式GPS接收机亦能达到当年天文测量的精度。

总之，用现代测绘的目光去看，天文测量精度低，观测时间长，易受天气及外界条件影响，数据处理复杂，虽然曾为空间定位的一种重要手段，今天却已显得过时了。

二、罗盘定位法

中国是最早采用罗盘定向的国家，罗盘亦是古代中国人的四大发明之一，即使到了今天，从罗盘的故乡中国到测绘定位发达的美、德、日本等国，罗盘仍在一定条件下发挥定向、定位作用，是许多现代定位技术（如GPS），在特殊条件下（如茂密的林区、井下）所无法替代的。

公元前三世纪，中国人开始应用最早的指南针仪器——司南。《韩非子·有度》称“故先王立司南以端朝夕（这里朝夕就是指东西方向）。罗盘，又称磁罗经，利用地球磁场和磁针特性进行陆海空导向，属于结构简单、造价低廉、操作方便、经久耐用的仪器，可根据不同用途制造成军用式、矿井式、森林式等。磁偏角是磁子午线与真子午线之夹角，由地磁两极与地球二极不重合所致，其大小因地而异，同一地点的磁偏角也随时间有微小变动，有周年变化、周日变化，称为年变值和日变值。

罗盘应用于定位一个最为突出的问题就是定位精度太低和磁偏角影响问题，当然，还有在某些铁磁地区罗盘的失灵问题。通常罗盘定向误差 $m\alpha=\pm 40'$，森林罗盘仪用于林区定位时，定位精度大约为±5.0m/km。

罗盘的发展前景为电子化，目前，市面上已有定向误差为±6′，测距精度为±100mm/km，测程为1km的电子罗盘与光电测距仪的组合定位系统，定位精度为±1.5m/km，可实现自动、实时定位，可通过RS—232C与计算机通讯，是资源与环境自动定位中的理想设备之一，尤其是在GPS失灵的茂密林区和不能同时接收4颗以上卫星的峡谷地带。

现代数字电子罗盘与红外测距的组合体（DCS）将是未来定位的重要辅助工具之一。

三、大地测量仪器定位法

大地测量仪器观测定位法是空间定位的基本手段之一，也是迄今为止正在发展的一种手段和方法，从一定程度和角度去看，亦是其它任何手段无法代替的方法。

大地测量仪器定位法随大地测量仪器的发展而发展。早期多用以测角锁网为基础的三角测量法，20世纪50年代光电测距仪的出现和迅速发展，现代大地测量仪器定位法逐渐向边角网，测边网，全站仪三维实时、自动导线方向过渡。此外，20世纪70年代以来方兴未艾的电子经纬仪工业测量系统、全站仪工业测量系统亦是大地测量仪器定位法的重要组成部分。

经纬仪是大地测量仪器法空间定位中的重要仪器。1276年，中国元朝天文学家、地学家郭守敬就研制出立运仪，其结构、功能很像今天的平地经纬仪。望远镜发明不久，1667年，法国首次实现了在全圆分度器上安装望远镜进行测角，从而形成了近代光学经纬仪雏形。1783年，英国人制造出度盘直径为90cm，重91kg的游标经纬仪，要用特制的四轮马车运送。1792年，法国德朗勃和麦克奉政府之命，从敦刻尔克到马塞罗那进行子午线弧长精密测量，历时6年，为近代三角测量之开始；1821年，德国测量学家白塞尔首创三角测量方向观测法；1826年，又是德国人高斯发表按条件观测的三角测量整网平差理论。1846年，德国卡尔·蔡司光学仪器厂创建，生产游标经纬仪、水准仪等，近50年后的1904年，生产出了世界上第一台玻璃度盘的光学经纬仪，从而把大地测量经纬仪的精度推向了一个新水平，亦为测角锁网大地测量定位法提高定位精度提供了有效的工具。1947年，瑞典生产出世界上第一台光电测距仪，这是测绘科技史最重大的一次革命，解决了测量上为之奋斗几百年所要解决的跨峡谷、跨河流地区的精密测距问题，为现代大地测量提供了有效的工具和方法。测距仪诞生不久，就向精密化、小型化、自动化、数字化方向发展。20世纪70年代又诞生了电子经纬仪，并与测距仪组合，形成寓测角、测距、计算、贮存、通讯于一体的现代电子全站仪，把测量定位推向了自动化的程度。从 20 世纪 70 年代到现在，全站仪精度不断提高，功能增多，体积变小，重量变轻，价格降低，内存扩大，已有能够自动瞄准、记录、读数、处理数据的单人测量系统面市。

全站仪定位中的一个重要优势就是：布点灵活，而不像测角锁网一样，需要良好的通视条件和有利的几何图形，这一点，对林区、矿井等条件下的测量至关重要；精度高，全站仪三维导线一般要比同等级测角锁网点位精度提高一倍；可靠性高，因为每条边长都要观测，因此增加了多余观测，加强了检核，提高了抵抗粗差的能力；经济性好，可以近实时，自动化的一次完成三维测量，观测工作量小，花费少。

大地测量仪器法定位的惟一不足之处就是远离已知大地点时，只能进行假定坐标系的测量，对于已知点的依赖性很强，当然，罗盘导线也在一定程度上存在这一问题。

大地测量仪器定位法的定位精度为：

①普通经纬仪速测法——用光学经纬仪测角，视距丝测距，一般定位精度为±2.5m/km。

②全站仪法——测角、测距计算均由全站仪完成，采用三维极坐标法定位，对于±2″±（3mm＋2×10^{-6}D）全站仪，定位精度为±20mm/km，对于±6″±（5mm＋5×10^{-6}D）全站仪，定位精度为±60mm/km，其它方法，如测角交会、测边交会等成熟的测量定位方法在资源环境定位中一般不采用，主要由于观测量大，数据处理相对复杂，占用时间多。目前，已形成全站仪测量系统（TSS）概念。

四、惯性测量定位法

惯性测量系统（ISS—Inertial Survey System）是根据惯性力学原理设计的空间定位仪器。仪器由陀螺稳定平台、加速度计和微机组成，可安装在运动体（如汽车、飞机、船舶）上，能同时测定空间某点的经纬度、高程、垂线偏差分量和重力异常等6个大地元素。惯性测量是在惯性导航基础上发展起来，出现于20世纪70年代，特点是不受天气限制，不用其它地面设施，不发射和接收任何信号，因而灵活机动、不怕干扰、作业隐蔽，能实时、迅速、准确提供测量数据。缺点是价格昂贵、使用复杂、维修困难，必须在已知点间施测，观测时间又不能太长。目前，作为GPS定位的重要补充手段用于大地定位、矿井定位、森林定位、隧道地下工程定位和军事作战条件下的定位。

由于林区遮闭条件的限制，ISS本应是林区定位的理想工具，但因价格昂贵等原因未能推广，其绝对定位精度为±1m。

五、GPS定位法

长期以来，人类一直在为确定目标（含相对静止目标）在地球以及近地空间中的位置而进行不懈努力，以上所述几种定位方法便是多年来的研究成果。本世纪初，随着无线电技术的出现，各种无线电导航、定位系统相继出现，如欧米伽（omega）系统，罗兰—C（loran—C）系统、台卡（Tacan）系统和微波着陆系统（MLS）等。无线电导航定位的基本原理实质上就是测量学中的多点测距前方交会，由于定位过程中存在着信号传播路径、气象元素覆盖面小等问题，难以获得理想精度。受无线电导航定位系统的启发，1957年苏联发射第一颗卫星后，人们立刻把目光投向了以卫星为发射无线电波源的卫星定位系统。1958年，美国海军武器实验室着手实施为美国海军舰艇导航服务的卫星系统，即“海军导航卫星系统”（Navy Navigation Satellite System—NNSS，历时8年，1964年系统建成，1967年，美国政府批准系统解密，提供民用。由于NNSS采用多普勒原理定位，因此又称卫星多普勒定位。由于NNSS系统卫星数少（5～6颗），运行较低（平均约1000km）。定位时间长（平均1～2天），因此无法提供实时、三维导航，难以满足高动态目标（如飞机、导弹）导航的要求，精度也低（单点3～5m，相对1m），因而，在地球定位中受到很大限制，然而，NNSS 在导航定位中的思想方法基础却是划时代的。为满足军事、科研、民用部门对连续、实时、动态导航定位的要求，从 1973 年开始，美国国防部组织陆海空三军研制新一代的当代高新科技 GPS，即所谓的"授时与测距系统/全球定位系统"（Navigation System Timing and Ranging/Global Position System—NAVTAR/GPS），通称全球定位系统。

在美国，20 世纪 70 年代开始规划 GPS，80 年代实施，90 年代运营，耗资 300 多亿美元，是美国实施投资项目中仅次于阿波罗登月计划和航天飞机的空间工程。

1.GPS 定位的特点

①全球地面连续覆盖，24 颗均匀分布的卫星保证地面上任何地点，任何时刻最少可以接收 4 颗以上的卫星，最多可以接收 11 颗卫星，从而保障全球、全天候连续、实时、动态导航、定位。

②功能多，精度高，可为各类用户连续提供动态目标的三维位置、三维航速和时间信息。目前，单点实时定位精度为±15～100m，静态相对定位为 10^{-6}～10^{-8}，测速 0.1m/s，授时 10 纳秒。

③实时定位速度快，可在 1 秒内完成

④抗干扰性能好，保密性强。

⑤操作简单。

⑥两观测点间不需通视，对于等级大地点节省了造标费用，此项费用可占总测量费用的 30%～50%。

⑦可同时提供三维坐标。

⑧全天候作业。

2.GPS 定位原理

这里主要说明单点定位原理。设有 $i=1$，2，3，4 颗卫星，在某一时刻 t_j 的瞬时坐标为 i（X_i，Y_i，Z_i），欲确定地面上某点 P 的三维坐标（X_p，Y_p，Z_p），通过 GPS 接收机测得 P 点到各卫星的空间距离 S_i（$i=1$，2，3，4），由于接收机钟为质量较低的石英钟，故其测时误差 σ_T 不可忽略，至于卫星钟，均配有原子钟，其测时精度较高，在阐述单点定位原理时可忽略，另外，对流层、电离层对测距的影响，卫星星历等误差对测距的影响可以忽略，因而，有：

$$S_i=\left[(X_p-X_i)^2+(Y_p-Y_i)^2+(Z_p-Z_i)^2\right]^{2/1}+C\delta_T$$

$(i=1,2,3,4)$ (1-1)

式中有 X_p、Y_p、Z_p、δ_T 共计 4 个未知数，4 颗卫星测距恰好能确定，解（1-1）式 4 个四元二次方程可得之，当多于 4 颗卫星或观测历元 t_j 更多时，可用最小二乘原理解决之。（1-1）式中 C 为光速。

3. 美国政府的 GPS 政策

由于全球定位系统在军事上有重要作用，因此，美国政府决定采用 SA（Selective Availability—选择可用性）技术和 AS（Anti—Spoofing—反电子诱骗）技术，把未经美国军方许可的广大用户的实时定位精度降低到它所允许的水平±100m，以保护美国国家利益。

（1）SA 技术

主要包括下列两个内容

①有意识地在广播星历中加入误差，在（1-1）式中起始计算数据 X_i，Y_i，Z_i 中加入误差，使星历精度降低，称之为 ε 技术。

②有意识地在卫星钟的钟频信号中加入误差，使钟频相对于标准频率 10.20MHz 产生±2Hz 的抖动，变化周期约 10 分钟，从而使（1-1）式中 S_i 有误差，即降低观测值精度，称之为 δ 技术。

（2）AS 技术

所谓 AS 技术指的就是对 P 码（精码）的码结构进行保密，以防敌对方进行电子干扰和电子诱骗。具体措施是将 P 码与保密的 N 码相加，形成更为保密的 Y 码，只有美军、美军盟军及经美国政府特许的用户才可使用之。

4. SA 和 AS 及中国对策

美国政府的 GPS 政策实质上就是把 GPS 按照美国安全利益分为内外有别的两类用户。自己内部用户使用精码测距和未降低精度的星历（精密星历，后处理星历）实施定位，以获得较高定位精度的服务，即精密定位服务（PPS）；其余用户则是利用 C/A 码（粗码）测距和降低了精度的星历（广播星历）实施定位，即所谓的标准定位服务（SPS）。目前，PPS 的定位精度为±16m，而 SPS 的定位精度为±100m。SA 和 AS 的实施严重损坏了一般用户的单点，实时定位精度，同时也限制了 GPS 在许多高精度定位领域中实时定位的应用范围。于是，全世界范围内展开了对抗 SA 和 AS 的研究，主要对策有：

（1）差分定位系统的建立

GPS 定位中存在着多项误差来源：卫星星历误差，测距误差，接收机和卫星钟差，对流层延迟，电离层延迟，卫星运动的摄动力影响等。差分 GPS，即 DGPS（Differential GPS）正是为消除或减弱这些误差，提高定位精度而提出的，由于上述各项误差从整体上而言，都具有良好的空间相关性，当相邻两个测站上的 GPS 接收机同步观测同一组卫星，两站距离较近（≤100km），且其中一站坐标已知，通过 GPS 定位坐标和已知坐标比较，就能知道上述误差对未知站的影响，加入相应的改正数就能消除之。或者说，通过两个测站上的观测值求差，就能有效地消减上述误差。通过数据链（无线通讯电台）将这些数据实时传递，进而就能实时地确定点的三维坐标。差分定位按时间状态可分为实时差分和后处理差分；在资源和环境中，通常采用 RTD（Real Time differential GPS for code——以码相位为观测值的实时差分 GPS 定位技术）和 RTK（Real Time Kinematic differential GPS for carrier phase——以载波相位为观测值的实时动态差分技术）。依据差分改正的方法和数学模型的不同，DGPS 为以基准站坐标差（dx，dy，dz 或 dl，dB，dH）改正未知点的坐标差分和以伪距差（d_{p_i}）改正未知点伪距差分。

按照基准站的多少和服务范围的大小，DGPS 可进一步分为如下三类：

①单基准站 DGPS（Single Reference Station DGPS）——只有一个基准站提供差分信息，简称 SRDGPS。

②多基准站局部区域 DGPS（Local Area DGPS With Multi—

reference Station)——即在某一区域中布设若干个差分GPS站，通常包括一个或n个监控站，位于该区域中的用户根据每个基准站所提供的改正，经平差求得自己的改正数，进而改正未知点。

③广域DGPS(Wide Area DGPS，简称WADGPS)——各基准站并不单独将自己的距离改正数播发给用户，而是将它们发送往WADGPS数据处理中心，以便将卫星星历误差、大气传播延迟误差、卫星钟差，接收机钟差等各种误差分离开来，然后，再将各种误差的估值转发给用户，用户进一步改正未知点。其服务范围为广大区域并含有更多的基准站，但是这里区分(ADGPS和WADGPS的标准是数据处理方法的模型，而不是覆盖面积的大小及基准站的数量。覆盖全球的WADGPS称为WWDGPS网（World Wide DGPS)，可以看作WADGPS的一个特例。

(2) 建立独立的卫星测轨系统

中国是一个测绘大国，建国50年来，建立了具有世界先进水平的、独立的、精度高、密度合理的大地控制测量系统，以此可以建立精密的卫星轨道跟踪系统。我国已建立了自己的GPS卫星测轨系统，全天候跟踪GPS卫星，免费向用户提供星历文件。据悉，加拿大、澳大利亚和欧洲的一些国家也已建立或正在建立自己的卫星定轨系统。

(3) 建立独立自主的卫星导航定位系统和不同卫星定位系统的联合定位

俄罗斯已建成英文缩写GLONASS的全球定位系统，虽然也是建立在与美国对抗的军事基础上，但无SA和AS限制，定位精度为±10m左右。欧洲空间局（ESA）也建立了以民用为目的的卫星定位系统NAVSAT。我国有关专家也提议建立自主的卫星定位、授时系统，而且论证比其它几个系统更优秀。

目前，如何将GPS与其它定位系统联合起来实时精密定位，过去几年里已有GPS与GLONASS双星定位系统，精度进一步提高，但亦有人担心俄罗斯经济困难，能否做好GLONASS的维修、服务工作仍是一个问题。

（4）对 AS 实施解密

据称世界上有多位科学家正在研究解密 AS，并有实质性进展，美国政府正是基于这一现实和考虑到全世界对 SA 和 AS 的抗议，政府官员称在 1994 年以后的 10 年内逐步取消 SA。

六、数字摄影测量定位法

近 150 年来，摄影测量学经历了模拟法、解析法阶段，走进了今日的数字摄影测量时代，广义的数字摄影测量包含了硬拷贝的机助测图（大地测量仪器野外数字化测图）和软拷贝的数字测图（摄影测量与遥感数字化成图），因为这些都能获得数字地图产品，而目前更多的人将其理解为全数字化摄影测量。它是一种基于数字影像的摄影测量计算机处理系统，在美国又称软拷贝摄影测量或像素摄影测量。

数字摄影测量系统利用人工和自动化技术，由数字影像经过各种数字摄影测量处理而生成各种数字的和摸拟的地图产品，可按常规摄影测量成果硬拷贝输出，也可直接将数字地图送入 GIS 或 CAD 等地图系列软件中使用。数字摄影测量系统由计算机硬件＋数字摄影测量软件＋输入输出硬件构成，一定程度上可以认为，当年耗费巨资选购的模拟、解析仪器将统统进入博物馆，计算机科学技术的迅猛发展，无疑使摄影测量进入地形信息自动提取、处理、变换、存贮、分析、输出和数字化的新水平。

无论是现代航测、地面摄影，还是大比例尺全站仪野外数字化测图产品，都是以空间地物的几何数据（x，y，H）和自身特征的属性数据组成。

在资源和环境定位中，过去通常使用纸质模拟图，对于 1∶5000 以上比例尺的地形图，主要地物点的图上平面位置中误差 $\sigma_{物} \leqslant \pm 0.4$mm，次要地物 $\sigma_{物} \leqslant \pm 0.8$mm，对于 1∶5000 的地形图，分别相当于实地 ±2m 和 ±4m，这种地图为航测或野外手工测绘，若是数字化航测产品，精度也是这个水平。但是大比例尺野外数字化测图的精度肯定要高于这个水平，主要是对于主要地物点直接从地形图数据库中调用数据，用图时其平面位置误差只包括野外全站仪定位误差，一般而言$\sigma_{物} \leqslant \pm 20mm$，且与比例尺无关，至于经过合并归纳的地物（含次要地物）亦不会超过图上0.4mm，这是与比例尺有关的误差，通常经过图上数字化解析而获得数据。更小比例尺的地形图无论是航测模拟产品、数字化产品，还是大比例尺缩制、综合取舍的中小比例尺地形图，其地物平面位置中误差$\sigma_{物} \leqslant \pm 0.8mm$，对森林资源调查中常用的1∶5万地形图而言，$\sigma_{物} \leqslant \pm 40m$。

七、数字遥感地图定位法

遥感（Remote Sensing）主要是指从远距离高空及外层空间的各种平台上利用可见光、红外、微波等电磁波探测仪器，通过摄影或扫描、信息响应、传输和处理，从而研究地面物体的形状、大小、位置及其与环境的相关关系的现代科学技术。当今遥感已趋于集多种传感器、多级分辨率、多波段、多时相于一身，与GIS、GPS集成技术，形成高精度、多信息量的对地观测系统。

遥感数字图像处理的一般过程为，选择信息源→图像预处理（几何及辐射纠正）→图像后处理（信息量分析，统计特征值分析，优化波段组合研究）→专题信息特征提取（一般线性变换和滤波，比值变换，缨帽变换，主成分变换）→数字图像分类（无监和有监分类）→图像配准、加格网、注记。

遥感光学图像的形成过程与数字图像的成图过程基本一致，只不过是将数字图像处理的结果以模拟化的方式表现出来。

一个数字遥感影像处理系统由计算机＋数字遥感图像处理软件＋输入/输出设备组成。其产品可以是光学产品（如数字正射影像），亦可以是数字化产品（在屏幕显示或计算机、磁盘存贮）。

无论是光学还是数字产品，同摄影测量产品一样，都要依赖于大地测量或大地测量成果。一般而言，遥感地图的平面位置精度

$\sigma_{物} \leqslant \pm 0.8mm$，对于森林资源调查与环境监测中常用的 1∶5 万遥感成图，其实地地物点的点位中误差为±40m。

八、利用原图手扶跟踪扫描数字化地图定位法

我国多年来所进行的平板测绘、大比例尺测绘、航测成图，从现代意义上讲都是模拟的纸质图，要进入 GIS，实现计算机管理，必须是数字化的电子地图。目前，对纸质图的数字化有二种方法，一种是通过数字化仪手扶跟踪数字化，其特点是工效低，但地物的属性精度易于保证。另一种方法是将原图通过扫描仪扫描，进行矢量化，其特点是工效高，但对于地物要分层赋予属性。通过对原图的手扶跟踪数字化或者扫描数字化，我们就可以得到以数字坐标形式存贮于地图数据库的空间地物几何数据和属性数据。扫描数字化是原图数字化的发展方向，目前研究的热点和难点问题是如何实现地物属性的自动赋与。

数字化地图的定位精度取决于原图的精度、数字化仪和扫描仪精度，一般而言，数字化过程精度为：

$\sigma_{过} = \pm \sqrt{\sigma_{定}^2 + \sigma_{仪}^2} = 0.15mm$，若原图的地物点精度 $\sigma_{物} \leq 0.8mm$，

则 $\sigma_{物数} = 1 \pm \sqrt{\sigma_{物}^2 + \sigma_{过}^2} \leq 0.81mm$，

即数字化本身并未使原图的数字精度降低多少。

以上 8 种定位方法，主要以平面定位为基础，至于高程测量，包括经典的水准、三角高程测量、气压计测高以及近年来发展起来的电子水准仪几何水准测量、GPS 快速静态定位和 RTK，都是一定条件下有效地测量定位高程的方法。

第二节 面向森林资源调查监测空间定位方法体系

以上 8 种获得空间某点定位数据的方法，每种方法都有其特点和适用条件。对于森林资源调查、开发及其环境监测、评价中的定位不仅要充分地考虑到森林的广阔性、郁闭性、阴暗性、潮湿性，而且还要考虑到经济性、先进性、实用性，建立一个能够提供从粗到精成金字塔序列的空间定位和对地观测系统。

一、现代测量定位的主要特征

现代测绘定位的主要特征是：

1. 集成化

经典测量的特点是离散式或分离式的测、算、绘和用图的过程，每个环节彼此独立、失联。譬如野外测量，就可以分为测角、量距、水准等三大要素的测量。现代测量则是集成测绘技术，表现为外业、内业、用图一体化、集成化，在测绘工作中发挥重要作用的现代电子测绘仪器，如全站仪、GPS 接收机就是能够直接测量空间三维坐标的集成化仪器。由于 GPS、全站仪在测量中各有局限性，为了解决所有环境条件下任何环境、任何条件下的空间测量问题，21 世纪将出现超站仪，它是全站仪、GPS、陀螺惯性测量系统的结合体，可以集成化地解决从地面到地下、全天候、高精度的空间测绘问题。

2. 实时化

经典的测量建立在对外业观测数据的后处理基础之上，从观测到获得空间三维坐标有一定的时间滞后。显然，这与现代机电工业配套安装、自动化生产线过程监测、军事作战等条件下的测绘保障相矛盾。因此，现代测量的某些内容要求实时、快速地确定空间三维坐标。

3. 动态化

经典的测绘建立在观测目标“不动”或固定的基础上，因此，技术要求和数据处理相对简单，而现代测绘，尤其是现代工业测量学，早已超出了土木的范围，其服务对象和“目标物”完全进入了“土木”与“非土木”测量的大系统，可以对一切运动物（如高速飞行中的导弹、烟囱的冒烟形体、含量等）及数学、物理、化学、生物学特性指标进行监测。

4. 数字化

经典测绘把终点建立在模拟地形图的基础上。纸质地形图有直观、方便等使用优点，但测图与用图之间永远存在着“矛盾”，设计人员总抱怨测量人员测图精度不高，图上内容不全。当设计内容无法在施工中实现时往往归咎于测量人员的野外观测精度。数字测图技术的出现和广泛应用，使得上述问题迎刃而解，尤其野外大比例尺数字测图技术保证了地形点的足够空间精度。

5. 自动化

经典的测量工作是建立在野外环境下艰苦劳动的基础上，测绘人员需全身心投入工作状态，脑力、体力消耗甚大，手工观测、手工记录、手工绘图。而现代测绘则建立在自动瞄准、自动读数、自动记录、自动存贮、管理、分析交换数据和绘图仪自动绘图基础上的。

6. 智能化

经典的测绘是建立在提供空间坐标和地图信息的基础上，而现代测绘则强调走出单纯提供数据、信息的圈子，上升到直接利用这些信息数据从整体上解决地学工程问题，如高速公路建设，过去只是定线、纵横断面、算土方，今后应该向选线设计、定线测量到工程造价、指导、组织施工全面解决工程问题发展，“3S”（即GPS、RS、GIS）及其集成技术为工程测量从整体上解决问题提供了有效的工具，因此，应加强具有专家系统和空间分析功能的GIS系统开发研究。同时外业测绘，如GPS、全站仪已向开放式、智能化方面发展，为外业测绘智能化提供了平台。

因此，现代测绘定位实质上是以“3S”及其集成技术为核心的对地观测定位系统，森林资源调查与环境监测中要充分地利用现代测绘定位中的优秀成果，把我们的工作推向一个新的水平。

二、构筑现代森林资源调查监测体系的定位系统的某些原则

森林资源开发与环境监测中的定位工作应充分地考虑到资源与环境的特点，根据现实需要可能性，从整体上考虑问题、研究问题、解决问题。具体而言，应从如下几个方面去考虑解决问题的途径。

1. GPS 定位技术与辅助手段的结合

从以上介绍的 8 种获取空间数据方法的对比分析中，我们不难得出结论。一种理想的获取高精度空间数据的手段是依靠 DGPS。然而，由于林区的遮闭性和某些小峡谷地带的狭隘天空不能保证有 4 颗以上的卫星，从而形成 DGPS 系统失灵。对于这些盲区的空间定位，应以 DGPS 为基础，配合电子全站仪、电子罗盘仪＋红外测距仪实施定位和空间数据的采集。纵观国内外有关文献，资源与环境中的空间定位均属于这一种方法和思路。依靠 GPS 解决所有条件下的定位和空间数据采集问题显然是不现实的。近年来，测绘界日益关心的所谓“超站仪”，其实质就是 GPS＋全站仪，进而实现空间定位与陆地观测定位的优势互抵、缺点互补、资源共享。

2. 实时定位与后处理定位相结合

资源与环境中的一系列定位问题需要从实时状态或后处理状态去解决。比如固定样地的定位、恢复，林中空地的定位，航测中 DGPS 确定像片的方位元素等等需要实时的结果去指导工作。而林界划分标定，林区面积解析测量、数字测量，林业图的补测、补绘则既可以是实时的，亦可以是后处理的结果。通常，后处理的结果会更可靠、精度会高些，而且易于实现。而实时处理结果欠可靠、精度会低些，实现起来要涉及数据自动传输，对硬件、软件都有更高的要求，实现也相对困难。然而，实时处理又是空间数据采集的一个发展方向，是一个有前途的研究课题。

3. 动态定位与静态定位相结合

航测中利用 DGPS 进行导航控制和测量航片内外方位元素，以及林火消防中用 DGPS 导航都是典型的动态定位的例子。实际上，资源与环境中的定位绝大多数都是在静态条件下进行，某些动态条件下的定位对系统的硬件、软件、数据采集、处理、存贮、分析、显示等都将提出新的、更高的要求，特别是实时动态条件下的定位（如显示林火消防车灭火的动态位置）需要解决一系列的技术、运算问题，是现代定位中的一个有前途的研究课题。

4. 单用途定位与多功能定位相结合

空间定位所获得数据可能是单用途的，亦可能是多用途的，在实施空间定位时一定要充分考虑定位数据的多用途，而且，高精度的基础性控制网络数据是其它数据的起算点，一定要让其发挥多功能、多用途作用。我们提出的让 GPS 网走进林区的思路恰好是这种观点。同测量工作的过程一样，首先面向所要研究的对象（林区、林场、区域、流域）布设具有足够精度和足够密度的高级控制网，一般采用 GPS 相对静态定位，按照 C、D、E 级的精度和密度逐级布网、加密，尽可能与国家 A、B 级 GPS 网或军队一、二级 GPS 网联测，使起始数据具有足够的精度，至于 GPS 点的密度，对于资源与环境工程，需要根据技术可行、经济合理去研究论证。要使这些 C、D、E 级 GPS 高级网点发挥林区起始数据点、DGPS 基准台、灭火车辆导航基准站、大地测量控制点及其它资源、环境问题解决中的基础作用。

5. 森林资源管理与生态环境监测相结合

全面、正确认识森林的作用，就应该把其生产木材的功能和生态环境功能结合起来认识问题。因此，面向森林资源管理的空间定位，同样应该同生态环境监测过程中的空间定位结合起来考虑问题，使空间定位数据发挥更广泛的功能和作用。

森林资源管理与生态环境结合起来的空间定位，对于空间数据的采集提出了新的、更高、更广泛的要求。比如测树，过去只考虑枝高、胸径等反映木材材积的几何参数，考虑生态环境系统之后，除定位、观测上述几何参数之外，还需量测树冠的大小（表面积、体积、生物量等）、树木的空间分布状态及其在数字化地图上的表现，经过分析、处理，进而从整体上研究森林的木材价值、生态效益和社会功能。

6. 目前需要与长远发展相结合

面向森林资源管理与生态环境监测的空间定位研究，其中几个最为现实的问题是：研究区域的大小（边界问题）、研究区域内大地控制点的合理密度问题（点/km^2）、定位的必要精度（生产限差）、对地观测系统的数学模型和物理结构问题（空间分析与硬件系统的软件集成）。一个现代的、先进的资源环境定位系统必须首先满足目前的需要，同时充分地考虑到未来的区域发展和科技进步，一次布网、一劳永逸的思想是很不现实的，要把资源与环境中的定位当做资源管理与环境监测中的基础来建设，上升到林业资源与生态环境的可持续发展的战略上来认识，从满足现代“精密林业”（Precision forestry）和数量环境的研究来考虑问题。

7. 可行性与经济性相结合

一个优化的资源环境定位测量系统，必须是技术可行性与经济合理性的统一。比如，在郁闭度大的林区，毫无疑问ISS是比DGPS、TSS、DCS更有效的定位手段，但是ISS无与伦比的昂贵价格却使几乎所有的林业部门望而生畏，DGPS＋TSS＋DCS又能顺利地代替ISS，代价又比较小，因此是比较理想的定位手段。又比如，遥感信息的选择，从分辨率、精度、波段、时相、价格等诸多因素去考虑，对于绝大多数的资源与环境问题的制图，现有的信息源，包括TM、MSS、SPOT、NOAA，比较之下还是TM可行、经济。再如GIS软件的选择，从实用的角度去看，国内一些面向微机的PC－GIS软件，如Map GIS、View GIS、Geostar等已日益完善，可基本满足专业的需要。还有一点，也很重要，就是过去的针式机械罗盘、光学经纬仪也要充分利用，使其在缺乏资金的条件下发挥DCS、TSS的作用和功能。

8. “3S”集成，实现定位、定性、定量的统一和数据采集、管理、分析、制图、输出、更新、交换的统一。

面向资源管理与环境监测的“3S”集成系统不仅仅是一个定位系统，而且是一个对地观测系统。在这个系统中，GPS、GIS、RS各自发挥着自己特定的作用和功能，进而使系统在一个有序、协调、优化的有机整体中运行。GPS的主要作用是提供高精度的空间矢量数据，描述地物“在哪里?”，同时对遥感数据发挥校正、检核的作用。我们绝不可认为在“3S”集成系统中能够发挥定位作用的只有GPS，实质上TSS、ISS、DCS都是向“3S”集成系统提供高精度矢量数据的有效手段，也是实际工作中不容忽略的手段和方法。遥感的实质是向“3S”集成系统提供空间数据源。众所周知，这种栅格数据虽然精度较低，但是量大，更新周期快，易于空间分析，从而实现对地物的定性分析和定量研究。同样，不能认为“3S”集成系统中能够发挥定性（是什么?）和定量（有多大?）作用的只有遥感数据，航空数字摄影测量，原图扫描数字化等手段都可为“3S”集成系统提供此类数据。至于GIS，其实质是一个具有空间分析功能的数据库，实现对定位、定性、定量数据的输入、存贮、管理、处理、变换、分析、编辑、制图、统计、输出。只有把具有广义概念的“3S”集成起来，才能从整体上解决资源管理与环境监测中的相关问题。

第三节　森林资源调查与环境监测定位的必要精度

我国森林资源调查和环境监测通常按照一类调查、二类调查、三类调查组织实施。在制定国家、省级长期林业发展规划、国家林业方针、政策时，必须掌握森林资源的现状及其发展规律，为此需要进行森林资源调查或森林资源连续清查，即一类调查，我国一类调查通常采用1∶50000地形图作为底图。在以国有林业局（场）、县为单位来编制森林经营方案、总体规划设计时，也需进行森林小班调查，即二类调查，通常采用1∶25000或1∶10000地形图作为底图。在制定森林采伐或森林抚育作业设计时，需进行作业设计调查，即三类调查，通常采用1∶5000地形图作为底图。

一、依地形测图点位精度确定定位的必要精度

我国1∶5000以下比例尺地形图多系航测成图，少量依据野外大比例尺地形图测图综合取舍，处理缩小而成。按照国家标准，地物点的点位中误差$\sigma_{物} \leqslant \pm 0.75$mm。近年来，“3S”技术的发展，促使了各林业单位对原有地图的更新和数字化，通常采用手扶跟踪手段或扫描数字化手段将原图数字化，一般认为，图上解析坐标、手扶跟踪数字化、扫描数字化三种手段获得的空间数据精度是相同的。

$$\sigma_{解} = \pm\sqrt{\sigma_{物}^2+\sigma_{刺}^2+\sigma_{量}^2} = \pm\sqrt{(0.75)^2+(0.1)^2+(0.1)^2} = \pm 0.76\text{mm}$$

$$\sigma_{手} = \pm\sqrt{\sigma_{物}^2+\sigma_{定}^2+\sigma_{数}^2} = \pm\sqrt{(0.75)^2+(0.1)^2+(0.1)^2} = \pm 0.76\text{mm}$$

$$\sigma_{扫} = \pm\sqrt{\sigma_{物}^2+\sigma_{定}^2+\sigma_{矢}^2} = \pm\sqrt{(0.75)^2+(0.1)^2+(0.1)^2} = \pm 0.76\text{mm}$$

式中：$\sigma_{刺}$为解析地物点刺点中误差；$\sigma_{量}$为几何工具丈量坐标误差；$\sigma_{数}$为地物点数字化中误差，$\sigma_{定}$为数字化过程中的定向误差；$\sigma_{矢}$为扫描数据矢量化误差，对于一、二、三类资源调查，从相应比例尺上获取的空间数据的平面位置误差如表1-1所示。

表1-1　空间数据的平面位置误差

	一类调查	二类调查		三类调查
比例尺	1∶50 000	1∶25 000	1∶10 000	1∶5000
地物点精度	±38m	±19m	±7.6m	±3.8m

林业资源调查及环境监测中从样地定位、样带定位、格网定位、林界划分、地图补测、补绘、作业计划编制、森林经理、森林更新、

病虫害调查、火灾调查、面积量测等，都是依据上述比例尺的地形图进行，为满足各类资源调查，其平面位置中误差的必要精度应不低于相应比例尺的地物点平面位置精度，$\sigma\leqslant\pm3.8$m、±7.6m、±19m、±38m。

而地物点的平面位置中误差 σ_0，可表示为：

$$\sigma_0^2=\sigma_{网}^2+\sigma_{位}^2+\sigma_{刺}^2+\sigma_{变}^2+\sigma_{复}^2$$

式中：$\sigma_{网}$——地形图坐标格网绘制中误差，一般取±0.2mm；

$\sigma_{位}$——地形图测量定位坐标数据误差；

$\sigma_{刺}$——点位刺点中误差，一般取±0.3mm；

$\sigma_{变}$——图纸变形中误差，一般取±0.2mm；

$\sigma_{复}$——地形图复制中误差，一般取±0.3mm。

从而有：

$$\sigma_{位}=\pm\sqrt{\sigma_0^2-\sigma_{网}^2-\sigma_{刺}^2-\sigma_{变}^2-\sigma_{复}^2}=\pm0.55\text{mm}$$

进而得到各类资源调查时，平面位置定位数据的必要精度，如表 1-2 所示。

表 1-2　平面位置定位数据的必要精度

	一类调查	二类调查		三类调查
比例尺	1∶50 000	1∶25 000	1∶10 000	1∶5000
地物点平面位置定位精度	±27.5m	±13.75m	±5.5m	±2.75m

二、依面积量算确定点位定位的必要精度

面积量算是森林资源管理、森林经理、环境评价中重要的基础工作，面积量算的精度与森林蓄积量的估算精度密切相关。对于一、二、三类森林资源调查，其森林蓄积量的精度均有标准，通常要求一类资源调查相对于总体而言，其精度要达到 85%～95%，即允许相对于总体有 5%～15%的误差；而二类资源调查要落实到山头地块，其精度为 85%～95%，即允许有 5%～15%的误差，至于三类

调查，又称作业调查，如伐区调查、林分抚育，改造等调查，目的是查清一个伐区内，或者一个抚育、改造林分范围的森林资源数量、出材量、生长状况、结构规律等，据以确定采伐或抚育、改造的方式、采伐强度、预估出材量以及更新措施、工艺等。这一类调查，是企业经营利用的手段，应在二类调查（经理调查）基础上根据规划设计的要求逐年进行，森林资源应落实到具体的伐区或一定范围内的作业地块上。因此，三类调查应用频繁，其对蓄积量的精度要求最高一般要达到95%，即要求有5%的误差。

用平均实验形数法计算某林分的森林蓄积量的一般公式为：

$$Z=M\cdot S=G_{1.3}\ (H_D+3)\ f_\theta S \tag{1-2}$$

式中：S——林分面积；$G_{1.3}$——林分总横断面积；

H_D——林分平均高；f_θ——林分平均实验形数。

对上式依误差传播定律得：

$$\left(\frac{\sigma_Z}{Z}\right)^2=\left(\frac{\sigma_{G1.3}}{G_{1.3}}\right)^2+\left(\frac{\sigma_{H_D}}{H_{D+3}}\right)^2+\left(\frac{\sigma_{f_\theta}}{f_\theta}\right)^2+\left(\frac{\sigma_S}{S}\right)^2 \tag{1-3}$$

因为 $g=(1/4)\pi D^2$，依误差传播定律得 $(\sigma_g/g)=2(\sigma_D/D)$，一般要求 $\sigma_D/D=\pm1.5\%$，因而 $\sigma_g/g=\pm3\%$，即 $\sigma_{G1.3}/G_{1.3}=\pm3\%$；一般测树要求 $\sigma_{H_D}/H_D=\pm5\%$，通常要观测3～5棵树计算平均林分高，故 $\sigma_{H_D}/H_D=\pm2.5\%$；$\sigma_{f_\theta}/f_\theta$ 之值一般取±2.5%，一般而言 f_θ 变化很小，广西不同地区4种桉树间的 f 相差不超过0.01。因而，取 $\sigma_Z/z=5\%$，从上式可以得出：

$\sigma_S/S\approx\pm2\%$，即对于蓄积量精度要求最高的三类调查，要求面积量算精度为±2%。

1. 直接测量林班面积时定位的必要精度

利用DGPS、电子罗盘仪+电子测距仪、全站仪系统测量某林班面积时，可用如下解析公式：

$$S=\frac{1}{2}\sum_{i=1}^{n}X_i\ (y_{i+1}-y_{i-1}) \tag{1-4}$$

式中 $y_{n+1}=y_1$，$y_0=y_n$，显然，当 $n\to\infty$，上式为曲线构成图斑面积

的积分公式。对上式依误差传播定律得：

$$\sigma_S^2=\frac{\sigma_{位}^2}{8}\sum_{i=1}^{n}D_i^2 \tag{1-5}$$

式中 $\sigma_{位}^2=\sigma_{x_i}^2+\sigma_{y_i}^2$，$D_i^2=A_{i-1}^2+A_i^2-2A_{i-1}A_i\cdot\cos\beta_i$，$\beta_i$ 为夹角，A_i 为边长，取正方形林班（含小班），设其面积分别为 200hm²、100hm²、50hm²、20hm²、10hm²、5hm²、1hm²、0.1hm²、$\sigma_S/S=\pm2\%$，则有 $\sigma_{位}$ 可列表 1-3。

表 1-3　不同情况下 $\sigma_{位}$ 的值

S（hm²）	200	100	50	20	10
$\sigma_{位}$（m）	±14.142	±10.000	±7.071	±4.472	±3.162
S（hm²）	5	2	1	0.1	0.01
$\sigma_{位}$（m）	±2.236	±1.414	±1.000	±0.316	±0.100

从而得出结论，当林班面积 $S>10\text{hm}^2$ 时，可以采用以 C/A 码为观测值的 DGPS 法电子罗盘仪＋电子测距仪，测定坐标依解析法确定面积，当 $S>1\text{hm}^2$ 时，应采用 L1 载波平滑后的 C/A 码为观测值的 DGPS 定位，依解析法确定林班面积；当 $S<1\text{hm}^2$ 时，应采用以 L1 或 L1＋L2 载波为观测值的 DGPS、全站仪系统测定坐标，依解析法确定林班面积。

2. 应用求积仪测定面积的必要精度

求积仪确定面积的精度一般为 1/50，这当然是指外复合精度。也有一些求积仪称其精度为 1/1000（L－42 型）或 1/5000（S－4A）型，这当然是指内复合精度。外复合精度是一个有趣的问题：求积仪量算外复合精度与地形图比例尺，求积仪精度、图斑面积大小、观测者及观测方法之间到底存在什么关系？这是一个值得研究的问题。这个问题的解决对于研究森林蓄积量的精度及地形图在各类资源调查中的应用先决条件是至关重要的，也是今后应侧重研究并得出结论的问题。

如果认为求积仪确定面积的必要精度为 1/50，显然，1/5000 的地形图用来进行三类资源调查确定面积是不允许的。

三、高程定位的必要精度

至于高程定位精度，国家规范规定为相应地区等高距$\triangle h$的k倍，即$\sigma_h = k\triangle h$，我国林区多系山区，应取$k=2/3$，对于各类资源调查，其点位高程中误差见表1-4。

表1-4 点位高程中误差

	一类调查	二类调查		三类调查
比例尺	1∶50 000	1∶25 000	1∶10 000	1∶5 000
等高距	50m	25m	10m	5m
地形点高程误差	±33.3m	±16.7m	±6.7m	±3.3m

即在山区条件下高程定位的必要精度$\sigma_h \leqslant \pm 3.3$m、±6.7m，±16.7m，±33.3m，对于平原地区，应注意采用水准测量提高点位高程精度。

至于林业工程，如林区航测GPS导航、内外方位元素确定、空间三维解析、林区道路、林区水利、渠道工程、林区建筑工程、测树干、测树冠等情况下的空间定位精度，只能比以上从用图的角度所考虑的精度要更高，具体要依据实际情况加以分析后确定。

显然，现代林区定位要以差分GPS（DGPS）为主要手段和工具。

第四节 国内外森林资源调查监测中的现代定位技术

国内外森林资源调查监测中的实用定位、测绘技术发展的历程如表1-5。

纵观国内外森林资源调查与环境监测中定位中的主要理论、仪器、思想、方法、产品、精度体系，可以归纳出如下趋势。

一、DGPS是建立全球性、地区性、国家性、流域性资源环境高

精度定位控制网的有效手段和工具

通过全球性、国家性、流域性的DGPS会战，可以把相应的资源管理与环境监测纳入到一个相应的坐标框架中。在这方面，发达国家已有成功的经验。我国是处于世界上测绘定位技术发达的国家

表1-5　测绘定位技术发展历程

阶段	代表工具	精度	定位方法体系	终端产品
Ⅰ(经典)	罗盘+测绳	低	罗盘导线	纸质模拟地图
	经纬仪(游标)	较高	测角销网,视距定位	
Ⅱ(发展)	罗盘+皮尺	低	罗盘导线	纸质模拟地图
	经纬仪(光学)+测距仪	高	三维导线,三维定位	
Ⅲ(现代)	电子罗盘+测距仪	较高	罗盘导线	电子数字地图
	全站仪	很高	三维导线,三维定位	
	DGPS	较高/高	动、静态三维实时测量定位	
	航测仪器,遥感仪器	较高/低	数字地图成图体系	

之一，从1991年开始，在国家基础地理信息中心（原中国测绘工程规划设计中心）的组织协调下，武汉测绘科技大学、陕西省测绘局、中国测绘科学研究院、黑龙江省测绘局、四川省测绘局等单位参与，历时7年的限苦努力，建成了我国具有高精度、多分辨率的GPS空间网。全网由818个点（A级62个，B级756个）构成，属于国有测绘局85个大型重点测绘科技工程项目，其构建目的在于精化我国大地水准面，精确测定我国大地坐标与地心坐标之间的转换关系参数，检核和加强天文大地网，创建国家新一代高精度三维地心框架。GPS空间网的建立具有划时代的科学意义和技术价值，其成果可以广泛应用地球动力学研究、地震监测、资源调查管理、环境监测、防灾减灾、海岸及陆地差分基准点信息发布、民航机场差分基准台导航信息发布、专业GPS运输监控系统建设、工程变形监测、测绘工程基础、陆地海洋资源勘探、卫星发射与测控、水利建设、城市规划等多领域。我国GPS空间网A级网点成果在国际陆地参考框架

(ITRF，与 WGS—84 有转换关系）中的地心坐标精度优于±0.2m，基线相对精度优于 1×10^{-8}量级；B 级网覆盖了我国陆地疆域和沿海岛屿，布网密度根据我国当前区域经济发展状况和长远科技发展目标的需要有所不同，东部地区的布测密度（平均站间距 50～70km）高于西部地区（平均站间距 100～150km）。同时，B 级网点还重合了 GPS 永久跟踪站、A 级网点和大量水准点、三角点、天文点、形变监测点等多种国家基准测量点，相对于 ITRF，其地心坐标精度优于±0.3m，基线相对精度相当于 1×10^{-7}量级水平。

中国国家 GPS 空间网几乎是同欧洲、美国、澳洲、加拿大等国和地区同时建立的国家性 GPS 空间网，在此之前，总参谋部测绘局也组织建立了适合于军队需要的 GPS 空间网。毫无疑问，应用 GPS 建立国家空间控制网，其精密性、时间性、经济性、规模性是其它任何传统、经典的测量定位方法体系所不能比拟的。

由于受制于林区树冠郁闭等条件的约束，林业应用 GPS 相对于其它行业要滞后 5～10 年，无论国外、国内都是如此。近年来。GPS 在森林资源与环境中的主要应用有：

1. 建立林区 GPS 基础控制网，为差分定位提供基准台

这方面美国、德国、加拿大、英国、澳大利亚、日本等国家均做了一些工作，但多数局限于小规模，缺乏宏观规划、设计、研究，尚未形成一个适合森林资源调查管理与环境监测的标准、规范体系，如网的精度、密度、布网方式、可靠性、与国家 GPS 空间网的联测等问题都未进行认真的研究。

2. 树冠遮闭条件下的林区 GPS 定位研究

GPS 接收机定位依赖于空间卫星，当 GPS 天线与卫星之间有障碍物（如树冠、树干、树枝、建筑物、飞行飞机、飞鸟等）时，就要影响定位结果甚至导致定位失败。在林区树冠下定位的研究是 GPS 在复杂条件下定位研究的重要方向，也是拓宽 GPS 应用方面的重要领域，目前主要工作仍局限于经验和探索阶段，尚未得出具有普遍指导意义的结论。如一些文献介绍将 GPS 天线举高，使其高于

树冠定位，于是加长天线杆、爬到树上举高天线杆等能解决实际某些问题的办法应运而生；但是在某些原始森林，树高超过100m，这些方法的局限性是不言而喻的。还有一些消极的方法，如剥树枝、砍树等，这都是与《森林法》中部分法规相矛盾的。在我国林区，基于经济条件的限制，许多单位引进了手持式GPS接收机，由于美国政府“SA”和“AS”影响，手持式GPS接收机只能进行单点定位，其实时定位精度为±100m，远远低于林业资源调查管理和环境监测的必要精度±5m左右的水平，而这些单位几乎都不具备将这些手持式GPS接收机改造为差分GPS接收机的条件（含技术和经济条件），当有树冠影响时，手持式GPS接收机精度进一步降低，时间延长。日本人的实验结果是最大单点定位精度达±2000m，已很惊人。很显然，GPS在森林中的定位精度与许多林分因素和定位观测时间有关，如树冠的大小、叶质（针叶、阔叶）、季节、郁闭度、接收机在森林中所处位置、地形条件等，目前这方面尚缺乏更多、更细、更全面的研究资料，缺乏由这些资料分析而获得的定位精度分布规律和临界条件。Tim Cunron（澳大利亚人）前几年研究用手持式GPS接收机进行GIS数据采集实验研究，得出了一些有意义的结论，并获得理学博士学位。Tim的研究着眼于手持式GPS，通过后处理差分改正用于GIS数据采集和地图更新，研究区域选择在土著（Aboriginal）地区，这一地区的文化遗址代表了整个澳洲大陆6000年前的文化与历史。通过各种手段和措施，GPS在不同野外条件下的特性得到验证。实验发现，叶片含水量会影响GPS信号的接收，只有叶子含水少的松树或阔叶树信号接收可能才少受到影响。另外几位美国人也对此问题进行了一些研究，如Christopher Deckert、paucv、Bolstad在美国东北部林区进行了差分定位（DGPS）研究，评价了地貌、林冠、定位仪安置（重复）次数及三维位置几何精度因素（PDOP）对定位精度的影响，通过27个定位点确定其定位精度，分三种林冠类型（阔叶、针叶、无林地）和三种地貌（梁峁顶、坡面、沟谷）的组合，三次复测，所有点上均进行长达9个月的定位数据采集，每个点都重复10次进行60、100、200、300、500次的采集（仪器设置每秒采集1次），所有观测点的平均差分改正定位精度为±4.3m，95%的定位结果与真值之偏差小于10.2m，差分定位数据的精度在针叶林中最低，阔叶林居中，而无林地最高，平均定位精度从沟谷、坡面到梁峁顶依次提高。

随着每个观测点定位仪采集次数 的增加，定位精度也随之提高，当定位仪采集次数从60增加到500时，其定位精度在阔叶林地从±5.9m增至±3.1m，在针叶林地从±6.0m增至±4.4m，在无林地从±3.9m增至±2.2m。

GPS接收机观测并锁住4颗卫星时实现有效定位的时间在阔叶树冠下需1.95分钟，针叶树冠下需3.11分钟，无林地需1.09分钟。至于基准站和流动站接收机之间的距离—精度关系，未建立明显的统计关系，但可以肯定，定位误差σ_p随距基准站的距离S增大而增大，如$S=43$km，$\sigma_p=\pm1.48$m，而$S=247$km，$\sigma_p=\pm2.43$m。在1989年Gerlath集中研究过一些林地低冠层条件下GPS定位误差的分布规律，侧重研究了美国黑松树干、枝叶对定位误差的影响。他发现，由树干引起的卫星无线电信号的丢失占23%，由树枝引起的占28%，由树叶引起的占36%，在美国黑松树冠下自动定位数据的采集产生南北方向坐标误差为±6.5m，东西方向亦为±6.5m，经差分改正后为南北方向误差±3.0m，东西方向为±4.0m。Evans等研究了固定样地中心位置的GPS定位，其标准误差为±6.6m。GPS在林区定位时间比无林地要大许多，有人在非洲西部一个茂密雨林中定位，林冠覆盖度为20%，在0.125hm^{2}的林中空地花20分钟才在卫星倾角大于50°时实现了定位。差分GPS高程定位精度较低，一般RTD为±5m，RTK为±0.1m，在林区某些条件下RTK难以实现，会因树干、叶、枝影响载波相位而使整周模糊度失锁，导致整个定位系统失灵，有人建议采用GPS+GLONASS双星系统实现林区定位，也许是一种有前途的研究方向。

然而，把古老的测高仪器气压计（如今已有含数据通讯口的电子气压计）与DGPS结合，可使DGPS测高精度达±0.5m，这方面已有很多文献报道。

我国GPS在森林资源调查中的应用起步晚，工作少，迄今未见成熟的理论、方法体系报道。前些年，希望寄托于GPS，而现实中“SA”和“AS”的影响及林区条件的复杂性，手持式GPS定位精度较低，甚至不能获得结果。几年前，差分GPS对于林业系统而言，还是比较陌生和遥远的事情，因此，有人已武断地宣布，GPS难以在林业中推广使用。比如，标定一个固定样地，用罗盘、皮尺一些简单工具原本是十分成熟、方便、经济、可行的技术，当用上GPS后，反而麻烦了，除用GPS定位外，还需用罗盘、皮尺校正GPS标定样地的结果。如此，外业调查要携带更多的工具和设备。国外GPS应用于林区定位也是方兴未艾，学者们的研究热点仍是初级的能否用GPS在林区定位问题，至于深层次的、成配套系统的、考虑经济性的系统研究未见文献报道。因此，一个理想的林区GPS定位系统应是GPS可应用性，数据自动采集、通讯交换、管理、变换、组织、成图、标定系统，各个环节密切配合，形成一个开放的测量定位系统。

3.GPS用于林地面积实时测量和林界划分研究

经典的森林资源调查是建立在可靠地估计待定范围内的森林蓄积量问题之上的，如此，封闭森林面积的估算是一个重要的课题。森林面积的估计误差直接影响着森林蓄积量的精度，因为某区域的森林蓄积量为单位面积蓄积量的估值与区域面积的乘积。有许多方法可以估算（确定）森林面积，如方格网法、条带网法，图形称重法、机械求积仪法、电子求积仪法、遥感图斑数字图像面积计算法，数字地图图上面积计算机解析算法。这些方法都建立在已有模拟地图或数字地图的基础之上。因此，空间数据（含几何数据和属性数据）的组织经历了“空间数据→地图→圈定量算区域→面积量算”过程，环节较多，综合取舍多，圈定边界人为因素大，加上量算本身的误差，其精度通常较低。因此，学者们把研究的兴趣投向了直接使用DGPS、全站仪等先进仪器和工具，用于面积量算，实现林界划分、资源管理、面积量算一体化。十分遗憾，这方面的尝试未见有系统成果报道，也许正是我国需要研究的内容。在需要高精度量测面积或者林区没有地形图且遥感图像的图斑界线不能被清晰划出的条件下，DGPS、全站仪法边界跟踪测量仍不失为一理想的手段。这种手段所测边界 8 点坐标为直接测量，精度较高，面积计算采用多边形法，因此，林地量测面积精度较高。

4. 提高树冠下 GPS 定位精度的方法研究

①应用高增益天线法——这是最有效的方法，选择高增益天线实现，国内外均有成熟产品，可放大 GPS 信号。

②砍树剥枝法——国内外均采用过此法，属于消极手段，工作量大，限制性多，又与许多国家的森林资源法相矛盾，应慎重选择。

③升高天线高于树冠法——各 GPS 厂家反复介绍、推广，实际作业中人们易于想到的办法，但过高的天线杆不便于林区携带，过高会使天线摆动，影响信号接收和处理。

④伪卫星法——在树冠之上设置一接收机，让其发射信号并接收卫星讯号。实践证明其代价大，难以固定大树冠之上，接线长，可用性低。

⑤GLONASS 法——整个系统有 48 颗卫星组成，有 20 余颗可观测卫星，商家介绍甚至在树冠下也能进行以载波相位为观测值的 RTK 测量，结果如何，未见报道，然而，其价格昂贵，亦为众所周知，即使效果很好，恐怕难以在林区推广。

⑥DGPS＋气压计法——可有效提高高程定位精度，比较可行，前面已介绍。

⑦延长观测时间法——在 GPS 定位中，延长观测时间亦是有效地提高精度的办法。卫星在天空运动，接收机相对固定，因此，总有一些时间卫星与接收机天线是无障碍的，可利用这一机会实现定位。

应当注意研究上述各种提高 GPS 在林区定位精度有效、积极的一面，获得对实际工作有指导意义的结论和结果。

5.DGPS 系统研究

DGPS 无疑是林区 GPS 定位的理想手段和工具，国外各林区一般都采用 DGPS 手段在林区定位。国内绝大多数林业调查部门，林场最多只拥有手持式 GPS 机，如何实现 DGPS 定位呢？一台进口的 RTD 型 GPS 接收机达 30 万元人民币，RTK 达 70 万元人民币，无论如何都会令人望而生畏。自已动手研制 DGPS，在一般林业单位仍是十分困难的事情，不是资金量大，不是技术难度的问题，而是绝大多数人对于 GPS 这种高新技术的确感到过分神秘了。其实，研制 DGPS 设备并配合适合于林业资源调查管理和环境监测的软件，并不是一件十分困难的事情，GPS 的核心芯片 OEM 板当属电子通讯技术、计算机有机结合的高新技术产品，目前只有美国、加拿大，日本等少数国家可以生产研制。国内生产研制 GPS 都走了一条从国外进口 OEM 板组装，配合计算机控制软件实现定位的路子。OEM 板相对于成品 GPS 而言，价格很低，这几年 OEM 价格不停下调，而同时功能提高，体积变小、重量变轻，越来越易于二次开发。

按照高、中、低三类配置，适合于林区的三类 DGPS 系统硬件构成及成本价格为：

①低配置 DGPS

系统由普通手持式接收机（含差分数据口）2 台、普通对讲机 2 台、调制解调器一对。掌上计算机 1 台及各类接插件若干组成，其测程为 5km，定位精度（RTK）±5m，成本价格为 1.5 万元。

②中配置 DGPS

系统由 C/A 码型 OEM 板（含差分数据口）2 块，UHF 电台 2 台，调制解调器一对，掌上计算机 1 台及各类接插件，附件组成，测程为 50km，定位精度（RTD）±3m，成本价格 2.5 万元。

③高配置 DGPS

系统由 L1、C/A 码型 OEM 板（含差分数据口）2 块，UHF 电台 2 台，调制解调器一对，掌上计算机 2 台及其类接插件、附件构成。测程 50km，定位精度（RTD）±3m，相位平滑时达±1m，静态后处理基线向量精度±（5mm+2×10^{-6}D），成本价格3.5万元。

当然，研制DGPS要涉及到电子线路、无线电通讯、GPS、测量、地图、空间卫星等系统知识，会出现一系列的困难和问题。

二、全站仪三维测量是林区定位的补充手段

1. 问题的提出

在郁闭度很大的林区作业时，DGPS因为卫星信号和通讯电台讯号受到树冠影响而不能定位，此时，全站仪系统是有效的补充手段。

尽管测量自始至终的任务之一是确定空间三维坐标（x，y，H），然而从测量学形成到今天，绝大多数的测量几乎都是建立在单个元素（h，β，D）的测量之上。对这些元素进行离散式测量之后，再按照空间解析几何学确定点的三维坐标，这是一个艰苦、繁琐、漫长、低效的过程。所以，能否直接、实时、自动、精密、可靠地确定三维坐标，是测绘学者多年来探索的热点问题。GPS、全站仪、ISS（惯性测量系统）的出现，使这种设想成为可能。

我国于20世纪80年代中期引进了全站仪，20世纪90年代初期批量引进了GPS接收机和全站仪，并致力于研制自己的相应产品，如我国南方测绘仪器公司生产NTS—200系列全站仪、NGS—200型GPS接收机、差分型GPS接收机NGD—50/60系列、NGK系列等，均已批量生产并投放市场。然而由于传统的测绘模式影响，现场测绘作业人员应用全站仪时，仍然是口读，笔记，单要素测量记录，从而大大埋没了现代电子仪器的先进性。为此，建立一个实时、自动、精确、可靠的全站仪三维定位系统不仅具有学术意义，而且更有技术和实用价值。

应该指出，三维导线测量和三维放样测量是现代全站仪已具备的功能，而且已经实现了自动记录，然而，其作业过程是针对单镜位的，若进行双镜位观测，不能在机内取平均值作为最后结果，也更难给观测特征点建立属性代码，当定位观测点较多时，容易产生

混乱。最近几年生产的含有PC卡和DOS系统全站仪价格较高以及本书新探讨的全站仪三维导线测量定位系统正是针对解决上述问题提出的。全站仪定位系统的最大优势是只需相邻二点通视就可以实现定位。

2. 系统硬件和软件构成

硬件主要有：全站仪（2″级和5″级），控制与采集器E500（128k/256k任选），全站仪附件（单、叁棱镜或两个对中杆），气压计，干湿度计及微机。其主要软件有：E500控制自动采集全站仪独立三元观测值（H、V、D），即水平方向值、天顶距、斜距，程序及数据存贮文件，E500←→微机通讯软件、微机制表、处理、平差软件及E500机上坐标系转换软件等。现代测量仪器的发展使得测量外业分工更趋合理，如等级控制Ⅰ、Ⅱ、Ⅲ、Ⅳ可用全站仪、GPS实现。因此，全站仪侧重实施Ⅲ、Ⅳ等级等外一、二级导线的三维测量。全站仪三维导线测量属于野外E500控制下的实时、自动定位，必要时，可将野外采集记录到E500上的观测值传入微机，实现自动通讯和多个记录文件组合的导线网严密平差。

3. 系统的技术关键

（1）全站仪←→控制器←→微机之间的数据自动采集及自动通讯

有关此项内容，关键是掌握控制器E500用于各类厂家生产的全站仪采集的控制码，三元数据的结构和格式，以及通讯参数等。

（2）将三元数据转化为空间三维坐标

全站仪直接测量的三元数据是斜距D、天顶距V及水平方向值H。E500自动获得这些数据后，应将它们首先转化为三维坐标，转化公式为：

$$
\begin{aligned}
x_2 &= x_1 + D\sin V \cdot \cos A \\
y_2 &= y_1 + D\sin V \cdot \sin A \\
H_2 &= H_1 + D\cos V + I - P
\end{aligned}
\tag{1-6}
$$

式中：A为目标边方位角，$A=A_0+180°+\beta$，$\beta=H_{前}-H_{后}$，I为仪器高，P为目标高。

注意，计算（x_2，y_2，H_2）时均未考虑大气折光、地球曲率对平距和高差的影响，这主要是因为这里将采取对向观测取平均值的方法，球气差改正可以最大限度地消除。至于椭球面上的改正以及高斯投影面上的改正，因所研究的是等外一、二级导线，总长较短，故在外业阶段不予考虑。三元观测值 D、V、H 稍加变化后就是 D、V、β。它们要按测回数及往返测求平均值，并作为最后结果参加（1-6）式计算。

（3）三维放样的自动实现

三维放样之前应在数据库中输入放样点 P 的设计三维坐标 P（X_P，Y_P，H_P），并选择后视点 B（X_B，Y_B，H_B）和测站点 S（X_S，Y_S，H_S）。实际放样时在 S 点安置仪器，瞄准 B 点，全站仪 H 读数设置为 0，E500 自动进行如下计算：

$$\alpha_{ij}=tg^{-1}\left(\frac{y_j-y_i}{x_j-x_i}\right)$$

$$\beta=\alpha_{SP}-\alpha_{SB} \tag{1-7}$$

$$S_{SP}=\sqrt{(X_P-X_S)^2+(Y_P-Y_S)^2}$$

E500 显示 β、S_{SP}，指导观测者顺时针方向转动仪器 β 角。在平距大约为 S_{SP} 处立棱镜，观测出射线校正量 $\triangle S=S_{SP}-S_{SP(测)}$。移动棱镜至校正位置 P_1，同上述过程盘右观测，标定 P_2。取 P_1 及 P_2 的平均位置作为 P 点的标定平面位置。调用定位功能，测量 P 点的三维坐标 X_p 测，Y_p 测，H_P 测。当 $\sqrt{(X_P-X_P^{测})^2+(Y_P-Y_P^{测})^2}\leqslant\triangle S_{允}$ 时，标定成功，依 $h=h_p^{测}-H_P$ 求得施工高度。

从上述过程不难看出，用全站仪标定点位比经典的经纬仪、钢尺有更多的优点：自动，实时，精密。

（4）坐标系统转换过程自动化

现代测量定位系统是一个融全站仪、GPS 接收机、惯性测量数字陀螺仪、电子罗盘仪等定向、定位系统于一体的综合测量定位系统。由于各种定位系统采用不同的定位理论、模型和方法，适合于不同的野外条件，也采用了不同的坐标系统，另外，某些情况下的标定也是按照某一坐标系的坐标给出的，所以，一个理想的全站仪定位系统必须具备各种坐标系统的转换功能，并能实现各种设备的自动数据通讯，以实现各类仪器的数据共享。GPS 定位系统为 WGS—84 坐标系，但我国目前沿用的坐标系为 BJ—54（北京 54 坐标系）、C—80（中国 80 坐标系）及众多的城市地方坐标系。如何实现这些坐标系的转换，是当今测量学者和测绘成果使用者十分关注的问题。全站仪三维导线测量定位系统至少应具有如下坐标系统转化功能：

①高斯投影反算　高斯投影反算是已知（x，y），求（L，B）的公式，即将地面上任意一点在地形图上的高斯平面直角坐标系的坐标转化为该点的大地经纬度，其一般函数为 $L=f_1$（x，y）和 $B=f_2$（x，y）。

②高斯投影正算　高斯投影正算是已知（L，B）求（x，y）的过程，也是反算的逆过程，其一般函数为 $x=f_1$（B，L）和 $y=f_2$（B，L）。

③大地坐标转化为直角坐标　将大地坐标 L，B，H（H 为大地高）转化为空间大地直角坐标的一般函数为 $X=f_1$（L，B，H），$Y=f_2$（L，B，H），$Z=f_3$（L，B，h）。

④空间直角坐标转化为大地坐标　将空间直角坐标转化为大地坐标的一般函数为 $L=f_1$（X，Y，Z），$B=f_2$（X，Y，Z）。

⑤两两空间直角坐标系的转化　通常采用 Bursa—Wolf 模型，转换参数有 7 个，其中包括 3 个平移参数（$\triangle X_0$，$\triangle Y_0$，$\triangle Z_0$）、3 个旋转参数（ε_x，ε_y，ε_z）及一个尺度参数 m。最少选择 2 个空间坐标系中 3 个以上的已知点，并按最小二乘原则求得 7 个参数。坐标转换的一般公式为：

$$\begin{pmatrix} X \\ Y \\ Z \end{pmatrix}_{新} = (1+m)\begin{pmatrix} X \\ Y \\ Z \end{pmatrix}_{旧} + \begin{pmatrix} 0 & -\varepsilon_z & \varepsilon_y \\ \varepsilon_z & 0 & -\varepsilon_x \\ -\varepsilon_y & \varepsilon_x & 0 \end{pmatrix}\begin{pmatrix} X \\ Y \\ Z \end{pmatrix}_{旧} + \begin{pmatrix} \Delta X_0 \\ \Delta Y_0 \\ \Delta Z_0 \end{pmatrix} \tag{1-8}$$

（5）导线网序贯平差

将多期观测的单导线形成的数据文件传入微机，每次通讯后即进行序贯平差，数据库只保存最新的坐标数据及其方差、协方差参数。序贯平差的优点在于本次平差可以充分地利用上次平差的结果，节省计算机内存，提高工效。

4. 系统建议配置

（1）高档　进口全站仪［$\pm 2''\pm$（$2mm+2\times10^{-6}D$）、1.5km 测程］可选世界上 8 个厂家（Leica，Zeiss、Nikon、Topkon、Pentax、Sokk∧，JEC）之一的产品，外加国产棱镜杆二根，E500 控制记录器及通讯电缆，全套价格约 10 万元人民币。

（2）中档　国产全站仪［$\pm 5''\pm$（$5mm+5\times10^{-6}D$），1.0km 测程］，可选南方 NTS—200 系列产品等，外加对中杆、E500 等，全套 4 万元人民币左右。

（3）低档　国产电子经纬仪＋进口微型测距仪［$\pm 5''$，$\pm$（$5mm+50\times10^{-6}D$），300m 测程］，可选南方 ET02/05 电子经纬仪，DISTO、SokkI∧ MM 系列微型测距仪、反射片、E500 等，全套 2.5 万元人民币左右。

三、电子罗盘＋电子测距是林区定位辅助手段

全站仪价格昂贵，重量达 4～6kg，不便携带，因而，限制了其在日常森林资源调查与林区定位中的应用。目前，国外林业界比较注重应用电子罗盘，与微型激光测距、红外测距组成的轻便式数字定位系统，并在现代森林资源调查与环境评价定位中充分发挥了其辅助和补充定位作用。电子罗盘＋电子测距主要应用在 DGPS 不能实现定位的峡谷林区、郁闭度很大的过熟林区，枝叶茂盛的树冠下，

为定位的理想工具和GPS的良好辅助手段。系统硬件由电子罗盘，微型激光或红外测距仪、E500控制器等构成，此仍为较高档配置。实际工作中，可选用电子罗盘＋视距测量组成经济型配套系统，系统可用于林区罗盘导线测量，树高测量，目前市面上流行的Precision Navigation，INC产品价格大约为3000～5000元人民币，几种主导产品的主要技术指标列于表1-6。

表1-6　主导产品的技术指标　（单位：度）

电子罗盘		TCMZ－20	TCMZ－50	TCMZ－80
定向观测	中误差（水平）	±0.5	±1.0	±2.5
	中误差（倾斜）	±1.0	±1.5	±3.50
	分辨率	0.1	0.1	0.1
倾角观测	中误差	±0.2	±0.4	±0.5
	分辨率	0.1	0.3	0.5
	范围	±20	±50	±80

注：均可用RS232C接NMEA0183格式实现与E500通讯，单位为度

实际观测中若无测距仪可采用视距测量标尺上、中、下丝数据手工键入E500，磁方位角，倾角自动传入E500，进而实现定位和放样测量，原则上，磁偏角并非一个常数，而是按年、月、日发生变化，因此，实际作业前应在已知边上测量磁偏角，观测成果中必须加入磁偏角改正，最终结果以点位坐标数据存放，并能与GPS、全站仪实现通讯。

四、“3S”及其集成技术在森林资源与环境中的应用

1. “3S”技术的概念

“3S”概念大约是20世纪90年代初由中国测量学者提出，其基本思路和物理含义是把GPS、GIS、RS三者有机地结合起来，形成一个更大系统的集成技术——对地观测系统。国外学者因为难以理解“3S”，因而也不太承认所谓的“3S”，中国学者还提出过“5S”（“3S”＋DPS＋ES，DPS——数字摄影测量系统，ES——专家系

统）结合概念。"5S"和"3S"一起，都是希望能够实现一个数字化、动态化、实时化，智能化的集成对地观测大系统。无论是"3S"还是"5S"，GPS、RS、DPS均为定位和采集空向数据的手段，还应包括TSS（全站仪测量系统）、ISS（惯性测量系统）、ECS（电子罗盘定位系统）等等获得空间数据的手段；至于GIS，做为空间数据的存贮库和空间分析功能器，当然应是一个专家系统，至少通过二次开发应具备专家系统功能。如此，无论是"3S"还是"5S"都远远不能归纳一个现代的对地观测系统。因此，一个数字化、动态化、实时化、智能化的现代对地观测系统应该是现代测绘技术、遥感技术，定位技术，图像，图形处理技术与计算机技术的完美结合，绝对不可简单地理解"3"与"5"的数字多少，而是要把"3S"和"5S"看成是多种有互补性的现代科技在对地观测中的有机结合与集成。

2.GIS及其在森林资源与环境中的应用

GIS是英文Geographic Information System的缩写，称之为地理信息系统或地学信息系统。它是在计算机软件、硬件平台支持下，以采集、存贮、管理、分析、描述地球表面（包括大气层）与空间地理分布有关数据的空间信息系统。从实质而言，地图就是一种模拟的地理信息系统，它有图形数据及拓扑关系，也有属性数据，但是，表现在图面上的空间数据不便于进行多层叠加空间分析，不便于精确和快速量算，不便于及时更新，特别是不便于图形数据与属性数据相关作用共同分析。

（1）GIS概念

从广义上讲，GIS是一个有组织的硬件、软件、地理数据和人才的集合，它由5个部分组成：①地理数据，主要有两类性质的数据，一类是图形数据，也就是空间数据，通常以三维坐标（x，y，H）或地理坐标（经纬度及高程）或者其它坐标系坐标来表示，还包括数据间的拓扑关系，如果加上时间坐标数据，则为四维动态GIS，这一点对于森林资源管理与环境监测中的动态信息提取和状态都是十分重要的；另一类是属性数据，也叫非空间数据，是实体的描述数据。

如林分名称，林型，树种，林分面积、宽度、长度，形状，产权、用途等等。②硬件：GIS 的硬件指计算机系统的硬件环境及构成，从高档微机到工作站，小型机以及集中或分布式网络环境均可运行。目前我国林业部门的 GIS 一般是面向微机系统运行，也有少量网络版，工作站版。随着空间基础设施和数字地球的建立，信息高速公路的全面运营，其运行覆盖面积更大，其计算机服务器要求的档次更多。当然，硬件系统还应包括用于原图数字化的扫描仪或数字化仪，用于地图模拟输出的绘图仪，用于成果、文件、表格等输出的打印机，从更为广泛的意义去看，应包括一切能够直接或间接地为 GIS 提供空间数据的仪器，如大地测量仪器（全站仪、GIS），惯性测量系统，电子罗盘及航测仪器等。③软件：软件是信息系统的灵魂，GIS 软件用于支撑空间数据的编辑、组织、分析、存贮、管理、变换等，据说全世界商品化的 GIS 软件达 300 余种，比较流行的有 ARC/INFO、Genomap、MapInfo 等国外软件，国内也先后推出 GeoStar、ViewGIS、map GIS 等软件。④人才：GIS 系统从设计、采集、建库、管理、运行直到用来分析决策处理问题，自始至终需要各种水平的专业人才，他们必须掌握 GIS 原理，熟悉本单位所用软件，能熟练地进行空间数据的采集、处理、分析和输出。更高层次的人才还应能从事二次开发或系统开发。⑤规范：GIS 应有标准化的规范，我国已建立相应规范，以便与世界 GIS 接轨和国内各单位之间的数据共享。

（2）GIS 的基本功能

一般认为，GIS 有五大功能。

①数据的采集与编辑功能　GIS 的核心是一个地理数据库，建立 GIS 的第一步就是将地面上的实体图形数据和描述其属性数据输入到数据库中，通过大地测量仪器、GPS、ISS、电子罗盘、原图扫描或手扶跟踪数字化、航测航片扫描、数字遥感等手段获取的空间数据可在 GIS 的编辑功能上进行编辑，一般 GIS 的编辑功能应包括：人机对话窗口；文件管理功能；数据获取功能，图形编辑窗口

显示功能；参数控制功能；符号设计功能，图形编辑；自动建立拓扑关系；属性数据输入与编辑功能；地图整饰功能；图形几何功能；查询功能；图形接边处理功能。

属性数据是用来描述实体对象的特征和性质，许多GIS都采用关系型数据库管理系统进行管理，关系型数据管理系统（RDBMS）能为用户提供一套功能很强的数据编辑和数据库查询语言，如SQL（结构化查询语言），系统设计人员可用SQL语言，建立友好的用户界面，以方便用于属性数据的输入、编辑和查询。

②地理数据库管理功能　地理对象通过数据采集与编辑后，送到计算机的外存设备上，如软盘、硬盘、光盘、磁带等。对于庞大的地理数据，当然需要数据管理系统来管理，其功能相当于图书馆对图书的分类与编目，以方便管理人员或读者快速查询到所需图书。一个数据库管理系统应具备数据定义、数据库的建立与维护，数据库操作数据通讯等功能。

③制图功能　GIS说到底是从地图脱胎而出，因而，站在测绘者的立场上去看GIS，GIS无疑是一个功能强大的数字化地图制图系统。它可以提供：a. 全要素地图；b. 根据用户需要分层提供专题图，如行政区划图、土地利用图、林相图、森林资源分布图、城市建设规划图、道路交通图、地籍图、地势等高线图；c. 通过地学分析得到某种分析判别结果图，如坡度图、坡向图、剖面图、立地类型图等。数字地图的优势还在于能不断（随时）更新，添加新的属性、要素、符号、颜色、注记，实现图廓整饰，通过绘图仪，得到精美的彩色（含单色）模拟地图，当然也可以通过计算机显示器显示数字地图及其分析结果 。

④空间查询与空间分析功能　GIS与普通数字化地图的根本（本质）区别在于GIS必须至少具备若干个实用的空间分析功能，这是研究GIS的出发点和目标。只有通过空间查询和空间分析才可以获取派生的新信息和新知识。并得出对于决策有重要基础和指导意义的依据。一个理想的GIS，必然具备具体的空间查询与空间分析功

能。拓扑空间查询；缓冲区分析；叠加分析，通过逻辑运算得到空间集合分析；地学分析。在森林资源环境监测、管理、评价中，利用 GIS 的空间分析功能可以协调林区布局规划，实行林地适宜性分析，林区最佳运输线路，预测资源、环境状态和趋势等等。地形分析是空间分析的核心和基础，数字高程模型（DEM）和数字地形模型（DTM）是实现空间分析基础地学数据，在森林资源与环境中坡位分析、坡向分析、坡度分析、透视分析、地表面积分析、林带土石方分析、水土流失量分析都要依赖于 DEM 和 DTM。

（3）GIS 的应用范围

①对全球变化的动态监测　将 GIS、RS、GPS 三结合起来，可以形成对地观测系统，这是数字地球的重要组成部分和基础信息。中国的数字地球计划已经着手实施。美国地质测量局（UCGS）的地球资源观测卫星数据中心（EROS Data Center）和加拿大遥感中心（CCRS）合作，将连续 10 天采集的数据融合在一起，形成北美植被指数圈，"3S"的各种数据结合建立北美土地覆盖数据库，供全球变化研究使用。联合国粮农组织（FAO）在意大利建立的 RS 与 GIS 中心，负责对欧洲和非洲的农作物生长和病虫害防治提供实时的监测和技术服务。

②为国家基础产业服务　GIS 可用来进行全国范围的自然资源调查、环境监测分析、土地利用、森林管理、农作物估产、灾害预测与防治措施评价、国民经济调查与宏观决策分析等。需要特别指出，所有这些面向基础产业服务的 GIS，都不是单纯的 GIS 单兵作战，而是 GIS、RS、GPS 三者间有机结合和集成。

③为城市建设服务　GIS 可用于土地管理、房地产经营、污染治理、环境保护、交通规划、地面及地下管线信息管理，市政工程服务和城市规划，澳大利亚的昆士兰州布里斯班市的城市信息系统以数字地籍数据库为基础，包括城市规范，市政管理、公共交通、上下水道、公园绿化、房地产管理等均卓有成效。

④为企业服务　GIS 在企业规划设计、生产运营管理中的作用

已为企业界所公认。美国爱达荷州的一家公司负责 60 万英亩林场(含 4900 个林班),如果用手工绘制地图来实施采伐生产经营,那么永远跟不上变化。如今采用 GIS 构成森林经理系统 (FMS),每年花 18 万美元,GIS 可给出每分钟森林作业信息,森林经理人员坐在计算机终端,通过对地图的变焦和漫游,可在几分钟内查询每一小班的采伐状态和权属变化。尽管该 GIS 花去业主 65 万美元,但投资回报率为每年 27%。

同样,GIS 与 RS、GPS 结合,在铁路、公路、航空飞机、船舶运输调度,露天矿、井工矿开采作业计划设计、运输调度、生产管理、废石堆放与回填处理、开挖的最少土方量、边界选择等方面均有成功的先例,并越来越引起企业界浓厚的兴趣。

⑤为商业服务,为工程建设服务 通过 GIS,可为商业和企业创造空间竞争优势。如我国城市地区,为有偿使用和转让土地使用权,引进外资开发新的产业,必须按外方投资者的要求建立开发区土地管理信息系统,这也是世界很行为工程贷款的条件之一。香港新机场通过填海开辟场区,地价昂贵,用数字摄影测量系统、GIS、全站仪构成空间观测分析系统,飞机每日摄影一次,用 GIS 在 24 小时内给出挖填土方量工时、费用、建场状态来指挥机场施工,保障这项现代工程的完成。我们亦研究过以 GPS、全站仪为基础的空间矢量数据采集系统,配合 GIS,选择决策最佳土方工程平面,最佳挖填土方调运计划。

⑥为军事服务 海湾战争,实际上是一场"3S"大战,美国国防制图局 (DMA) 的 GIS 充分发挥了作用,他们在工作站上建立了 GIS 与 RS 集成系统,通过自动影像匹配和自动目标识别技术处理卫星和高空、低空侦察机实时获得战场数字影像,及时地(不超过 4 小时)将反映战场现状的正射影像图叠加到数字地图上。数据直通海湾前线指挥部和五角大楼:为军事决策提供 24 小时的实时服务。海湾战争爆发前 10 年,美国就完成了巴格达的城市 GIS;实战时,导弹依靠 GPS 定位,按 GIS 提供的空间数据。

3. GPS 在 3S 集成中的作用

综上所述，不管是松散的，还是紧密的，GPS、GIS、RS 已经毫不含糊地结合起来了，在 3S 集成技术中，GPS、GIS、RS 各发挥自己的作用，优势互补，使其成为一个强大的对地观测系统、分析决策系统。如果说“3S”是一辆运行于高速公路上的汽车，那么，GIS 就是汽车本身，RS 是汽油，GPS 是方向盘，缺一不可。具体归纳，GPS 在“3S”集成中有以下一些作用。

（1）为数字化地图野外测绘提供基础控制数据

数字化地图野外测绘是 GIS 获取数据源的手段之一，也是所有获取空间图形数据手段中相对精度较高的一种。也是未来地图的发展方向之一。数字化地形测图需要借助于 GPS 静态相对定位实现控制测量，为其细部测图提供依据。

（2）实现数字化地图测绘、补测、补绘和更新

现已成熟的 RTD GPS 技术、RTK GPS 技术甚至基于事后处理的普通 DGPS 技术都是数字野外测图的良好空间数据采集工具之一，能为 GIS 提供质量好、精度高的矢量数据，实现数字化地图的测绘、补测、补绘和更新。

（3）为 RS 提供精确的几何校正数据

以往 RS 制图，通常依赖于相当比例尺的地形图上明显地物点的解析坐标，其精度随比例尺和解析精度而异，直接影响遥感图像与国家坐标系完整框架的统一。利用 GPS 的 RTD 定位技术，可为 RS 校正提供高精度地图坐标图数据（三维），建立三维高次模型，提高 RS 几何校正精度。

（4）为 RS 提供训练样地实时定位和面积实时精测

如何使图像上的训练样地与实地样地对应起来，这是提高分类精度的重要途径，通过 DGPS 定位精确、实时测量训练样地面积，建立图上面积与实地面积的数学关系是 RS 分类中有意义的内容。

（5）为运动系统导航和记录运行轨迹

借助于电子地图，DGPS 可以按设计的路线指挥车辆、船舶、飞

机运行或者记录其运行轨迹，配合GIS，分析其性能。结合土壤图、林相图、病虫害图，实现夜间喷药、施肥，促进森林高效、健康成长。动物行踪的自动跟踪也可依赖于GPS。

（6）实现航测内外方位元素的测定。

（7）配合电子地图和林业GIS，实现固定样地的复位，林班线的划分，小班面积的实时精确测定，自动、实时测树，绘制小班、样地林木空间分布图。

（8）配合林区道路、工程建设中断面测量，土方量计算、工程放线标定、样带、格网标定等。

第五节 GPS在森林资源调查监测系统中的研究创新

一、建立依GPS提供矢量数据的森林资源调查监测的“3S”系统

系统构成方案如图1-1所示，系统构成方案亦决定了系统研究的具体内容。

二、研究创新问题

1. 实时差分GPS定位研究

①电台、对讲机数/模、模/数转换研究。

②GPS外接设备如测树轮尺、红外辐射仪、红外测温仪、瞬时光谱仪、湿度计、酸碱度测定仪，噪声仪、雷达、声纳等传感器。所测的模拟数据如何经模/数转换后与GPS定位数据输入记录器存贮。

③GPS与数字外设如测树电子轮尺，专业化电子传感仪器如电子温度仪、电子碱度测定仪、电子噪声仪的数据接口问题。

④RTK定位整周模糊度的快速解算与失锁后的快速恢复。

⑤针叶林、阔叶林、不同郁闭条件、不同地形条件下的DGPS定

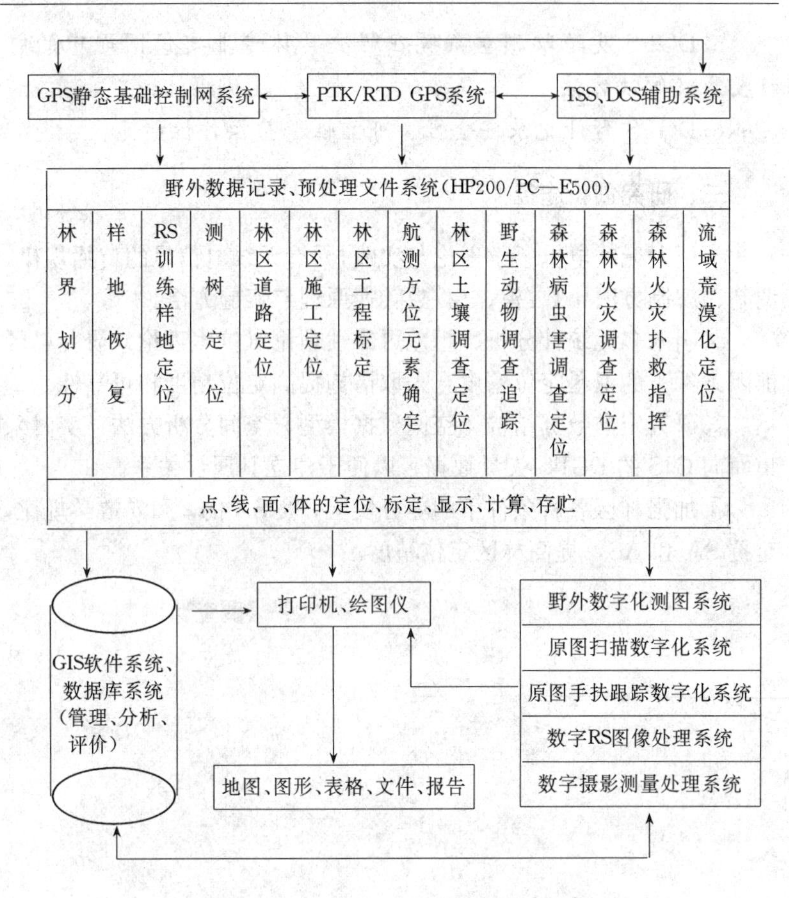

图1-1　森林资源、水土保持、荒漠化调查监测“3S”系统图

位实现、定位精度提高。

⑥林区DGPS定位结果的可靠性是提高精度可靠性的途径。

2. 林区DGPS坐标系统的自动转换、交换处理

3. 林区DGPS点、线、面、体的定位

放样、计算、显示，以及配合电子地图的位置实时显示与计算结果显示。

4. 电子地图数据与GIS数据的双向交换

5.DGPS 及辅助测量系统在解决具体专业定位问题中的特殊要求及解决方法

6.DGPS 野外记录安全性、可靠性、易操作性研究

三、研究创新途径

①引入无线电电子学理论与实践,弄清无线电信号的传播规律,调制、解制方法，数/模、模/数转换原理与实施方法。

②引入多元统计分析、粗差可靠性理论（抗差理论）研究林区郁闭条件下的卫星定位精度，采取措施提高定位精度和可靠性。

③研究定向数据结构、空间数据模型、空间分析方法，实时采集面向 GIS 的 DGPS 矢量数据，以便于建立其属性关系。

④加强林区各种条件下的差分实验，获 SA 的 ε 和 δ 数学规律，对抗 SA 和 AS，提高林区定位精度。

第二章　资源与环境多功能GPS基础控制网的建立

DGPS必须依赖于高精度的GPS基础控制网提供基准台起始数据，因此，林区必须建立具有多功能、多级分辨率、结构合理、精度可靠的GPS监测、控制网，为其它定位提供已知数据。

森林GPS基础控制网应在林业资源管理、生产经营、环境监测、科学研究、测量工程、防火、防病、防虫、防灾中发挥定位、导航、授时等多种功能和作用。

第一节　森林GPS控制网的布设原则

前已叙述，我国已完成了具有多种功能、多级分辨率、精度和密度合理的国家GPS A级、B级网，从而为林区建立和加密控制网提供了必要的起算数据。另外分布于林区的各级国家等级三角点、导线点也是GPS定位基础控制网可利用和依靠的数据。

显然，林区GPS控制网应按国家《GPS测量规范》布设为A、B级的加密，至于选择C、D、E级，应考虑下列因素。

一、林区面积的大小

GPS控制网应布设为互相联系的几何图形网络，这样才能使各点之间有几何关联，增强检核，提高可靠性。而不同等级的GPS网对边长要求各不相同，因此，林区面积大，边长要长些，否则就短些，在保证图形关联网络的条件下，林区面积大小应是选择GPS网等级的首要因素。一般而言，一个林区至少将GPS网布设为一个三角测量上的大地四边形或闭合导线。

二、尽可能利用林火探测瞭望台

森林中的林火瞭望台一般为林区的制高点上，视野开阔，布局合理，有专人看守，通常台间距 40km 左右，在瞭望台建立 GPS 网点，有制高、易保护、易寻找，为防火提供坐标方位等多功能的作用。有些台上还通电、有电台，便于 RTK/RTD GPS 直接利用电和电台。

三、考虑森林资源调查、管理、环境监测对 GPS 网点精度的要求

森林资源调查、管理、环境监测主要依据林区各种比例尺的地形图。因此必须首先满足三类调查对 1∶5000 地形图的测图需要，以及 1∶5000 以下地形图的用图需要。当然，还应满足林区道路、施工、测量的特殊需要，如林区 1∶500 地形图测绘、公路隧道的贯通，这时应以相对精度为主。这方面国家各级大地控制测量和 GPS 等级测量已能满足相应精度。

四、考虑 GPS 网点的功能

应立足目前，考虑长远的 GPS 网点功能，如差分基准台功能，测绘基准功能、授时、导航、监测、定位等诸多功能。

五、考虑现有装备的测程

目前以 C/A 码（含 L_1 载波平滑）的 RTD GPS 其测程一般为 50km，考虑到林区的特定环境，如郁闭、山区等，其通讯测程会进一步缩小，如只能达到了 30km，故控制网点间距不应大于 30km。如果未来选择 RTK 功能 DGPS，则控制网点间距应不超过 10km。

六、考虑进一步发展加密的方便性

根据规划和发展，未来林区某一区域可能要实施园林工程或与之相关的路桥、隧道、土木工程，此时，需要进一步加密控制网。如

此，需要控制点的精度、密度必须满足进一步加密的需要，利于加密的方便性和联测。

七、考虑地形及环境对 GPS 定位的影响

一般要求所选网点便于安置接收设备、便于操作，视野开阔，视场内障碍物的高度角不超过 10°；远离大功率无线电发射源（如电视台、微波站等），其距离不小于 400m，远离了高压输电线，其距离不得小于 200m；附近不应有强烈干扰卫星信号接收的物体，并尽量避开大面积水域；交通方便，地面基础稳定，易于点的保存。

八、等级选择与国家《GPS 测量规范》的一致性

国家《GPS 测量规范》系中华人民共和国行业标准，规定了利用 GPS 按照静态相对定位原理，建立测量控制网的原则、精度和作业技术方法，适合于包括林业、资源、环境、建设在内的所有行业的 GPS 控制网建立，具有一定的权威性和普适性。

实际布设面向森林资源与环境的 GPS 控制网时应充分考虑其目的性、精确性、可靠性、经济性，按照优化原则设计。一般应在国家 A、B 级 GPS 网成果的基础上，根据需要和发展，布设为 C、D、E 级控制网。

九、充分利用国家等级三角点、GPS A、B 级点的成果

考虑到美国政府实施对 GPS 的 AS 和 SA 政策，使得 GPS 单点定位精度一般仅为 100m，延长时间观测法的极限精度也只有±5m 级的水平。因此，要充分依靠国家 A、B 级 GPS 点提供超算数据，并与国家Ⅰ、Ⅱ、Ⅲ、Ⅳ等三角点和同级导级点、水准点联测，实现林区 WGS—84、BJ—54、C—80 及地方坐标系之间的转换。

十、考虑林区多种误差来源及影响

树冠对于静态、动态 GPS 定位有影响，特别是对载波相位观测

法的影响是很显著的，实际作业中要注意克服这些影响。

第二节　森林 GPS 控制网的等级与布网方案设计

一、等级选择

国家 GPS 网中两相邻点间距一般规定如表 2-1 所示。

表 2-1　国家 GPS 网两相邻点间距　　单位：km

项目＼级别	C	D	E
最小间距	5	2	1
最大间距	40	15	10
平均间距	15～10	10～5	5～2

若每个林区（如一个林业局、一个县、一个林场）的控制网最小布设为大地四边形，并取平均间距的上限。考虑到从点到林区边界的距离不超过平均间距上限之 1/2，则可得出结论：当林区面积＜100 $(km)^2$ 时，选择 E 级控制网；当林区面积＜400 $(km)^2$ 时，选择 D 级控制网，当林区面积＞400 $(km)^2$ 时，选择 C 级控制网。至于控制网点的精度，GPS 网点不同于三角网，精度分布上表现出比较好的均匀性，完全能满足各种林区测量、定位、导航、差化基准点的需要。

二、布网方案

根据林区地形起伏、面积范围，已有控制点分布、现有仪器方案可布设为如图 2-1 所示形式之一。

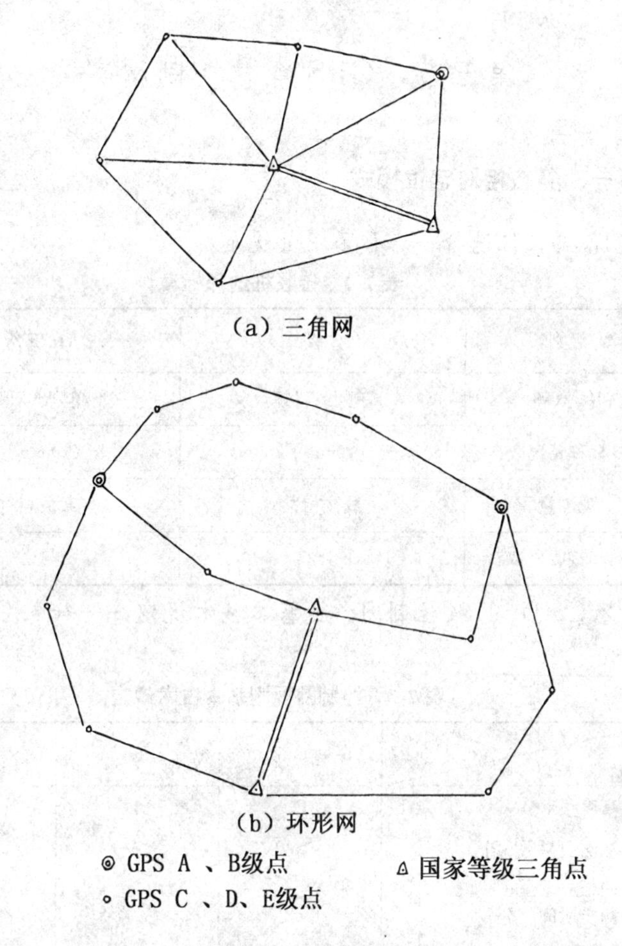

（a）三角网

（b）环形网

图 2-1　静态 GPS 基础控制网

第三节　GPS 森林控制网实施

一、静态相对定位模式

1. 接收机选择——依表 2-2 规定

表 2-2　接收机选择标准

级别	C 级	D、E 级
单/双频	单频或双频	单频或双频
标称精度	≤±（10mm+2ppm）	≤±（10mm+3ppm）
观测量	载波相位	载波相位
同步接收机数	≥2	≥2

2. C、D、E 级控制网作业基本技术规定——如表 2-3、表 2-4 规定

表 2-3　控制网观测基本技术规定

项目＼级别	C	D	E
卫星高度角（°）	15	1	15
有效观测卫星数（个）	≥6	≥4	≥3
时段中任一卫星有效测定时间（分）	≥20	≥15	≥15
观察时段数	≥2	≥2	≥2
时段长度（分）	≥90	≥60	≥20
数据导样间隔（秒）	15－60	15－60	15－60
卫星观测象限分布	(25±20)%	(25^{+20}_{-25})%	(25^{+20}_{-25})%

表 2-4　PDOP 基本技术规定

级别	C	D	E
PDOP	≤8	≤10	≤10

3. 野外数据检核

同一边任意二时段成果差小于接收机标称精度的 $2\sqrt{2}$ 倍；异步闭合环三维坐标差分量闭合差应符合下式规定：

$$\left.\begin{aligned} W_x \leqslant 3\sqrt{n}\,\sigma \\ W_y \leqslant 3\sqrt{n}\,\sigma \\ W_z \leqslant 3\sqrt{n}\,\sigma \end{aligned}\right\} \tag{2-1}$$

式中：n 为闭合环边数，σ 相应级别规定的精度。

二、快速静态、准动态作业模式

在林区中部选择一已知点为基准点，安置 GPS 接收机。另一接收机在每一待定点观测 5～15 分钟，以载波相位为观测值，同步观测 5 颗以上卫星，一般精度可达±5cm 级水平。

三、内业处理

其内业处理的一般过程如图 2-2 所示。全部过程均由计算机自动完成处理。

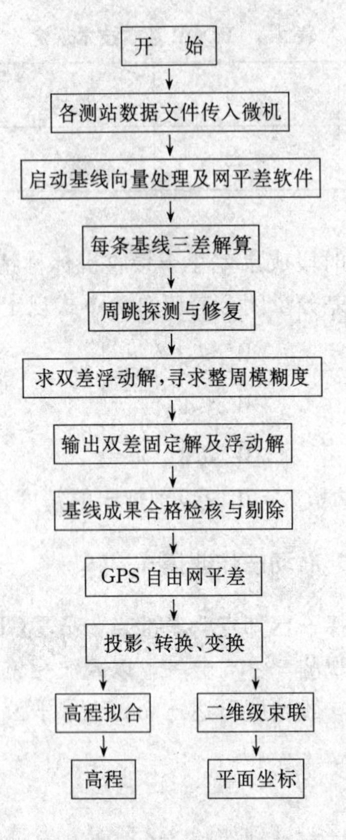

图 2-2 GPS控制网内业

第四节　北京市十三陵林场多功能 GPS 控制网建立实例

一、背　景

北京市十三陵林场位于北纬 40°44′，东经 116°35′，地处北京市西北郊昌平县境内，场部距北京市区 35km。林场界内有国内外闻名的十三陵、十三陵水库、沟崖、居庸关等名胜。

十三陵林场属燕山山系低山丘陵区，东以蟒山、清凉洞分区为界，西至南口、关沟、德胜口、麻峪房子分区，北至上口、沙岭的分水岭，南面有龙山、虎山。十三陵地区的地形由泰陵、德胜口、老君堂三条沟相切，形成四个不相连的丘陵山地，中心为十三陵盆地，盆地东侧为十三陵水库。关沟林区为南口至四桥子段两侧前脸山地，集水线都与关沟相联。全林场平均海拔高 400m 左右，最高点为沟崖中峰，达 954.2m，最低处高程为 68m。

林场林班分布跨越东西长约 32km，南北宽约 16km。林场施业区总面积为 8610.8hm²，森林覆盖率 36%，其中林业用地面积 6365.33hm²，占总面积的 74.1%，非林业用地面积 2227.27hm²，占地面积的 25.9%，在林业用地中，有林地面积为 2397.57hm²，占总面积的 27.8%。林场分为 40 个分区、1333 个小班实行经营管理。

林区前脸山地大部分为石灰岩，长陵后山，上口北山以花岗岩为主；沙岭、锥石口附近为砂岩；蟒山一带有鞍山岩、页岩、砾岩。坡向以阳坡、半阳坡为主，坡度为 30°～45°之间，山麓地带一般在 20°左右。由于长期人为影响，过度放牧，林木破坏，植被稀疏，大部分岩石裸露，土层薄，一般土层 30～40cm，最厚土层 1m 左右。含石砾量达 40%，土壤肥力差。林区土壤属褐色土类，一般 pH 值呈碱性或中性反应的碳酸盐褐色土，土壤水分条件差，属干旱类型，不利于造林成活。

林区气候特点是：春季干旱多风，夏季多雨，冬季寒冷干燥。全年平均气温11.8℃，最低（一月）平均气温−4.1℃，最高（七月）平均气温25.7℃，无霜期180～203天，年平均降水量631mm，多集中在六、七、八三个月，占全年降水量76%。

植被分布：植被群落组织简单，阳坡草本植物占优势，灌木次之，主要是荆条、酸枣。

森林资源：以侧柏、油松为主体群落，其中侧柏占林分面积的56.8%。

二、GPS网布点图

如图2-3所示。

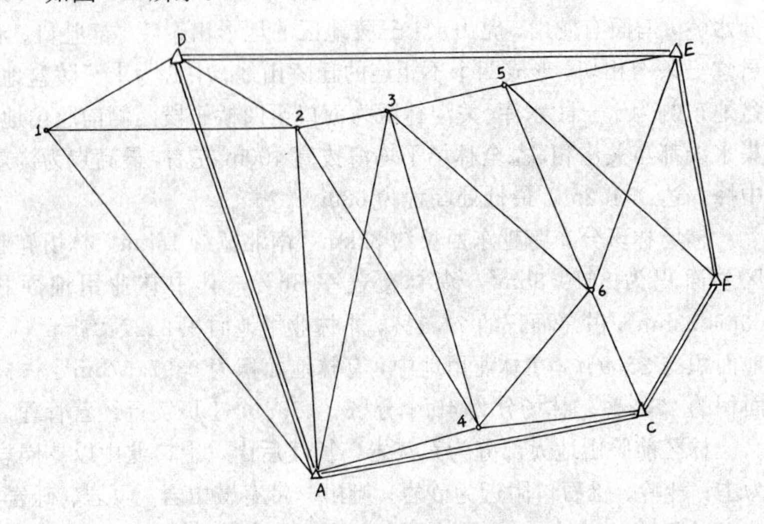

1 居庸关　　A 畲奁屯（屯以北）61.8m
2 沟　崖　　C 水库东 580.7m
3 定　陵　　D 磨盘山 1066.0m
4 龙　山　　E 银　山 726.4m
5 老君堂　　F 下庄西（上庄公社约3km）786.7m
6 蟒　山

图2-3　北京市十三陵林场GPS网示意图

三、有关说明

①充分利用了林场6个林火瞭望塔，直接将GPS天线安置在塔尖，无法安置在塔尖时，可在顶层设置高于塔尖的标杆，安置GPS天线，瞭望塔一般位于制高点，视野开阔，通电，有通讯系统，易于实现实时差分定值。

②充分利用了林场区域内一个国家GPS B级点，和5个分布均匀的国家等级点，做为起始数据和高程趋势面分析已知点。

③最长边达13km，最短边为3km，平均边长为8km。

④按国家D级GPS控制网建立施测。

⑤提供WGS—84，北京54，中国80，北京市地方4种坐标系的坐标。

第三章　DGPS 用于森林资源调查、监测的定位研究

第一节　卫星坐标计算

一、GPS 卫星星座构成

GPS 空间卫星星座部分由 24 颗卫星构成，分布在 6 个轨道面内，每个轨道上分布 4 颗卫星，卫星轨道面相对地球赤道面的倾角为 55°，各轨道平面升交点的赤经相差 60°，在相邻轨道上，卫星的升高距角相差 30°。轨道长半轴 26 609km，偏心率为 0.01，平均高度 20 200km，卫星运行周期 12h58min，每颗卫星每天平均有 5 小时在地平线以上，一般情况下，某点最多可观测 11 颗卫星，最少可观测 4 颗卫星（图 3-1）。

二、GPS 信号

GPS 信号包括：载波、测距码和数据码。其信号的产生如图 3-2 所示。

三、GPS 卫星轨道参数

GPS 卫星轨道参数如图 3-3 及表 3-1 所示。

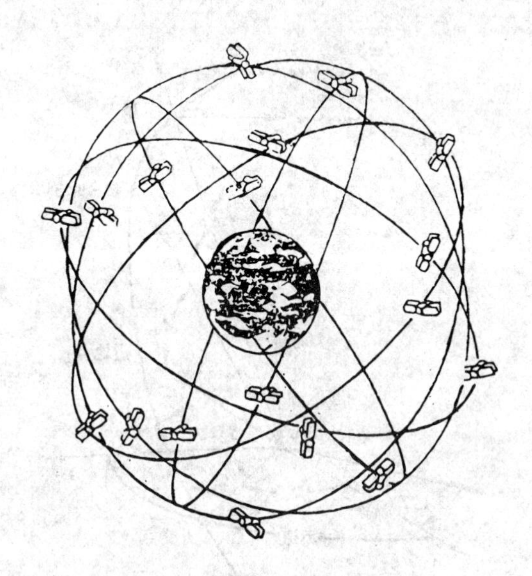

图3-1　GPS卫星星座

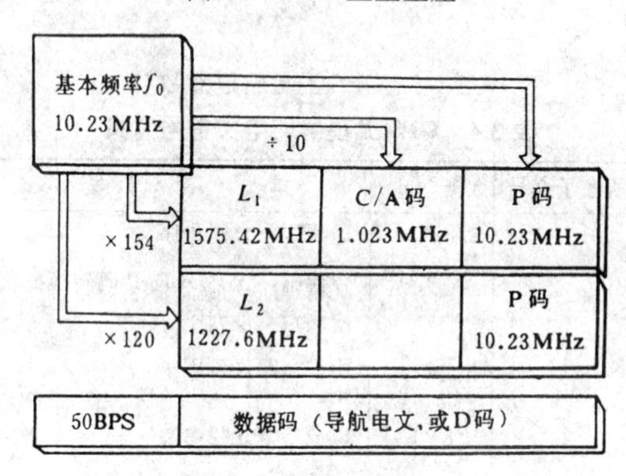

图3-2　GPS信号的产生

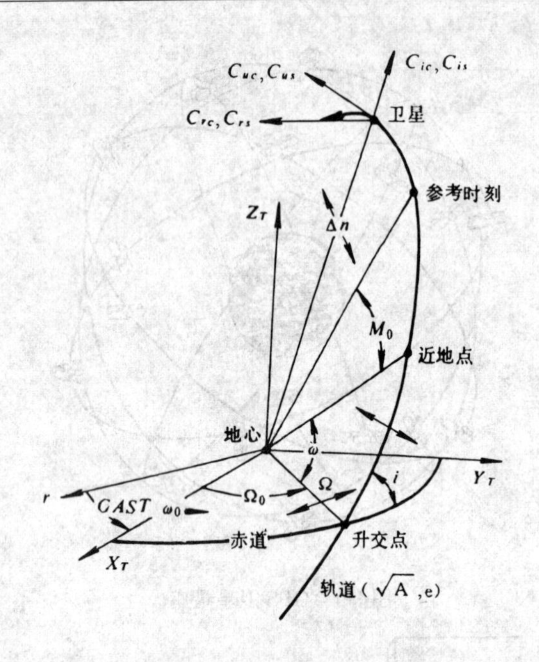

图 3-3 GPS 卫星轨道参数

表 3-1 GPS 卫星导航电文符号意义

符号文电	所在子贞号	数据(bit)	符号意义
TLW	1～5	22	遥测码，含同步序文
HOW	1～5	22	转换码，含 C/A 向 P 码转换捕获的 Z 计数用户测距精度因子
URA	1	4	用户测距精度因子
α_0-α_3 β_0-β_1	1	8×8	电离层修正用参数
T_{GD}	1	8	单频接收机延迟校正参数
AODC	1	8	卫星钟数据有效龄期
t_{oc}	1	16	子帧 1 时钟数据基准时间
α_0，α_1，α_2	1，5	22，16	卫星校正参数，计算 GPS 系统时间
AODE	2，3	8	星历数据有效龄期

（续）

符号文电	所在子贞号	数据（bit）	符 号 意 义	
t_{oe}	2	16	星历表基准时间	
M_0	3，5	32，24	$t_{o\varnothing}$时的平近点角	
e	2，5	32，16	偏心率	
$\sqrt{A}$	2，5	32，24	轨道长半轴的平方根	
Ω_0	3，5	32，24	升交点赤径	
i_0	3	32	轨道倾角	
ω	3，5	32，24	近地点角距	
Ω_0	3，5	32，16	升交点赤径变化率	
Δn	2	16	平均运动修正量	
δ_i	5	16	轨道倾角修正量	
C_{uc}	2	16	纬度幅角余弦调和改正项振幅	卫星轨道摄动修正参数
C_{us}	2	16	纬度幅角正弦调和改正项振幅	
C_{rc}	3	16	轨道半径余弦调和改正项振幅	
C_{rs}	2	16	轨道半径正弦调和改正项振幅	
C_{ic}	3	16	轨道倾角余弦调和改正项振幅	
C_{is}	3	16	轨道倾角正弦调和改正项振幅	
ID	5	8	卫星识别码	
t_{oa}	5	8	子帧5历书数据基准时间	
Health	5	8	卫星工作状态	

四、GPS卫星坐标计算

利用GPS接收机定位和导航，必须首先求得卫星某时刻坐标，而后利用接收机观测的伪距和载波相位观测值，求得定位点坐标。在DGPS中，伪距改正数也要依据卫星已知坐标和基准站已知坐标求距而确定。依据导航电文求得卫星坐标的一般过程为：

1. 计算卫星运行的平均角速度 n

采用WGS－84坐标系的地球引力常数：

$$GM=u=3.986005\times10^{14}\text{m}^3/\text{s}^2$$

地球自转角速度：

$$\omega_e=7.2921151467\times10^{-5}\text{rad/s}$$

根据电文给出的$\sqrt{A}$，计算轨道长半轴a：

$$a=(\sqrt{A})^2 \tag{3-1}$$

圆轨道的平均角速度为：

$$n_0=360°/周期=\sqrt{GM/a^3}=\sqrt{\mu}/(\sqrt{a})^3 \tag{3-2}$$

GPS 卫星轨道半径为 26 472～26 693km，呈微椭圆形，其偏心率$e=0.003$。利用电文中的平均角速度修正量Δn，求得卫星运行的平均角速度为：

$$n=n_0+\Delta n \tag{3-3}$$

2. 计算归化时刻t_k

GPS 卫星的轨道参数是相对参考时间t_{oe}而言的。这就是说电文中给出的轨道参数是基准时刻t_{oe}的值。为求出观测时刻t的轨道参数，必须求出观测时刻相对于基准时刻的差值，即

$$t_k=t-t_{oe} \tag{3-4}$$

式中，t_k称为相对于t_{oe}的归化时刻，但应考虑到一个星期(604 800s)的开始或结束。即当$t_k>302\ 400\text{s}$时，t_k应减去 604 800s；当$t_k<-302\ 400\text{s}$时，t_k应加上 604 800s。

3. 计算观测时刻的平近点角M_K

电文中已给出基准时刻的平近点角M_0，故知：

$$M_K=M_0+nt_k \tag{3-5}$$

4. 计算偏近点角E_K

由电文给出的偏心率e和算得的M_K，可知：

$$E_K=M_K+e\sin E_K(E_K,M_K\text{ 以弧度计}) \tag{3-6}$$

上述方程可利用迭代法进行解算，即先令$E_K=M_K$代入上式求解E_K。因为偏心率很小，通常两次迭代即可计算出偏近点角E_K。

5. 计算卫星矢径r_k

$$r_k=a(1-e\cos E_K) \tag{3-7}$$

6. 计算真近点角V_K

$$\cos V_K=(\cos E_K-e)/(1-e\cos E_K) \tag{3-8}$$

$$\sin V_K=(\sqrt{1-e^2}\sin E_K)/(1-e\cos E_K) \tag{3-9}$$

即：

$$V_K=\operatorname{arctg}\frac{\sqrt{1-e^2}\sin E_K}{\cos E_K-e} \tag{3-10}$$

7. 计算升交点角距 Φ_K

$$\Phi_K=V_K+\omega \tag{3-11}$$

式中 ω 为电文中的近地点角距。

8. 计算摄动改正项 $\delta_u,\delta_r,\delta_i$

$$\left.\begin{aligned}\delta_u&=C_{uc}\cdot\cos2\Phi_K+C_{us}\cdot\sin2\Phi_K\\ \delta_r&=C_{rc}\cdot\cos2\Phi_K+C_{rs}\cdot\sin2\Phi_K\\ \delta_i&=C_{ic}\cdot\cos2\Phi_K+C_{is}\cdot\sin2\Phi_K\end{aligned}\right\} \tag{3-12}$$

$\delta_u,\delta_r,\delta_i$ 分别为由 J_2 项引起的升交距 U 的摄动量、卫星矢径 r 的摄动量和轨道倾角 i 的摄动量。

9. 计算经过摄动改正的升交距角 U_K、卫星矢径 r_k 和轨道倾角 i_k

$$U_K=\Phi_K+\delta_U \tag{3-13}$$

$$r_k=a(1-e\cos E_K)+\delta_r \tag{3-14}$$

$$i_k=i_0+\delta_i+i\cdot t_k \tag{3-15}$$

10. 计算卫星在轨道平面上的位置

在轨道平面直角坐标中，X 轴指向升交点，则卫星位置为：

$$\left.\begin{aligned}x_k&=r_k\cos U_k\\ y_k&=r_k\sin U_k\end{aligned}\right\} \tag{3-16}$$

11. 计算观测时刻的升交点经度 Ω_K

观测时刻的升交点经度 Ω_K 为该时刻升交点赤径 Ω(春分点升交点之间的角距)与格林尼治视恒星时 $GAST$(春分点和格林尼治起始子午线之间的角距)之差，亦即：

$$\Omega_K=\Omega-GAST \tag{3-17}$$

由电文中可以求出观测时刻的升交点赤经：

$$\Omega=\Omega_{oe}+\dot{\Omega}_{t_k} \tag{3-18}$$

式中,Ω_{oe}为参考时刻 t_{oe}的升交点赤经,$\dot{\Omega}$为升交点赤经的变化率,其值为每小时千分之几度。电文中每小时更新一次 $\dot{\Omega}$和 t_{oe}。

卫星电文只提供了一个星期的开始时刻 t_w(它为星期六午夜/星期日子夜的交换时刻)的格林尼治视恒星时 $GAST_W$。因为地球自转,$GAST$ 不断增加,其增值速率即为地球自转速率 ω_e。所以,观测时刻的格林尼治视恒星时为:

$$GAST = GAST_W + \omega_e t \tag{3-19}$$

考虑到式(3-18)和式(3-19),则:

$$\Omega_K = \Omega_{oe} + \Omega_{t_k} - GAST_W - \omega_e t \tag{3-20}$$

若令 $\Omega_0 = \Omega_{oe} - GAST_W$,则上式变为:

$$\Omega_K = \Omega_0 + \Omega_{t_k} - \omega_e t \tag{3-21}$$

考虑到 $t_k = t - t_{oe}$,则得到:

$$\Omega_K = \Omega_0 + (\Omega - \omega_e) t_k - \omega_e t_{oe} \tag{3-22}$$

式中的 Ω_0、Ωt_{oe}均可从电文中取得。但要注意,此处 Ω_0 不是参考时刻 t_{oe}的升交点赤径 Ω_{oe},而是始于格林尼治子午圈到卫星轨道升交点的准经度。

12. 计算卫星在地心坐标系中的位置

式(3-16)给出了卫星在轨道平面上的直角坐标。现在轨道坐标系转换为地心坐标系,即沿地心——升交点轴旋转 i 角,使轨道平面与赤道平面重合。沿 Z 轴旋转 Ω_K 角,使升交点与格林尼治子午线重合。这样,便得到卫星在地心坐标系中的直角坐标(X,Y,Z)。其数学表达式为:

$$\begin{bmatrix} X \\ Y \\ Z \end{bmatrix}_k = (-\Omega_K)(-i_k)\begin{bmatrix} x_k \\ y_k \\ z_k \end{bmatrix} = (-\Omega_K)(-i_k)\begin{bmatrix} r_k\cos U_K \\ r_k\sin U_K \\ 0 \end{bmatrix}$$

$$= \begin{bmatrix} x_k\cos\Omega_k - y_k\cos i_k\sin\Omega_k) \\ x_k\sin\Omega_k - y_k\cos i_k\cos\Omega_k) \\ -y_k\sin i_k \end{bmatrix} \tag{3-23}$$

在导航中，一般不需要地心坐标系的直角坐标，而是大地经纬度(B,L)和椭球高 H。这两种坐标的换算关系为：

$$\begin{bmatrix} X \\ Y \\ Z \end{bmatrix}_k = \begin{bmatrix} (N+H)\cos B\cos L \\ (N+H)\cos B\sin L \\ [N(1-e^2)+H]\sin B \end{bmatrix} \tag{3-24}$$

式中，N 为椭球的卯酉圈曲率半径，e 为椭球的第一偏心率。

当空间直角坐标变换为大地坐标时，可采用以下公式：

$$\left.\begin{aligned} B&=\mathrm{arctg}\left[\mathrm{tg}\Phi\left(1+\frac{ae^2}{Z}\right)\frac{\sin B}{W}\right] \\ L&=\mathrm{arctg}\left(\frac{Y}{X}\right) \\ H&=\frac{R\cos\Phi}{\cos B}-N \end{aligned}\right\} \tag{3-25}$$

式中：

$$N=\frac{a}{W}$$

$$W=(1-e^2\sin B)^{\frac{1}{2}}$$

$$e^2=\frac{a^2-b^2}{a^2}$$

$$\Phi=\mathrm{arctg}\left[\frac{Z}{(x^2+y^2)^{1/2}}\right]$$

$$R=(X^2+Y^2+Z^2)^{1/2}$$

由(B,L)计算高斯投影面的直角坐标(x,y)及子午线收敛角：

$$\left.\begin{aligned} x&=X+\frac{N\cdot l_o^2\cdot t\cdot\cos^2B}{6\rho^2}\left\{3+\frac{l_o^2\cdot\cos^2B}{4\rho^2}\left[(5-t^2+9\eta^2+4\eta^4)\right.\right. \\ &\quad\left.\left.+\frac{l_o^2\cdot\cos^2B}{30\rho^2}(61-58t^2+t^4)\right]\right\}, \\ y&=\frac{N\cdot l_o}{\rho}\cos B\left\{1+\frac{l_o^2\cdot\cos^2B}{6\rho^2}\left[(1-t^2+\eta^2)+\frac{l_o^2\cdot\cos^2B}{20\rho^2}\right.\right. \\ &\quad\left.\left.\cdot(5-18t^2+t^4+14\eta^2-58t^2+\eta^2)\right]\right\}, \\ \gamma^o&=l_o\cdot t\cdot\cos B\left\{1+\frac{l_o^2\cdot\cos^2B}{3\rho^2}\left[(1+3\eta^2+2\eta^4)\right.\right. \\ &\quad\left.\left.+\frac{l_o^2\cos^2B}{5\rho^2}(2-t^2)\right]\right\}。 \end{aligned}\right\} \tag{3-26}$$

X 为相应纬度 B 的子午线弧长：

$$X=111\,134.861084B^{o}-16\,036.48027\sin 2B+16.82806688\sin 4B-0.0219753\sin 6B;$$

$$t=\tan B;\eta^{2}=e'^{2}\cdot\cos^{2}B;e'^{2}=0.006738525415;$$

$$\rho=180/\pi;l_{o}=L-L_{0};N=a/(1+e'^{2}\cdot\cos^{2}B)^{1/2};$$

$$a=6378245$$

由 (x,y) 计算 (B,L)：

$$\left.\begin{aligned}B&=B_{f}-\frac{(1+\eta_{1}^{2})t_{1}\cdot y_{1}^{2}\cdot\rho}{2N_{1}^{2}}\left\{1-\frac{y_{1}^{2}}{12N_{1}^{2}}\left[(5+3t_{1}^{2}+\eta_{1}^{2}-9t_{1}^{2}\cdot\eta_{1}^{2})-\frac{y_{1}^{2}}{30N_{1}^{2}}(61+90t_{1}^{2}+45t_{1}^{4})\right]\right\}\\L&=L_{0}+\frac{y_{1}\cdot\rho}{N_{1}\cdot\cos B_{f}}\left\{1-\frac{y_{1}^{2}}{6N_{1}^{2}}\left[(1+2t_{1}^{2}+\eta_{1}^{2})-\frac{y_{1}^{2}}{20N_{1}^{2}}(5+6\eta_{1}^{2}+28t_{1}^{2}+24t_{1}^{4}+8t_{1}^{2}\cdot\eta_{1}^{2})-\frac{y^{2}}{42N_{1}^{2}}(61+662t_{1}^{2}+1320t_{1}^{4}+720t_{1}^{6})\right]\right\}\end{aligned}\right\}\quad(3\text{-}27)$$

式中：B_{f}(底点纬度)按正算中的子午线弧长公式进行 6 次迭代计算求得；t_{1},η_{1},N_{1} 均为相应于纬度 B_{f} 之值。

以上转换计算均有相应计算机程序，可实时求得。

第二节　基于两台手持 GPS 接收机的坐标差分

我国许多单位配有手持式 GPS 接收机，这类接收机通常只有 C/A 码，廉价、便携，适合于林区和环境工程中使用。手持式 GPS 接收机按照实施差分的方法可以分为三类：①无数据接口，只能在基准站和运动站上口读笔记，经事后处理，按坐标差分得到移动站的坐标，其精度一般可达±(10～15)m 的水平；②有数据接口，可接受 RTCM－104 及 NMEA0183 数据格式的差分信号，经实时处理或事后处理，其精度可达±(3～5)m 的水平，可进行坐标差分和伪距差分;③有数据接口,可接受 NMEA0183 格式的数据,经实时处理或事后处理,其坐标差分的定位精度可达±(5～10)m 级的水平,本节介绍①、③两种类型的坐标差分手持式接收机(图 3-4)。

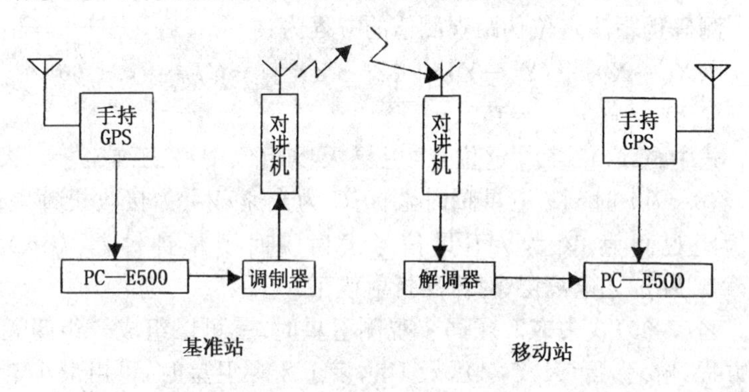

图 3-4 手持式坐标差分 GPS

一、作业过程

①设 A 为基准站,其坐标为$(X_A,Y_A,Z_A)_{84}^T$,在 A 点安置手持式 GPS 接收机,测得某时刻 t 的坐标为$(X_A^t,Y_A^t,Z_A^t)_{84}^T$。

②设 B 为移动站,在 B 点安置仪器,t 时刻测得其坐标为$(X_B^t,Y_B^t,Z_B^t)_{84}^T$。

③有关基准站、移动站的 GPS 观测数据可以用口读笔记(有数据接口)或控制器(如 PC－1500、PC－E500、HP 掌上机等)自动记录。

④数据处理的一般模型为:

$$\Delta X=(X_A^tY_A^tZ_A^t)_{84}^T-(X_AY_AZ_A)_{84}^T \tag{3-28}$$

$$\begin{aligned}(X_BY_BZ_B)_{84}^T&=(X_B^tY_B^tZ_B^t)_{84}^T-\Delta X\\&=(X_AY_AZ_A)_{84}^T+(X_B^tY_B^tZ_B^t)_{84}^T-(X_A^tY_A^tZ_A^t)^T\end{aligned} \tag{3-29}$$

⑤必须是同步(即同一观测时间)两点的观测值求差。

⑥$(X_B,Y_B,Z_B)_{84}^T$可根据用户需要自动转换为某一坐标系的坐

标。

二、数学模型(单点定位)

测码伪距法定位伪距观测值的方程为:

$$[(X_{si}-X)^2+(Y_{si}-Y)^2+(Z_{si}-Z)^2]^{\frac{1}{2}}-CT_{T_b}=\tilde{\rho}_i+(\delta\rho_i)_{ion}+(\delta\rho_i)_{trop}-CV_{t_i}(i=1,2,\cdots,n) \quad (3\text{-}30)$$

式中:$(X,Y,Z)^T$ 定位点(卫星天线相位中心三维坐标;$(X_{si},Y_{si},Z_{si})^T$ 为 t 时刻 i 卫星瞬时坐标;C 为光速;V_{T_D} 为接收机钟差;$\tilde{\rho}_i$ 为伪距观测值,V_{t_i} 为 i 卫星信号发射瞬时卫星钟钟差;$(\delta\rho_i)_{ion}$、$(\delta\rho_i)_{trop}$ 为 $\tilde{\rho}_i$ 之电离层、对流层折射改正。

当(3-30)式中有四颗同步观测卫星时,就可以组成一组四元二次方程,解之,得 $(X,Y,Z)^T$ 及 V_{T_b},多于4颗卫星时,可用最小二乘法则求解。通常忽略 V_{t_i}、$(\delta\rho_i)_{ion}$、$(\delta\rho_i)_{trop}$ 三项。

(3-30)式有多种解算法,下面介绍一种经常采用的方法。设 **R** 为地心至用户的距离矢量,r_i 为地心至第 i 颗卫星的距离矢量;ρ_i 为用户至第 i 颗卫星的距离矢量,ρ_i^0 为其单位矢量。于是有:

$$\rho_i=r_i-\boldsymbol{R} \quad (3\text{-}31)$$

$$\rho_i^0\cdot\rho_i=\rho_i^0\cdot r_i-\rho_i^0\boldsymbol{R} \quad (i=1,2,\cdots,n;n\geqslant 4) \quad (3\text{-}32)$$

而 $\rho_i=\tilde{\rho}_i+(\Delta\rho_i)_{ion}+(\Delta\rho_i)_{trop}+cV_{T_b}-cV_{t_a}$

令 $\rho'_i=\tilde{\rho}_i+(\Delta\rho_i)_{ion}+(\Delta\rho_i)_{trop}$,$\rho'_i$ 是加上电离层折射改正和对流层折射改正后测站至第 i 个卫星的距离。令 $B_{S_i}=cV_{ti}^a$,$B=c\cdot V_{T_b}$;

$$\rho_i=\rho'_i-B_{S_i}+B \quad (3\text{-}33)$$

将(3-33)式代入(3-32)式得

$$\rho_i^0\cdot\boldsymbol{R}+B=\rho_i^0\cdot r_i+B_{S_i}-\rho'_i \quad (i=1,2,\cdots,n;n\geqslant 4) \quad (3\text{-}34)$$

式中:
$$\rho_i^0=\begin{pmatrix}l_i\\m_i\\n_i\end{pmatrix} \quad \boldsymbol{R}=\begin{pmatrix}X\\Y\\Z\end{pmatrix} \quad r_i=\begin{pmatrix}x_{s_i}\\y_{s_i}\\z_{s_i}\end{pmatrix}$$

$$l_i=\frac{\partial\hat{\rho}_i}{\partial X}=\frac{X-X_{si}}{\hat{\rho}_i}$$

$$m_i=\frac{\partial\hat{\rho}_i}{\partial Y}=\frac{Y-Y_{si}}{\hat{\rho}_i}$$

$$n_i=\frac{\partial\hat{\rho}_i}{\partial Z}=\frac{Z-Z_{si}}{\hat{\rho}_i}$$

于是(3-34)式可写成下列矩阵形式：

$$\begin{pmatrix} l_1 & m_1 & n_1 & 1 \\ l_2 & m_2 & n_2 & 1 \\ \vdots & \vdots & \vdots & \vdots \\ l_n & m_n & n_n & 1 \end{pmatrix}\begin{pmatrix} X \\ Y \\ Z \\ B \end{pmatrix}=\begin{pmatrix} \boldsymbol{r}_1 & 0 & \cdots & 0 \\ 0 & \boldsymbol{r}_2 & \cdots & 0 \\ \vdots & \vdots & & \vdots \\ 0 & 0 & \cdots & \boldsymbol{r}_n \end{pmatrix}\begin{pmatrix} \boldsymbol{S}_1 \\ \boldsymbol{S}_2 \\ \vdots \\ \boldsymbol{S}_n \end{pmatrix}-\begin{pmatrix} \rho'_1 \\ \rho'_2 \\ \vdots \\ \rho'_n \end{pmatrix} \tag{3-35}$$

式中：

$$\boldsymbol{r}_i=[l_i \quad m_i \quad n_i \quad 1]$$

$$\boldsymbol{S}_i=[x_{s_i} \quad y_{s_i} \quad z_{s_i} \quad B_{s_i}]^T \tag{3-36}$$

令：　$\boldsymbol{X}_u=[X,Y,Z,B]^T$　称为用户状态矩阵；

$\boldsymbol{s}=[S_1,S_2,\cdots S_n]^T$　称为卫星状态矩阵；

$\boldsymbol{\rho}=[\rho'_1,\rho'_2,\cdots\rho'_n]^T$　称为测量矩阵。

$$\boldsymbol{G}_u=\begin{pmatrix} l_1 & m_1 & n_1 & 1 \\ l_2 & m_2 & n_2 & 1 \\ \vdots & \vdots & \vdots & \vdots \\ l_n & m_n & n_n & 1 \end{pmatrix} \tag{3-37}$$

$$\boldsymbol{A}_u=\begin{pmatrix} \boldsymbol{r}_1 & 0 & \cdots & 0 \\ 0 & \boldsymbol{r}_2 & \cdots & 0 \\ \vdots & \vdots & & \vdots \\ 0 & 0 & \cdots & \boldsymbol{r}_n \end{pmatrix}$$

$\boldsymbol{A}_u$、$\boldsymbol{G}_u$ 称为几何矩阵，它们只和用户与卫星间的几何图形有关。于是伪距法定位的计算公式最后简化为

$$\boldsymbol{G}_u\boldsymbol{X}_u=\boldsymbol{A}_u\boldsymbol{S}-\rho \tag{3-38}$$

用户状态矩阵 $\boldsymbol{X}_u$，则可用下式计算：

$$\boldsymbol{X}_u=[\boldsymbol{G}_U^T\,\boldsymbol{G}_U]^{-1}\boldsymbol{G}_U^T[\boldsymbol{A}_U\boldsymbol{S}-\rho] \tag{3-39}$$

式(3-18)适合用计算机进行迭代计算,式中的测量矩阵 $\boldsymbol{\rho}$ 和卫星状态矩阵 $\boldsymbol{S}$ 均为已知。给出用户状态矩阵的初始值 $\boldsymbol{X}_U^{(0)}$ 后,即可根据用户的初始坐标和已知的卫星坐标计算几何矩阵 $\boldsymbol{G}_u$ 和 $\boldsymbol{A}_u$,然后用式(3-18)求得用户状态矩阵的第一次趋近值 $\boldsymbol{X}_U^{(1)}$。如此反复迭代直至 $\boldsymbol{X}_U^{(n+1)}-\boldsymbol{X}_U^{(n)}<\varepsilon$ 时为止。

三、数学模型(坐标差分)

从(3-12)式出发,坐标差分(基准站与移动站之间)的一般数学模型可表示为:

$$\begin{aligned}\Delta X_{AB}&=X_{UB}-X_{UA}\\&=[G_{UB}^TG_{UB}]^{-1}G_{UB}^T[A_{UB}S_B-\rho_B]\\&\quad-[G_{UA}^TG_{UA}]^{-1}G_{UA}^T[A_{UA}S_A-\rho_A]\end{aligned}\tag{3-40}$$

若基准站、移动站锁住同一组卫星,则 $S_B=S_A=S$,一般森林地区坐标差分距离较短,若采用普通对讲机实时数/模变换通讯,则差分距离为 5~10km,此时,$G_{UB}\approx G_{UA}$,$A_{UB}\approx A_{UA}$,即 $[G_{UB}^T G_{UB}]^{-1}G_{UB}^TA_{UB}\approx[G_{UA}^TG_{UA}]^{-1}G_{UA}^TA_{UA}$,即

$$D_{AB}=[G_{UB}^TG_{UB}]^{-1}G_{UB}^TA_{UB}-[G_{UA}^TG_{UA}]^{-1}G_{UA}^TA_{UA}\tag{3-41}$$

所以,(3-41)式可进一步表示为:

$$\Delta X_{AB}=D_{AB}\cdot S-[G_{UB}^TG_{UB}]^{-1}G_{UB}^T(\rho_B-\rho_A)\tag{3-42}$$

不难理解,(3-42)式中,因 $D_{AB}\cdot S$ 完全消除了各卫星钟间钟差影响,因 D_{AB}很小,故 $D_{AB}\cdot S$ 基本上消除了卫星星历误差之影响,$\rho_B-\rho_A$ 则可消除各段伪距对流层,电离层之影响,这就是坐标差分精度提高的根本原因。

据我们在林区实验,树冠本身对坐标差分影响不大,对其精度影响较大的是树干、粗树枝及周围地形,而影响的根本结果落实在基准站和移动站之间同步观测卫星的个数多少上。表 3-2 为我们在沈阳青年湖公园、北京十三陵林场所做实验的总结,统计数据的子样个数为 48~127 个。

表 3-2 可以看出,欲使坐标差分定位精度≤±5m,同步观测卫

星数必须超过4颗，这一点，在林区只有45%的可能性，如此大大限制了这一差分技术在森林中的应用。

表3-2　坐标差分精度统计

同步观测卫星数	1	2	3	4	≥5
坐标差分精度(m)	±24.7	±9.5	±7.8	±4.4	±3.1

第三节　伪距差分

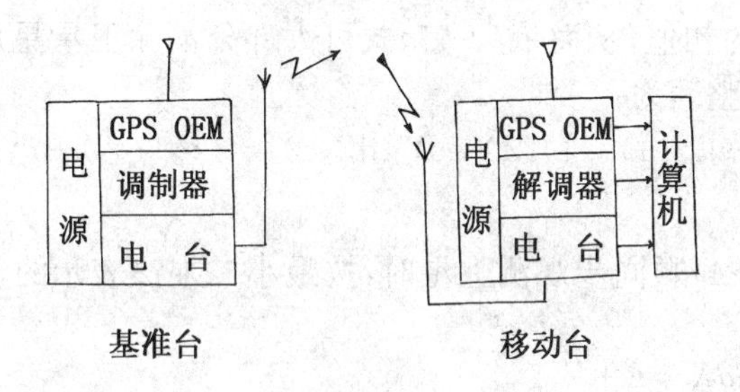

图3-5　实时伪距差分系统图

一、伪距差分原理

从(3-30)式出发，推证伪距差分的一般数学模型。在基准站A观测j卫星，测得伪距为：

$$\rho_A^j=\rho_{At}^j+c(V_{T_A}-V_{tj})+L_{A\,trop}^j+L_{A\,ion}^j \tag{3-43}$$

式中ρ_{At}^j为t时刻A至卫星j的真实距离，可用几何公式求得。由电台送往移动台B点的差分改正为：

$$\Delta\rho^j=\rho_{At}^j-\rho_A^j=-c(V_{T_A}-V_{tj})-L_{A\,trop}^j+L_{A\,ion}^j \tag{3-44}$$

B点观测的伪距为：

$$\rho_B^j=\rho_{Bt}^j+c(V_{T_B}-V_{tj})+L_{B\,trop}^j+L_{B\,ion}^j \tag{3-45}$$

将伪距改正数加入(3-45)式，则有：

$$\rho_B^j+\rho_{At}^j-\rho_A^j=\rho_{Bt}^j+c(V_{T_B}-V_{tj})+L_{B\,trop}^j+L_{B\,ion}^j-c(V_{T_A}-V_{tj})-$$

$$L^j_{A\,trop}+L^j_{A\,ion}$$

考虑到林区条件和现有设备的通讯能力,A、B 点间距不超过 50km,因而 $L^j_{B\,trop}\approx L^j_{A\,trop}$,$L^j_{B\,ion}\approx L^j_{A\,ion}$,上式中可消除卫星钟差、对流层、电离层的影响,令 $c(V_{T_B}-V_{T_A})=d$,则上式可表示为:

$$\rho^j_{At}+(\rho^j_B-\rho^j_A)=\rho^j_{Bt}+d \tag{3-46}$$

将(3-46)按台劳级数展开,得:

$$\rho^j_{Ato}+(\rho^j_B-\rho^j_A)+(-l^j_{At}\mathrm{d}X^j-m^j_{At}\mathrm{d}Y^j-n^j_{At}\mathrm{d}Z^j)=\rho^j_{Bt_0}+d+l^j_{Bt}\mathrm{d}X_B+m^j_{Bt}\mathrm{d}Y_B+n^j_{Bt}\mathrm{d}Z_B)+(-l^j_{Bt}\cdot\mathrm{d}X^j-m^j_{Bt}\mathrm{d}Y^j-n^j_{Bt}\mathrm{d}Z^j) \tag{3-47}$$

因 A、B 二点之距小于 50km,故 $l^j_{At}\approx l^j_{Bt}$,$m^j_{At}\approx m^j_{Bt}$,$n^j_{At}\approx n^j_{Bt}$,$\rho^j_{At_0}$、$\rho^j_{Bt_0}$ 为 ρ^j_{At}、ρ^j_{Bt}的初值,从而依(3-47)式可大部分消除卫星星历误差,(3-47)进一步整理为:

$$(l^j_{Bt}\quad m^j_{Bt}\quad n^j_{Bt}\quad 1)(\mathrm{d}X_B\ \mathrm{d}Y_B\ \mathrm{d}Z_B\mathrm{d})^T=(\rho^j_B-\rho^j_A)+\rho^j_{At_0}-\rho^j_{Bt_0} \tag{3-48}$$

当有 $n(n>4)$颗同步观测卫星时,按最小二乘法表示的伪距差分模型为:

$$\left.\begin{aligned}G\delta X&=L+V\\ \delta X&=(G^TG)^{-1}G^TL\end{aligned}\right\} \tag{3-49}$$

二、伪距差分可靠性分析

1. GPS 定位几何精度因子 GDOP

在 GPS 定位中,采用几何精度因子(Geometric Dilution of Precision,即 GDOP)衡量卫星定位精度,GDOP 与定位点与定位卫星几何构图、测距单位权方差 σ_0^2 有关。其中:

$$\sigma_0^2=V^TV/(n-4) \tag{3-50}$$

(3-50)式中,$V=G\cdot\delta X-L$,n 为同步卫星个数,$n>4$。令

$$(G^TG)^{-1}=Q$$

$$Q=\begin{bmatrix}q_{11}&q_{12}&q_{13}&q_{14}\\q_{21}&q_{22}&q_{23}&q_{24}\\q_{31}&q_{32}&q_{33}&q_{34}\\q_{41}&q_{42}&q_{43}&q_{44}\end{bmatrix}$$

显然，q_{ij}与卫星至定位点的几何分布有关，有关定位精度指标为：

$$\mathrm{GDOP}=\sqrt{q_{11}+q_{22}+q_{33}+q_{44}}\text{（总体指标）}$$

$$\mathrm{PDOP}=\sqrt{q_{11}+q_{22}+q_{33}}\text{（三维指标）}$$

$$\mathrm{HDOP}=\sqrt{q_{11}+q_{22}}\text{（平面指标）}$$

$$\mathrm{VDOP}=\sqrt{q_{33}}\text{（高程指标）}$$

$$\mathrm{TDOP}=\sqrt{q_{44}}\text{（时间指标）}$$

一般 DGPS 接收机在定位过程中随时显示 PDOP 和 HDOP、VDOP。

2. DGPS 可靠性分析

(1)内部可靠性

内可靠性是指以一定的显著水平 α（通常取 0.05）和检核功效 β（通常取 0.80）判断，可能出现粗差的最小值 ε_0。

取 $\alpha=0.05$，$\beta=0.80$，非中心距离值 $\delta_0=2.8$，则发现某伪距的最小粗差为：

$$\varepsilon_{0i}=\frac{\delta_0}{\sqrt{r_i}}\sigma_i=k_i\sigma_i \tag{3-51}$$

式中 r_i 为 i 伪距可靠性指标，σ_i 为 i 伪距测距均方差，r_i 的计算公式为：

$$r_i=1-G_i(G^TG)_i^{-1}G_i^TP_i \tag{3-52}$$

$\sum r_i=n-4$，P_i 为观测值（伪距）的先验权，$0\leqslant r_i\leqslant 1$。

(2)外部可靠性

可发现的最小粗差，也就是该观测未能发现的最大粗差，这种实际存在又未能发现的粗差对平有效期结果的影响，称为外可靠性。

$$\varepsilon_{F0i}\leqslant\delta_0\sqrt{\frac{1-r_i}{r_i}}\sigma_F=G_i\sigma_F \tag{3-53}$$

式中：$\sigma_F=\sigma_0\sqrt{Q_{FF}}=\sigma_0\sqrt{f^T(G^TG)^{-1}f}$

对于DGPS，定位结果X、Y、Z的f函数分别为：$f_x=(1000)^T$，$f_y=(0100)^T$，$f_z=(0010)^T$，不难证明，$Q_{XX}=q_{11}$，$Q_{YY}=q_{22}$，$Q_{ZZ}=q_{33}$。

(3)实例

实例1：已知某次DGPS定位中，$n=5$，$\sigma_0=\pm2.7\text{m}$，$q_{11}=1.1$，$q_{22}=0.7$，$q_{33}=4.5$，依(3-52)式求得$r_1=0.18$，$r_2=0.36$，$r_3=0.04$，$r_4=0.17$，$r_5=0.25$，有关内部、外部可靠性列表3-3。

表3-3 DGPS内部、外部可靠性计算 单位：m

伪距	r_i	k_i	$\sigma_i(m)$	$\varepsilon_{0i}(m)$	G_i	ε_{Foi}		
ρ_1	0.18	6.6	2.7	15.1	6.0	X	10.5	38.9
ρ_2	0.36	4.7	2.7	12.7	3.7	Y	8.4	31.1
ρ_3	0.04	14.0	2.7	37.8	13.7	Z	21.2	78.5
ρ_4	0.17	6.8	2.7	18.4	6.2			
ρ_5	0.25	5.6	2.7	15.1	4.8			

实例说明，可靠性最强的ρ_2仅能发现>12.7m的粗差，而这个粗差对坐标的影响分别为10.5m、8.4m、21.2m；可靠性最弱的ρ_3仅能发现>37.8m的粗差，这个粗差对坐标的影响达38.9m、31.1m、78.5m。此例整体可靠性较差，抗差能力很弱。

实例2：已知某次DGPS定位中，$n=6$，$\sigma_0=\pm1.1\text{m}$，$q_{11}=0.45$，$q_{22}=0.21$，$q_{33}=1.62$，依(3-52)式求得$r_1=0.31$，$r_2=0.39$，$r_3=0.68$，$r_4=0.12$，$r_5=0.35$，$r_6=0.15$，有关内部、外部可靠性列表3-4。

表3-4 DGPS内部、外部可靠性计算 单位：m

伪距	r_i	k_i	$\sigma_i(m)$	$\varepsilon_{0i}(m)$	G_i	ε_{Foi}		
ρ_1	0.31	5.0	1.1	5.5	4.2	X	1.4	5.6
ρ_2	0.39	4.5	1.1	5.0	3.5	Y	1.0	4.0
ρ_3	0.68	3.4	1.1	3.7	1.9	Z	2.7	10.8
ρ_4	0.12	8.1	1.1	8.9	7.6			
ρ_5	0.35	4.7	1.1	5.2	3.8			
ρ_6	0.15	7.2	1.1	7.9	6.7			

此例可靠性较好，抗差能力较强。

三、提高伪距差分抗差能力研究

以上分析不难看出，定位系统的可靠性与观测卫星的个数直接相关，当同步观测的卫星个数 $n=4$ 时，只能求出一组从理论上没有可靠性的解。由于林区的郁闭、地形条件，森林中定位难以捕捉到更多的卫星，且卫星信号易受到树干、树枝、树叶的影响而使伪距观测值产生误差，因此，必须研究在森林作业条件下的 DGPS 定位系统的抗差能力，确保 DGPS 系统有足够的可靠性。

提高其可靠性的主要方法有：①选择高增益天线，增强天线对 GPS 信号的收集能力，这方面国内已有产品面市，比进口的普通天线还要经济实惠；②尽量选择优质的 GPS OEM 板，如窄距相关技术 OEM 板，这一点对于众多的林业单位可能不相适应，高质量的 OEM 板价格要比普通的高许多倍；③进入林区实现实时动态定位，主要以步行为主，多数条件下为低动态实时测量，是典型的“go and stop”（走走停停）。因而有充分的时间可以观测多个历元，或者取多个历元的定位平均值为最后结果，或者组合多个历元的伪距观测值一次平差求解，从而增加系统的可靠性，但此举因相邻历元间卫星变化太小，伪距线性方程比较一致，易使平差模型法方程 G^TG 陷入病态，反倒使抗差能力进一步弱化，故要慎重使用。④选用数学模型，通过软件抗差，这是比较理想的途径；⑤用载波相位平滑伪距，提高测距精度，使 σ_0 减小，v_i 减少，进而提高系统可靠性。

四、DGPS 模型误差定位的稳健迭代权法

当函数模型中存在模型误差或者说 DGPS 中经改正后的伪距中仍存在粗差或奇异点时，最小二乘估计对其反映十分敏感，参数估计值严重受到歪曲，X、Y、Z 出现大的偏差。稳健估计正是为克服经典的最小二乘平差法的不足而产生的。尽管稳健估计的思想早在 20 世纪 50 年代就有人提出，但真正实现数值计算，只是近年来微机广泛普及之后的事情。

一个良好的稳健估计应具备以下性质：

①所求解对于经典的统计模型而言应是合理的，即使不是最优，也相当好；

②如果真实的模型与经典的统计模型有较小的偏差，但其解应具有较大的稳健性；

③即使子样中有一小部分观测含有较大的偏差，也应算作模型的小偏差；

④反映在测量数据平差领域，常见的稳健估计方法有：一次范数最小估计；L^q 基数最小估计；Huber 法；丹麦法；验后估计法（李德仁法）；周江文法等。

众所周知，最小二乘估计应理解为 $\sum P_i V_i^2 = \min$，V_i^2 随 V_i 增大而迅速增大，因而不是稳健估计。为使稳健估计化，就要控制奇异值对解的影响，寻求增长速度缓慢的有界函数作为估计函数，如选择权函数 $P_i = 1/|V_i|$，就是最早、最基本的一种稳健估计法，称为一次范数最小估计。其基本思想是：从最小二乘平差开始，每次以 $P_i = 1/|V_i|$ 为权函数进行迭代运算，含粗差的伪距观测值之权将愈来愈小直至渐近于零，迭代结束，相应的最后改正数 V_i 在很大程度上显示其粗差，从而实现了参数估计的稳健化。

估计函数选择

$$\sum \rho(V_i) = \sum W_i V_i^2 = \min \tag{3-54}$$

其中 $W_i^{(k+1)} = f(V_i^{(k)})$，对于一次范数最小估计，通常取 $W_i^{(k+1)} = \frac{1}{|V|^{(k)} + C}$，$C$ 为避免 $V = 0$，而选取的一个相对于 $|V|$ 是很小的量，k 为迭代次数。

一次范数最小估计函数为：

$$\sum \rho(V_i) = \sum |V_i| = \min \tag{3-55}$$

于是从 $\frac{\partial}{\partial \delta X} \sum |V_i| = \frac{\partial}{\partial \delta X} \sum \sqrt{V_i^2} = 0$ 得：

$$\sum (V_i^2)^{-\frac{1}{2}} \quad V_i \frac{\partial V_i}{\partial \delta X} = 0$$

考虑到　$V = G\delta X - L$

$$V_i = g_i \delta X - L_i$$

g_i 为 G 的第 i 行向量，则有：

$$\sum \frac{V_i g_i}{|V_i|} = 0 \text{ 或} \sum \frac{g_i^T V_i}{|V_i|} = 0 \tag{3-56}$$

选择权函数 $W = diag(|V_1|^{-1} \quad |V_2|^{-1} \cdots |V_n|^{-1})$，则(3-56)式可写为：

$$\sum g_i^T W_i V_i = G^T W V = 0$$

即

$$\delta X^{(k+1)} = (G^T W^{(k)} G)^{-1} G^T W^{(k)} L \tag{3-57}$$

由此可以看出，W 相当于最小二乘平差权阵，为残差 V_i 之函数，需迭代运算求得 $\delta X^{(k+1)}$。

实例 3：某次 DGPS 定位，共观测 7 颗卫星之伪距，给第六颗卫星所测经过改正后的伪距加入 10m 粗差，分别用最小二乘和一次范数最小平差，有关结果列表 3-5。

表 3-5　两种平差方法结果比较　　单位：m

平差方法	ρ_6 含粗差否	δX	δY	δZ	ρ_1	ρ_2	ρ_3	ρ_4	ρ_5	ρ_6	ρ_7
最小二乘	是	−1.8	1.4	2.8	−2.3	0.5	−0.8	2.6	2.9	5.9	−3.4
	否	−1.0	0.9	0.4	−2.0	0.1	0	−0.1	1.8	1.7	−2.0
一次范数最小	是	−1.1	0.9	0.4	−1.4	0.1	0	0	1.5	−9.8	−1.4
	否	−1.0	−1.1	0.3	−1.9	0.2	0.1	0	1.5	1.1	−2.7

表列数据表明，最小一次范数解比最小二乘具有更强的抗粗差性。实施 DGPS 定位时，可以在处理软件中加入抗粗差模型(3-57)式，这在林区定位非常需要，从而有效的克服地形、树冠、树干、树枝对 DGPS 观测伪距的精度影响，实现抗粗差定位。以上整个解算过程由 DGPS HP-200 控制处理，不需任何人工干预。

五、相位平滑伪距差分定位

根据式(5-32),并简化表示符号,伪距和相位的观测方程为:

$$\rho^i = R_u^i + Cd\tau + v_1 \tag{3-58}$$

$$\lambda(\varphi^i + N^i) = R_u^i + Cd\tau + v_2 \tag{3-59}$$

式中,ρ^i 为经差分改正后的用户站到卫星的伪距,$d\tau$ 为钟差,φ^i 为观测的相位小数,N^i 为整周相位模糊度,λ 为波长,R_u 为用户站至卫星的真实距离,其中包括用户站的三维坐标,v_1,v_2 为接收机的测量噪声。

式(3-59)中包含着相位模糊度 N。由于 N 的求解是相当困难的,无法直接将绝对值 N 用于动态测量。因此采用历元间的相位变化量来平滑伪距。

我们取 t_1、t_2 两时刻的相位观测量之差,

$$\begin{aligned}\delta\rho^i(t_1,t_2) &= \lambda[\varphi^i(t_2) - \varphi^i(t_1)] \\ &= R_u^i(t_2) - R_u^i(t_1) + Cd\tau(t_2) - Cd\tau(t_1) + v'_2\end{aligned} \tag{3-60}$$

式中,整周相位模糊度消除了。若基准站与用户站相距不太远,GPS 相位测量的噪声电平为毫米量级,所以相对伪距观测而言,可视 $v'_2 \approx 0$。

此时,在 t_2 时刻的伪距观测量为:

$$\rho^i(t_2) = R_u^i(t_2) + Cd\tau + v_1 \tag{3-61}$$

将式(3-60)代入式(3-61)中,得:

$$\rho^i(t_2) = R_u^i(t_1) + Cd\tau(t_1) + \delta\rho^i(t_1,t_2) + v_1 \tag{3-62}$$

考虑到差分伪距观测量的噪声呈高斯白噪声,均值为零,则由式(3-62),可由 t_2 时刻差分伪距观测量经相位变化量回推 t_1 时刻的差分伪距观测量:

$$\rho^i(t_1) = \rho^i(t_2) - \delta\rho^i(t_1,t_2) \tag{3-63}$$

由式(3-63)看出,可以由不同时段的相位差回推求出 t_1 时刻的伪距值。假定有 k 个历元的观测值 $\rho^k(t_1)$,$\rho^k(t_2)\cdots\rho^k(t_k)$,利用相位观测量可求出从 t_1 到 t_k 的相位差值:$\delta\rho^i(t_1,t_2)$,$\delta\rho^i(t_1,t_3)$,$\cdots\delta\rho^i(t_1,$

t_k)。

利用上述两个差可求出 t_1 时刻 k 个伪距观测量：

$$\rho^i(t_1)=\rho^i(t_1)$$

$$\rho^i(t_1)=\rho^i(t_2)-\delta\rho^i(t_1,t_2) \tag{3-64}$$

$$\cdots\cdots$$

$$\rho^i(t_1)=\rho^i(t_k)-\delta\rho^i(t_1,t_k)$$

对所有推求值取平均，得到 t_1 时刻的伪距平滑值：

$$\overline{\rho^i(t_1)}=\frac{1}{k}\sum\rho^i(t_1) \tag{3-65}$$

式(3-66)为相位平滑的伪距观测量，大大减小了噪声电平。每时刻的噪声都服从于以上假设的分布，且其方差记为 $\sigma^2(\rho)$，则差分伪距平滑值的误差方差为：

$$\sigma^2(\bar{\rho})=\frac{1}{k}\sigma^2(\rho) \tag{3-67}$$

求得 t_1 时刻的平滑值后，可推得其他各时刻的平均值：

$$\overline{\rho^i(t_k)}=\overline{\rho^i(t_1)}+\delta p^i(t_1,t_2)\quad(k=2,3,\cdots,n) \tag{3-68}$$

以上的推导适用于数据的处理。为实时应用采用另一种平滑形式，即类似于滤波的形式。

设起始条件为 $\overline{\rho^i(t_1)}=\rho^i(t_1)$，则可推得：

$$\rho^i(t_1)=\frac{1}{k}\rho(t_k)+\frac{k-1}{k}[\rho^i(t_{k-1}+\delta\rho^i(t_{k-1},t_k)] \tag{3-69}$$

式(3-69)可理解为相位平滑的差分伪距值是直接差分伪距观测量与推算量的加权平均。

因为对各颗卫星的伪距观测是等精度的，则求解时观测方程的权阵仅与平滑次数有关，即权阵为(n 个卫星)：

$$\begin{bmatrix} k_1 & \cdots & 0 \\ \vdots & & \vdots \\ 0 & \cdots & k_n \end{bmatrix} \tag{3-70}$$

第四节　RTK 定位技术

一、导言

RTK 是英文 Real Time kinematic（实时动态）快速定位的缩写，其特点是以载波相位为观测值的实时动态差分 GPS 定位系统，其平面定位精度为±(1～10)cm 级，高程定位精度为±(10～30)cm 级。

实现 GPS、RTK 测量的关键技术之一就是初始整周模糊度的快速解算。前人对此问题进行了大量的研究，主要的方法有：

①静态相对定位法——按静态或快速静态相对定位法定位。静态相对定位法需连续观测半小时以上，快速静态定位法观测 5 分钟左右，按三差法求得差分坐标，再依双差法求得整周模糊度之差。

②已知基线法——在精确已知 WGS—84 坐标系中坐标的两已知点观测 10 个历元，依差分坐标按双差方程求得整周模糊度之差。

③交换天线法——其处理方法进行改进，如加测两天线之距，使初始解算增加一个约束条件，从而更加精确、快速、可靠的解算整周模糊度。

④OTF 法——OTF 即 on the-fly（运动中解算整周模糊度，即在移动站运动状态通过观测至少 5 个历元，按一定算法求出整周模糊度之差。Frei. E、Q. Beutler(1990)和 Harch. R 等学者均对此问题进行了研究。

以上四种方法都有其应用条件和适应范围。其中①法、②法、③法在运动过程中出现周跳时均需返回原始化地点，重新初始化以求解整周模糊度，因而实际工作中不太实用。④法是有发展前途的方法，已有多种算法，但对单频机而言，实现起来尚有许多困难。

可否寻求一种有效的方法呢？我们提出了与上述方法相结合的新的 RTK 定位方法，即第一次初始化采用加测天线之距的交换天线法，每次失锁后利用失锁前的最后一个点依②法重新初始化。

二、交换天线法与加测天线之距组合快速解算周模糊度

在观测工作之前，先在固定参考点(基准站)附近(例如相距 3～5m)，选择一个天线交换点，将两台接收机的天线分别安置在该基线两端，同步观测若干历元(例如 2～8 个历元)，将两天线相互交换，并继续同步观测若干历元，最后再把两天线恢复到原来的位置。这时把固定站和天线交换点之间的基线向量视为起始基线向量，并利用天线交换前后的同步观测量求解起始基线向量，进而确定整周待定值。为进一步提高精度和解算速度，还可以用钢尺精确丈量两天线中心之距 C。

假设在固定站(T_1)和天线交换点(T_2)的接收机，于历元 t_1 同步观测了卫星 $s^j/(t_1)$和 $s^k/(t_1)$，在忽略大气折射影响的情况下，可得单差观测方程：

$$\left.\begin{aligned}\Delta\Phi^j(t_1)&=\frac{1}{\lambda}[\rho_2^j(t_1)-\rho_1^j(t_1)]-\Delta N^j+f\Delta t(t_1)\\\Delta\Phi^k(t_1)&=\frac{1}{\lambda}[\rho_2^k(t_1)-\rho_1^k(t_1)]-\Delta N^k+f\Delta t(t_1)\end{aligned}\right\}\tag{3-71}$$

由此，相应的双差观测方程为

$$\bigtriangledown\triangle\Phi(t_1)=\frac{1}{t}[\rho_2^k(t_1)-\rho_1^k(t_1)-\rho_2^j(t_1)-\rho_1^j(t_1)]-\Delta N^k+\Delta N^j\tag{3-72}$$

为了便于理解，这里我们应将观测站和接收机(天线)加以区别。相应某一起始历元 t_0 的整周待定值，实际上应理解为仅与接收机和所测卫星有关。假设两台接收机天线的编号分别为 A 和 B，则在接收机天线交换前后，其与观测站的配置情况如图(3-6)所示。于是，在(3-71)式中的整周待定值参数可表示为：

$$\left.\begin{aligned}\Delta N^j&=N_B^j(t_0)-N_A^j(t_0)\\\Delta N^k&=N_B^k(t_0)-N_A^k(t_0)\end{aligned}\right\}\tag{3-73}$$

由此，当两站的接收机天线交换后，若干历元 t_2 仍同步观测了卫星 $s^j(t_2)$和 $s^k(t_2)$，则考虑到(3-73)式类似(3-71)式可得单差参观

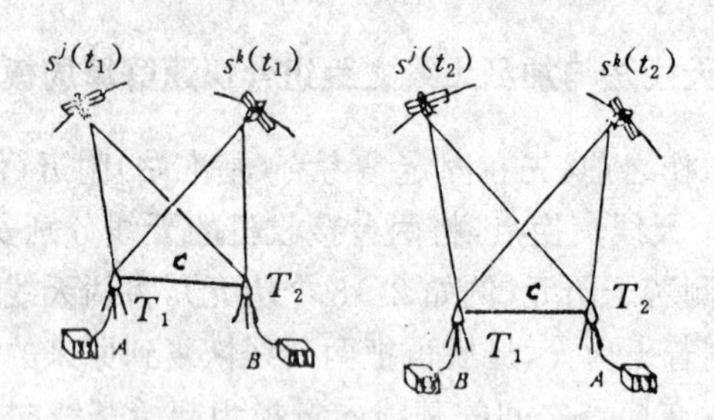

图 3-6 交换天线法示意图

测方程：

$$\left.\begin{aligned}\Delta\Phi^j(t_2)&=\frac{1}{\lambda}[\rho_2^j(t_2)-\rho_1^j(t_2)]+\Delta N^j+f\Delta t(t_2)\\ \Delta\Phi^k(t_2)&=\frac{1}{\lambda}[\rho_2^k(t_2)-\rho_1^k(t_2)]+\Delta N^k+f\Delta t(t_2)\end{aligned}\right\}\tag{3-74}$$

于是，相应的双差观测方程为：

$$\nabla\triangle\Phi(t_2)=\frac{1}{\lambda}[\rho_2^k(t_2)-\rho_1^k(t_2)-\rho_2^j(t_2)-\rho_1^j(t_2)]+\Delta N^k+\Delta N^j\tag{3-75}$$

这时若取相应历元 t_1 和 t_2 的双差之和，则有：

$$\sum\nabla\triangle\varphi=\frac{1}{\lambda}[\Delta\rho^k(t_2)-\rho^j(t_2)+\Delta\rho^k(t_1)-\rho^j(t_2)]\tag{3-76}$$

其中：

$$\Delta\rho^k(t_1)=\rho_2^k(t_1)-\rho_1^k(t_1)$$
$$\Delta\rho^j(t_1)=\rho_2^j(t_1)-\rho_1^j(t_1)$$
$$\Delta\rho^k(t_2)=\rho_2^k(t_2)-\rho_1^k(t_2)$$
$$\Delta\rho^j(t_2)=\rho_2^j(t_2)-\rho_1^j(t_2)$$

(3-76)式与静态相对定位中的三差模型相类似，其主要区别在于(3-76)式是根据不同历元同步观测量的双差之和而建立的。实践表明，由该式所组成的法方程式性质良好，有利于保障解算基线向量的精度。另外，由于所选起始基线很短，所以这时卫星轨道误差和电离层、对流层折射误差对模型(3-76)的影响均可忽略。

方程(3-76)的线性化形式：

$$\sum\nabla\triangle\varphi^k(t)=-\frac{1}{\lambda}\left[\sum\nabla l_2^k(t)\ \sum\nabla m_2^k(t)\ \sum\nabla n_2^k(t)\right]\begin{bmatrix}\delta X_2\\ \delta Y_2\\ \delta Z_2\end{bmatrix}+\frac{1}{\lambda}\left[\sum\rho_{20}^k(t)+\sum\rho_1^k(t)-\sum\rho_{20}^j(t)-\sum\rho_1^j(t)\right] \tag{3-77}$$

$$\sum\nabla\triangle\Phi^k(t)=\nabla\triangle\Phi^k(t_2)+\nabla\triangle\Phi^k(t_1)$$

$$\begin{bmatrix}\sum\nabla l_2^k(t)\\ \sum\nabla m_2^k(t)\\ \sum\nabla n_2^k(t)\end{bmatrix}=\begin{bmatrix}\nabla l_2^k(t_2)+\nabla l_2^k(t_1)\\ \nabla m_2^k(t_2)+\nabla m_2^k(t_1)\\ \nabla n_2^k(t_2)+\nabla n_2^k(t_1)\end{bmatrix}$$

$$\begin{bmatrix}\sum\rho_{20}^k(t)\\ \sum\rho_1^k(t)\\ \sum\rho_{20}^j(t)\\ \sum\rho_1^j(t)\end{bmatrix}=\begin{bmatrix}\rho_{20}^k(t_2)+\rho_{20}^k(t_1)\\ \rho_1^k(t_2)+\rho_1^k(t_1)\\ \rho_{20}^j(t_2)+\rho_{20}^j(t_1)\\ \rho_1^j(t_2)+\rho_1^j(t_1)\end{bmatrix}$$

假设：

$$\sum\nabla\triangle l^k(t)=\sum\nabla\triangle\Phi^k(t)-\frac{1}{\lambda}\left[\sum\rho_{20}^k(t)-\sum\rho_1^k(t)-\sum\rho_{20}^j(t)-\sum\rho_1^j(t)\right] \tag{3-78}$$

于是由(3-77)式可得相应的误差方程：

$$\nu^k(t)=\frac{1}{\lambda}\left[\sum\nabla l_2^k(t)\ \sum\nabla m_2^k(t)\ \sum\nabla n_2^k(t)\right]\begin{bmatrix}\delta X_2\\ \delta Y_2\\ \delta Z_2\end{bmatrix}+\sum\nabla\triangle l^k(t) \tag{3-79}$$

当同步观测的卫星数为 n^j，并以某一卫星为参考卫星时，由此可得：

$$\nu(t)=a(t)\delta X_2+l(t) \tag{3-80}$$

这里

$$\underset{(n^j-1)\times 1}{\nu(t)}=[\nu^1(t)\quad \nu^2(t)\cdots\nu^{n^j-1}(t)]^T$$

$$\underset{(n^j-1)\times 3}{a(t)}=\frac{1}{\lambda}\begin{bmatrix}\sum\nabla l_2^1(t) & \sum\nabla m_2^1(t) & \sum\nabla n_2^1(t)\\ \sum\nabla l_2^2(t) & \sum\nabla m_2^2(t) & \sum\nabla n_2^2(t)\\ \sum\nabla l_2^{n^j-1}(t) & \sum\nabla m_2^{n^j-1}(t) & \sum\nabla n_2^{n^j-1}(t)\end{bmatrix}$$

$$\underset{(n^j-1)\times 1}{l(t)}=[\sum\nabla\triangle l^1(t)\quad \sum\nabla\triangle l^2(t)\quad \cdots\quad \sum\nabla\triangle l^{n^j-1}(t)]^T$$

如果两观测站对一组卫星同步观测的历元数为 n_1，并以某一历元为参考历元，则误差方程组(3-79)可进一步写为：

$$\nu_A=A\delta X_2+L_A \tag{3-81}$$

其中：

$$\underset{(n^j-1)(n_t-1)\times 1}{V_A}=[\nu(t_1)\quad \nu(t_2)\quad \cdots\quad \nu(t_{n_t-1})]^T$$

$$\underset{(n^j-1)(n_t-1)\times 3}{A}=[a(t_1)\quad a(t_2)\quad \cdots\quad a(t_{n_t-1})]^T$$

$$\underset{(n^j-1)(n_t-1)\times 1}{L_A}=[l(t_1)\quad l(t_2)\quad \cdots\quad l(t_{n_t-1})]^T$$

其约束条件应为：

$$V_c\,\frac{\triangle X_{12}^0}{S_{12}^0}\delta X_2+\frac{\triangle Y_{12}^0}{S_{12}^0}\delta Y_2+\frac{\triangle Z_{12}^0}{S_{12}^0}\delta Z_2+L_c \tag{3-82}$$

$$L_c=S_{12}^0-c$$

(3-82)式表示为矩阵式：

$$V_c=B\delta X_2+L_c \tag{3-83}$$

(3-81)与(3-83)组合，得：

$$\begin{pmatrix}V_A\\ V_C\end{pmatrix}=\begin{pmatrix}A\\ B\end{pmatrix}\delta X_2+\begin{pmatrix}L_A\\ L_C\end{pmatrix}$$

使 $V^TPV=\min$，则有：

$$\delta X_2=-(A^TP_AA+B^TP_BB)^{-1}(A^TP_AL_A+B^TP_BL_B) \tag{3-84}$$

如果两站同步观测的卫星数为 n^j，观测的历元数为 n_t，当 $n^j=4$ 时，则同步观测的历元数至少为 2。起始基数向量根据观测方程(3-76)确定后，便可以进一步按(3-72)和(3-75)式确定整周待定值。

这一方法所需的观测时间很短(数分钟),解算整周待定值的精度高,操作方便,因而在动态相对定位中得到应用。

三、失锁后利用失锁前后一个未锁观测点解算整周模糊度之差

设 M 点为未失锁前的最后一个观测点 M,移动站返回到 M 点,观测 10 个历元,依(3-72)、(3-75)式组成双差方程,参照以上各式方法组成法方程,设观测过程中采用 4 颗连续卫星,则有:

$$\begin{pmatrix} \underset{3\times3}{N_{11}} & \underset{3\times3}{N_{12}} \\ \underset{3\times3}{N_{21}} & \underset{3\times3}{N_{22}} \end{pmatrix} \begin{pmatrix} \underset{3.1}{\delta X_k} \\ \underset{3.1}{\Delta N} \end{pmatrix} = \begin{pmatrix} \underset{3.1}{C_1} \\ \underset{3.1}{C_2} \end{pmatrix} \tag{3-85}$$

因为 δX_k 为已知,故有:

$$\Delta N = N_{22}^{-1}(C_2 - N_{21}\delta X_k) \tag{3-86}$$

从而 ΔN 确定,以后各点坐标可用:

$$\delta X_1 = (N_{11}^i)^{-1}(C_1^i - N_{12}^i \delta N) \tag{3-87}$$

计算,从而实现了在失锁地附近重新初始化。

四、应用实例

①利用 NGK－300 在广州天河足球场进行实验,观测 100 多个点,未出现失锁现象,统计数据表明,点位平面误差 $\sigma_p \leqslant \pm 4.7$cm,高程误差 $\sigma_H \leqslant \pm 8.7$cm,由此证明,可以在工程测图、放样、荒漠化土地监测中应用。

②在树荫道下测量,NGK－300 二公里内失锁三次,每次均能在失锁前最后一点重新初始化,二分钟即可重新初始化完成。分析定位结果,可知在树下定位时精度有降低现象,$\sigma_p \leqslant \pm 15$cm,$\sigma_H \leqslant \pm 40$cm。

③利用单频机($C/A+L_1$),通过交换天线法加测天线长可以有效地实现首次初始化。观测中失锁时,利用已知固定站和本次失锁前最后一站的 WGS－84 坐标,可在在 2 分钟内恢复整周模糊度之差,因而不须返回固定站(基准站)而实现再次初始化。

④利用单频机实现 RTK 定位，性能价格比较好，实际工作中，应注意采用这项技术。

第五节 数据链与数据格式

DGPS 由一个基准站和若干个移动站（用户台）组成，基准站可以是普通的发射差分信号的基准站，也可以是既发射差分信号又提供 GPS 信号的伪卫星，从而是测区多了一颗 GPS 观测卫星。

基准站与移动站之间的联系可以是事后处理的，主要是观测结束后将两站的数据记录文件合并，相同时间求差，获得移动站坐标；也可以是实时处理，此时两站之间的联系，即由基准站算出的改正数、改正数变率、定位 UTC 时间、数据龄期等均由电台完成发送。数据链由调制解调器和电台（或对讲机，移动电话）组成。

通常，坐标差分可选对讲机，而伪距差分、RTK 技术则应选择电台。考虑到森林中的环境以及对定位精度的要求，实施 RTK、RTD 技术时可选择便携的电台及有 RTCM－102 数据接口的手持式 DG-PS 接收机。

一、电台选择

目前，市面上的电台分为二类：一类为直接传输，包括甚高频（VHF）、超高频（VHF），一般以视距直接通视的方式、25W 的功率传输，作用距离达 20～100km，这种设备简单、易用。另一类为地波传输，包括低频（LF）和中频（MF），这种信号能沿地球表面传播，能绕过建筑物和山丘，作用距离可达 1000～2000km，适合于国家级固定型 GPS 差分站。

在森林资源调查、监测与环境评价定位中，我们选择频率为 60MHz 的 MOTOROLA sm120 UHF 电台，标称作用半径为 50km，实际在林区、山区为 30km，在平原、开阔地区为 50～100km。当然，林区防火瞭望塔上的 UHF 电台是实施 DGPS 值得利用的资源，可有效地节省DGPS费用,并不影响一旦发生火灾时的通话(语音联系)。

二、调制解调器

调制就是利用调制信号——这里指差分改正信号去改变载波的某一参数的过程。常用的载波为正弦波,表征正弦波的参数为振幅、调频频率和初相位。调制是对这三个参量之一进行调制,形成调幅、调频和调相。解调是调制的相反过程,即从已调制载波中解调出用户感兴趣的信号——差分改正数等。

一般DGPS系统选择数字调幅、数字调频、数字调相。RTD技术选择频移键控(FSK),波特率1200bit/s;RTK技术选择高斯滤波的最小频移键控MSK,即GMSK,波特率为9600bit/s。

FSK利用二元数字信号调制载波频率。当数字"1"和"0"分别控制两个独立的载波频率时,如图(3-6)所示,便形成FSK调制。

从图(3-6)看到,已调信号波形为:

$$\mathrm{SFSK}(t)=\begin{cases}S_1(t)=A\cos(\omega_1 t+\varphi_1)\text{“1”}\\ S_2(t)=A\cos(\omega_2 t+\varphi_2)\text{“0”}\end{cases} \tag{3-88}$$

式中,初始相位φ_1、φ_2是在$(-\pi,\pi)$内均匀分布的随机变量。如图(3-7)所示,f_1和f_2分别代表"1"和"0"的频率,且$f_2-f_1=2\Delta f$。

调制解调器与电台、GPS OEM之间一般通过RS—232C联系。

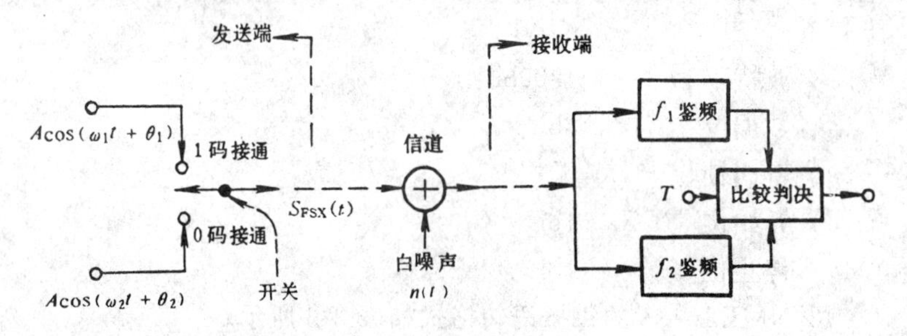

图3-7 FSK原理图

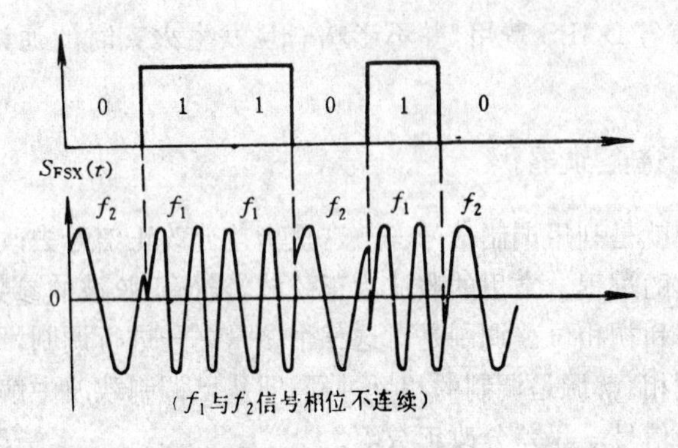

图 3-8 FSK 信号波形

三、NMEA-0183 数据格式

NMEA-0183 是美国国家海洋电子协会为海用电子设备制定的标准格式。它是在过去海用电子设备的标准格式 0180 和 0182 的基础上，增加了 GPS 接收机输出的内容而完成的。目前广泛采用的是 Ver 2.00 版本。现在除少数 GPS 接收机外，几乎所有的接收机均采用了这一格式。为了有效地开发 GPS 芯片，必须熟练地掌握这一格式。因此本节将叙述部分与 GPS 定位有关的标准格式。

1. 格式定义

①数据采用 ANSI 标准，以串口非同步传送，每个字的参数如下：

波特率	4800bit/s
数据位	8bit
奇偶校验	无
开始位	1bit
停止位	1bit

②NMEA-183 的每条语句格式如表 3-6 所示。

表 3-6 语句格式

符号(ASCII)	定义	HEX	DEX	说明
$	起始位	24	36	语句起始位
aaccc	地址域			前两位为TALKER识别符,后三位为语句名
“,”	域分隔号	2C	44	域分隔号
C……C	数据块			发送的数据内容
“*”	总和检验域	2A	42	此符号后面的2位数字是总和检验
hh	总和检验数			总和检验数
〈CR〉〈LF〉	终止符	OD,OA	13,10	回车,换行

例如,GGA GPS固定数据,这是一帧GPS定位的主要数据,也是用途最广泛的数据。

2. 格式

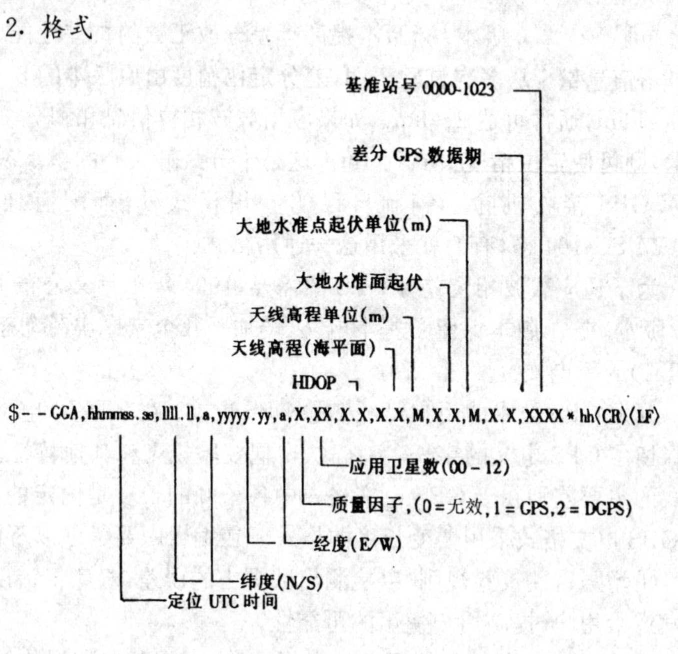

又如:GLL 当前位置的地理坐标,也很有用,其格式为:

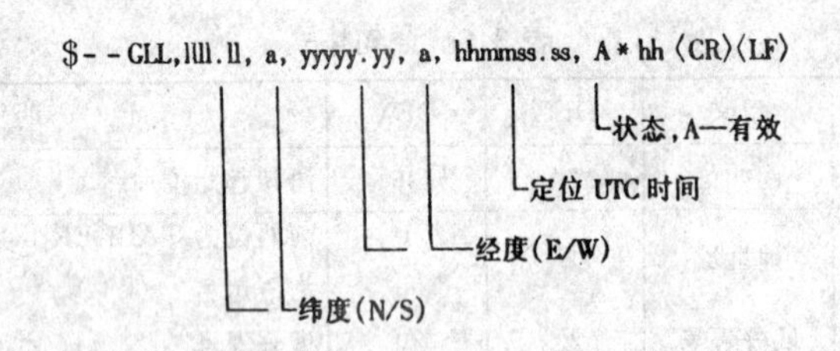

四、RTCM-104 数据格式

国际海运事业无线电技术委员会(RTCM)于 1983 年 11 月为全球推广应用差分 GPS 业务设立了 SC-104 专门委员会,以便论证用于提供差分 GPS 业务的各种方法,并制定各种数据格式标准。1985 年 11 月发表了 Ver 1.0 版本的建议文件。经过 5 年的试验研究,取得了丰富的试验资料,对文件版本进行了升级和修改,于 1990 年 1 月公布了 Ver 2.0 版本。新版本提高了差分改正数的抗差性能,增大了可用信息量。从多次试验表明,差分定位精度由原版本的 8～10m 提高到 5m,通常可达 2～3m。如果应用载波相位信息和积分多普勒技术,则可使定位精度提高到 1m。这是十分鼓舞人心的事。现在的商用 GPS 接收机除了编制自己的专用格式外,都配有通用的 RTCM SC-104 格,有的就采用这一通用格式。

为了适应载波相位差分 GPS 的需要,1994 年 1 月又公布了 Ver 2.1 版本。这一版本保留了基本电文,增加了几个支撑实时动态定位(RTK)的新电文。

开发 GPS 技术的用户已经熟悉 GPS 电文。在 RTCM 电文格式中保留了 GPS 电文的字长、字格式、奇偶校验规则和其他特性。两种格式的主要差别在于 GPS 电文格式中各子帧的长度是固定的,而差分 GPS 电文格式采用要变长度的格式。在编辑中要考虑以下因素:

①增强奇偶校验规则,以检测出数据中的误差,避免将错误改正数发送给用户,提高用户使用的可靠性。

②一般用户不需要数据链的奇偶校验,不需要在数据传输过程中的控制。这样,在多数应用中不要求数据链的奇偶校验和编码方

案。

③奇偶校验规则、搭接边界规则、求解模糊度符号，在双相调制数据传输中统一协调解决。

④采用 30bit 和 50Hz 传输率相匹配，字边界时间为 0.6s 的整倍数，便于定时控制。以前采用的 32bit 只能在 16s 内有一次相遇。

RTCM-104 格式共有 21 类 63 种电文形式，比较重要的有电文 1—DGP 改正数，电文 2—ΔDGPS 改正数。

时刻 t 的伪距改正数为：

$$PRC(t)=PRC(t_0)+RRC(t-t_0) \tag{3-89}$$

式中，$PRC(t_0)$为 16bit 的伪距改正数，RRC 为 8bit 的伪距改正数变化率，t_0 为第二字码的改正 Z 记数。经改正后的伪距为：

$$PR(t)=PRM(t)+PRC(t) \tag{3-90}$$

$PR(t)$为差分改正后的伪距值，$PRM(t)$为伪距观测值，$PRC(t)$为 t 时刻伪距改正数。

用户差分测距误差(UDRE)的 1σ 估值可由基准站提供，一般而言 $\sigma^2=\sigma_0^2$(单位权方差)。

第六节　DGPS 定位研究

空间实体无论复杂与否，在时空上表现为点、线、面、体四种几何特征。其中点是构成线、面、体的最基本的元素。因此，在 DGPS 研究中，一个点的三维定位是最为基础的工作。以下通过几个实例说明之。

一、GPS 配合手图、RS 影像进行小班调查

小班调查是森林资源二类调查的基础工作，实施调查时最重要、最首要的任务是地形图、影像图与实地地形的一一对应关系的建立。森林中独立地物较少，所用地图可能陈旧，身临现地会定位困难，历史资料上小班错判一顶梁、一条沟之事件绝非个别，如果采用手持式

GPS 接收机，最好是二台同一点比较，测出其 UTM 坐标 X_U、Y_U，按下式换算为高斯坐标：

$$\left.\begin{aligned}X_G&=X_U/0.9996\\Y_G&=Y_U/0.9996-200\end{aligned}\right\}\qquad(3\text{-}91)$$

手持式 GPS 定位精度一般只有±100m 的精度，但对于绝大多数的小班已能正确判读出，再配合 RS 影像图，通过地类、森林要素判读、对比，获得正确的小班对应关系。

上述办法仍不能解决时，可找一明显地物，如桥头、山顶安置一台接收机，解析特征点坐标，求得差分改正数；另一点的手持式接收机定位结果加入同步差分改正数，对于 1∶10 000 的手图和 1∶25 000的影像图，其定位精度分别可达±15～30m 的水平，使小班位置进一步明确。

最好是采用坐标差分的手持式接收机，一般能使定位精度达±5～15m 的水平，使小班位置十分分明。

二、古树定位

某些值得保护的古树，可通过 DGPS 接收天线贴近树干定位，按属性（如树种、龄级、特征描述、胸径等）实时记录，建立 LN *. DAT数据文件，与微机通讯，通过 GIS 制成古树分布、状态图，有关坐标及属性信息在 GIS 数据库中永久保存。

三、固定样地监测定位及测树记录

如图 3-9 所示，1 点为固定样地中心，2、3、4、5 点为固定样地四周周界点，设布置为正方形，x、y 为公里格网坐标。调用 NGD—60 DGPS 接收机。以 TDTO（方位—距离）设置 1、2、3、4、5 点坐标并存贮。

调用 NGD-60 测量功能，在固定样地区域，按 GPS 指示，移动 GPS 天线，当控制器上光标与 1 点“＋”重合时，天线安置地即为实地的 1 点，标定点即为样地中心。同样方法标定 2、3、4、5 点，用皮尺

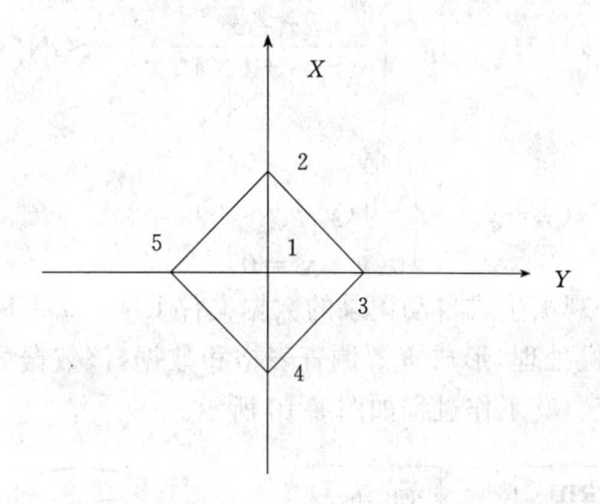

图3-9　固定样地标定

检查其相对闭合差是否为 1/200(新设)或 1/100(恢复)

注意,设样地面积为 S,则样地边长 $a=\sqrt{S}$。样地对角线半长为 $d=\sqrt{S/2}$,取 $S=600\text{m}^2$,则 $a=24.495\text{m}$,$d=17.32\text{m}$,事先设定坐标为 $1(x_1,y_1)$,$2(x_1+d,y_1)$,$3(x_1,y_1+d)$,$4(x_1-d,y_1)$,$5(x_1,y_1-d)$。实际工作中应用皮尺检查,使各对角线半长均调整为 17.32cm。

NGD-60 每秒可输出一组定位数据,在林区作业时,可适当延长时间,如标定 1 点,可以用若干历元观测取平均值(开关为 Z 键)为最后结果。

调入 NGD-60 菜单,从第一颗树开始定位,按 S 键(开关)显示提示输出其属性,样木号每木自动+1 顺序生成,样木类型、检尺类型、树种、年龄、胸径、材积式编号、树冠级、材质等级、病害类型等级、虫害类型等级、火灾危害等级、其它危害类型等级等属性特征参数可在属性提示中按编码输入,可设计出多重属性。根据需要,可实时计算样地木材蓄积等。

至于角木与样地中心之方位角、距离,可用下式自动计算并记录:

$$S_i=[(x_i-x_1)^2+(y_i-y_1)^2]^{\frac{1}{2}}$$

$$\alpha_i = 180° - \mathrm{tg}^{-1}\left(\frac{x_i - x_1}{y_i - y_1 + 1\times 10^{-6}}\right) - \mathrm{SGN}(y_i - y_1)\times 90° \tag{3-92}$$

其中：$\mathrm{SGN}(y_i - y_1) = \begin{cases} 1(y_i - y_1 > 0) \\ -1(y_i - y_1 < 0) \\ 0(y_i - y_1 = 0) \end{cases}$

野外观测生成自动记录的数据文件 LN ∗ . DAT，可顺利传入微机，经微机处理，形成资源调查表格和数据，该数据可进入资源管理信息系统。其工作过程如图 3-10 所示。

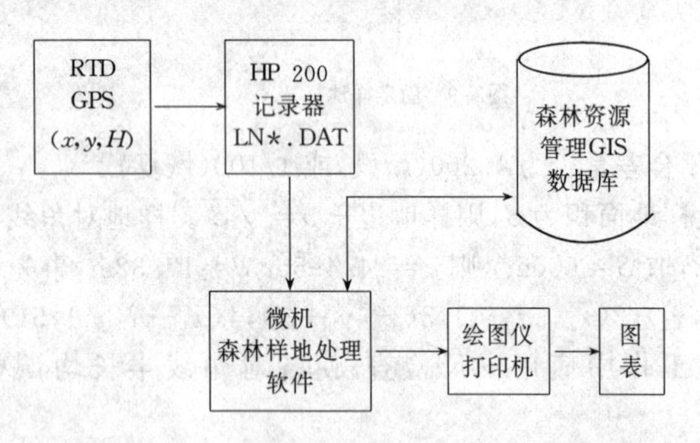

图3-10 DGPS森林资源调查监测系统

四、固定样地恢复

国内资源调查、水保监测、环境监测等定位过去和现今还多数采用 1∶5 万地形图、罗盘、皮尺配合明显地物定位，通常定位点位精度变化在±50～100m 之间，个别情况下，错一个梁或一条沟亦有可能，点位误差之大就可想而知了。如果两个前提同时存在，即所定样地中心的调查要素与实际样地中心要素一致。恢复时又恰好恢复了过去所定样地，那么这种将错就错对于总体之影响就微不足道了，否则将是调查结果失真。利用 DGPS 建立新样地并借助于 DGPS 恢复新样地可以使上述问题迎刃而解，并达到事半功倍之效果。

固定样地之恢复工作可以先按照固定样地监测定位及测树记录建立样地,并通过DGPS实测已设样地中心坐标,两者之差即为已有样地中心的定位误差。

某些单位和个人"通晓"固定样地的"意义",在采伐时避开样地,抚育上"偏爱"样地,从而使调查监测结果偏大而失真。利用DGPS,在样地周围以某一的方位和距离标定若干个样地(辅助),综合考虑计算,可以有效地纠正失真,附助样地可以是随机产生,也可以依一定原则产生。

第七节 DGPS线定位

线定位主要是区域界线勘定,样带长边定线,野生动物行踪跟踪调查定位等。反映在森林资源管理、调查、监测中,主要有林业局界线勘定,林场界线勘定,林班界线勘定以及小班界线勘定等。

通常是设置界线界址点,测定每一界址点坐标,为提高定界精度,角点上定位观测时间可用5～6(50～60历元)分钟,用"Z"开关取平均值,按"S"键以属性方式记录,属性为界址点特征代码,应统一编码。在区域内的各界址点形成数据文件LN *.DAT,这是一种矢量结构的数据文件,可在GIS中很方便地建立拓扑关系,自动按多边形法求算面积,也极易通过人机对话建立属性关系。增减某些矢量点时,拓扑关系、属性变化也极易形成。

至于样带定位,一般是先建立(标定)一条边线或中线,丈量宽度即得样带。

第八节 DGPS面积测量

DGPS通常利用下式计算实测几个顶点坐标后多边形的面积:

$$S=\frac{1}{2}\sum_{i=1}^{n}(x_i+x_{i+1})(y_{i+1}-y_i)$$

$$=\frac{1}{2}\sum_{i=1}^{n}x_i(y_{i+1}-y_{i-1}) \tag{3-93}$$

式中：$i=n$ 时，$i+1=1$，$y_{n+1}=y_1$，$y_0=y_n$。

如图 3-11 所示，北京市十三陵林场某分区各地块的 DGPS 测量，有关 8 点均用 DGPS 测量了其坐标。

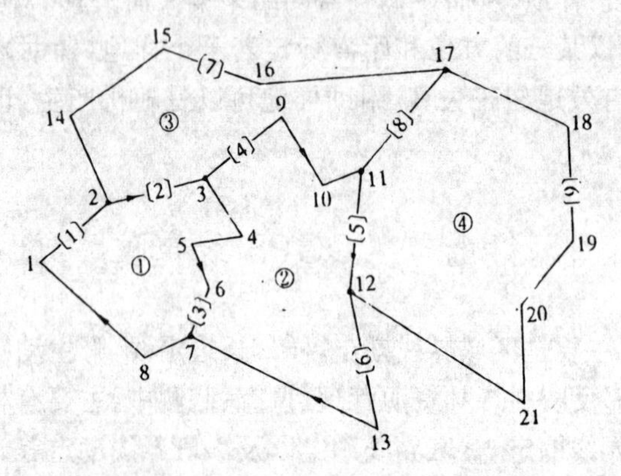

图 3-11 DGPS 分区小班面积测量

一、平面矢量数据结构

数据结构是对数据记录的编排方式及数据记录之间关系的描述。在数据结构中，最小的数据存取单位是字符，它通过常用 8 个二进制位（一个字节）来表示。数据元素是最基本的数字形式，它由若干字符组成，特征码、坐标值等都是数据元素。数据记录由一个或多个数据元素组成，一般包含特征码和坐标串两部分，它可以有标识，也可以无标识。数据文件是许多记录的集合，可以当作一个单位对待，因此必须有标识，即必须有文件名。

平面矢量数据结构是指 X、Y 坐标串表示地图上线状（包括网状）和面状要素的几何数据及其相联系的有关数据的总称。这种类型的数据结构，按其功能和方法，分为实体式、索引式、双重独立式和链状双重独立式。

1. 实体式

实体式数据结构是指构成多边形边界的各个线段,以多边形为单元进行组织,如图3-11所示。按照这种数据结构,边界坐标数据和多边形单元实体一一对应,对于各个制图实体(多边形),其数据记录如下:

多边形号	编码	数据项(坐标)
①	×××	($x_1, y_1; x_2, y_2; x_3, y_3; x_4, y_4; x_5, y_5; x_6, y_6; x_7, y_7; x_8, y_8; x_1, y_1$)
②	×××	$x_3, y_3; x_9, y_9; x_{10}, y_{10}; x_{11}, y_{11}; x_{12}, y_{12}; x_{13}, y_{13}; x_7, y_7; x_6, y_6; x_5, y_5; x_4, y_4; x_3, y_3$)
③	×××	$x_2, y_2; x_{14}, y_{14}; x_{15}, y_{15}; x_{16}, y_{16}; x_{17}, y_{17}; x_{11}, y_{11}; x_{10}, y_{10}; x_9, y_9; x_3, y_3; x_2, y_2$)
④	×××	($x_{17}, y_{17}; x_{18}, y_{18}; x_{19}, y_{19}; x_{20}, y_{20}; x_{21}, y_{21}; x_{12}, y_{12}; x_{11}, y_{11}; x_{17}, y_{17}$)

其中多边形即小班号。

这种数据结构的优点是编码容易、外业操作简单、数据结构编排直观、便于绘图仪绘图和多边形面积计算,缺点是数据多,占存贮空间大,而且利用这种结构的信息进行其它的空间分析和数据管理非常困难。

2. 索引式

索引式数据结构是指根据多边形边界索引文件,来检索多边形的坐标数据的一种组织形式,按照多边形边界索引文件性质的不同,分为折点索引和线段索引两种。

(1)折点索引

折点索引是对多边形边界的各个折点进行编号(数字化时从某一点号开始可以自动累加),建立按多边形编排的折点索引文件,自动形成折点索引文件和多边形折点坐标数据文件。最后根据折点编号直接检索折点的坐标,生成各个多边形的边界坐标数据,从而进行绘图仪绘图或进行多边形面积统计计算。以图3-11为例,这种数据结构的表示形式如下：

折点索引文件：

多边形号	编码	数据项(坐标)
①	×××	1,2,3,4,5,6,7,8,1
②	×××	3,9,10,11,12,13,7,6,5,4,3
③	×××	2,14,15,16,17,11,10,9,3,2
④	×××	17,18,19,20,21,11,17

坐标数据文件：

折点号	数据项(坐标)
1	x_1, y_1
2	x_2, y_2
⋮	⋮
⋮	⋮
20	x_{20}, y_{20}
21	x_{21}, y_{21}

(2)线段索引

线段索引是对多边形边界的各个线段进行编号(如图 3-11 所示,线段号从[1]到[9]),建立按多边形单元编排的线段索引文件。于是,根据线段索引文件查阅线段号,由线段号找折点号,由折点号便可从坐标数据文件中检索到各个多边形的边界坐标数据,从而进行绘图仪绘图或进行多边形面积计算。这种数据结构形式如下：

多边形号	图块编码	数据项(线段号)
①	×××	[1],[2],[3]
②	×××	[3],[4],[5],[6]
③	×××	[2],[7],[8],[4]
④	×××	[8],[9],[15]

线段编码文件：

线段号	数据项(折点号)
[1]	7,8,1,2

[2]　　2,3

[3]　　3,4,5,6,7

[4]　　3,9,10,11

[5]　　11,12

[6]　　12,13,7

[7]　　2,14,15,16,17

[8]　　17,11

[9]　　17,18,19,20,21,12

3. 双重独立式

双重独立式数据结构是对图上网状或面状要素的任何一条折线(两点连线),用其两端的折点及相邻的面域来予以定义,在图 3-11 中:

折线　　折点　面域(多边形)

$(\overline{76})$:　　(7,6,①,②)　　(3-94)

$(\overline{67})$:　　(6,7,②,①)　　(3-95)

3-4 式表示折线$\overline{76}$的方向是从折点 7 到折点 6。其左侧面域为①,右侧面域为②。(3-95)式是(3-94)式的图形旋转 180°以后的情况,因此折点之间和面域之间的位置都相应地进行了交换。在双重独立数据结构中,折点与折点或者面域与面域之间为邻接关系,而折点与折线或者面域与折线之间为关联关系。这种邻接和关联的关系称为拓朴关系。利用这种拓朴关系来组织数据,可以有效地进行数据存贮正确性检查,同时便于对数据进行更新和检索。因为在这种数据结构中,当编码数据经过计算机编辑处理以后,面域单元的第一个始折点应当和最后一个终折点相一致,而且当按照左侧面域或右侧面域来自动建立一个指定的区域单元时,其空间点的坐标应当自动闭合。如果不能自行闭合,或者出现多余的线段,则表示数据存贮或编码有错,这样就达到数据自动编辑的目的。例如,设有一组编码数据,以图 3-11 为例:

From	To	Left	Right
7	6	①	②
6	5	①	②
5	4	①	②
4	3	①	②
7	8	0	①
8	1	0	①
1	2	0	①
2	3	③	①
⋮	⋮	⋮	⋮

当按右码(Right)来建立区域单元①时,则得到一组自行闭合的编辑数据:

From	To	Left	Right
7	6	②	①
7	8	0	①
8	1	0	①
1	2	0	①
2	3	③	①
3	4	②	①
4	5	②	①
5	6	②	①

4. 链状双重独立式

链状双重独立式数据结构是双重独立式数据结构的一种改进。在双重独立式中,一条边只能用直线两端点的序号及相邻的面域来表示,而在链状数据结构中,一条边可以由许多点组成,这样,在寻找两个多边形之间的公共界线时,只要查询链名就行,与这条界线的长短和复杂程度无关。

建立这种数据结构所根据的拓扑元素包括结点(如图 3-11 中 2、3、7、11 等点)、链段(如图 3-11 中[1]、[2]、[3]等)和多边形(如图

3-11 中①、②等)。一条链段的空间位置由一串 x、y 坐标确定。数字化的顺序确定了这条链段的方向。同一种图形的拓扑元素在这种数据结构中不重复,但可以通过代码、计数器和指针来建立图幅内不同图形相互之间的联系。这种数据结构的逻辑联系和物理内容表示如下(图 3-12):

AID　链段识别码(线段号)
PLC　该链段最后一个坐标值在点文件中的地址
FROM　链段的开始结点
TO　链段的结束结点
PL　链段左侧面域识别码(多边形号)
PR　链段右侧面域识别码(右侧多边形号)
PAL　链段右侧面域属性(多边形编码)
PAR　链段右侧面属性(多边形编码)
x,y　链段的坐标值
PID　面域识别码(多边形号)
PLA　该面域最后一个链段识别码在 FPA 文件中的地址
C_x,C_y　面域内任意一点的坐标
ATT　面域的属性(多边形编码)
NIW　面域内所含岛状区的数目
NIP　岛状区所在面域的识别码
FAP　构成面域的链段(包括方向)
NCS　x 和 y 坐标的总数
LFS　FAP 文件的总长度(以字节表示)

因此,链状双重独立式数据结构由 4 个文件组成,其记录格式如图 3-12 所示。其中链(或弧)文件和面域(或多边形)文件经过结点匹配处理后的数字化数据文件生成。而面域的链文件(或 FAP 文件)则根据链文件、点文件和面域文件,由系统自行建立。图 3-13 给出了多边形②的 FAP 文件的数据存贮格式,其中 4,5,6,－3 为多边形链段号,"－"表示反方向。

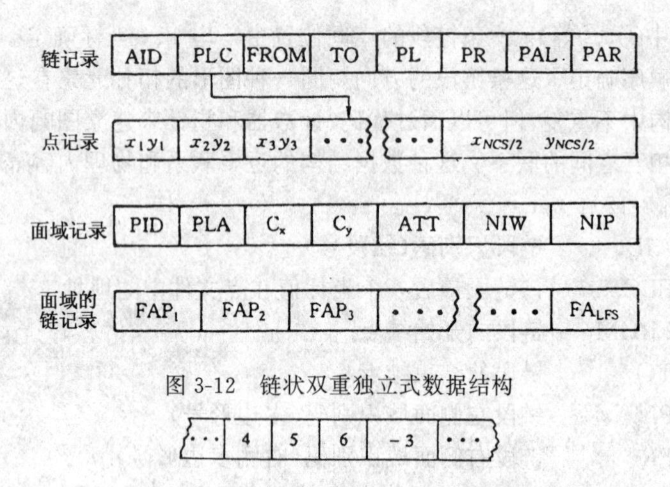

图 3-12　链状双重独立式数据结构

图 3-13　FAP 文件数据存贮格式

二、小班编码

小班编码是小班属性特征的描述。可用数字编码、字符编码和文字描述结合进行。各省、市、自治区林业勘察设计部门都对小班属性实行了有利于计算机管理的编码。实际应用中主要是针对地类、林种、测树因子、地形因子等参数。

三、面积、蓄积计算

折点索引存贮文件简单、直观、利于小班变动时的修改，可与二类调查处理软件构成集成系统，实现 DGPS 与 GIS 的结合，按有关公式计算面积、蓄积也十分方便。

对于各种原因引起的地类面积变化，只需加测若干个 DGPS 点，有关计算、属性建立十分方便。

第九节　DGPS体积测量

一、导言

场地平整测量林区土木工程建设、水土流失量计算中重要的工作内容。传统的土方量工作是建立在地形图等高线规则方格网的基础之上，其主要弊端是：

①必须具备待平整场地的大比例尺地形图；

②必须在地形图上进行方格网设计；

③野外工作量大，必须在实地将方格网角点标定出来，一般而言，标定一个点的工作量是测定一个点工作量的3倍以上；

④计算误差较大，参与土方量计算的原始数据包含有地形图测图误差、图上解析 x、y、H 的误差、标定代表性误差，等等。

⑤方格网使用局限性大，当某一方格网点接近或恰好落在高程 H 突变点上（如田坎上）时，就会出现两个高程，如何选择其一呢？

⑥从设计、标定、计算至施工，工作量大，且都是各环节之间联系甚少的单一性工作。

基于上述弊端，我们采用RTK GPS土方工程实时自动测算系统。其基本思路是：对于指定的平整区域，选择若干个有代表性的地貌点，通过RTK GPS自动观测，实时地采集各点三维坐标 x、y、H，并记入HR 200电子手簿，形成数据文件；将数据文件传入微机，通过程序处理，将野外离散点构成三角网，建立平整场地空间最佳平面方程（使挖填平衡且土方工程量最小）；以每一三角形为单元，计算挖填方工程量，并给出最佳调运土方量的结果。当然也可以自动计算土方量。

二、野外数据自动采集与自动通讯

RTK GPS野外数据自动采集与自动通讯及其土方工程实时自

动测算相对应系统如图 3-14 所示。

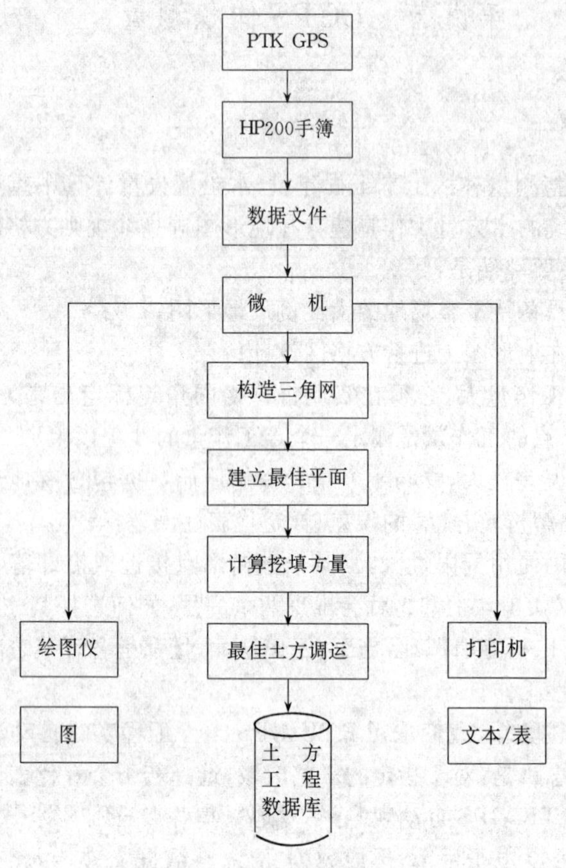

图3-14　土方测算图

三、离散点数据的自动构网

问题的实质是众多的离散点可以有许多种构成三角网的方案，从测区最靠近形心的点(或恰为形心点)为连接三角网的开始点，并由此开始，以其中最靠近的 3 点构成网中第一个三角形，以第一个三角形为基础，在可能获得最佳三角形的条件下，自动生成不交叉的三

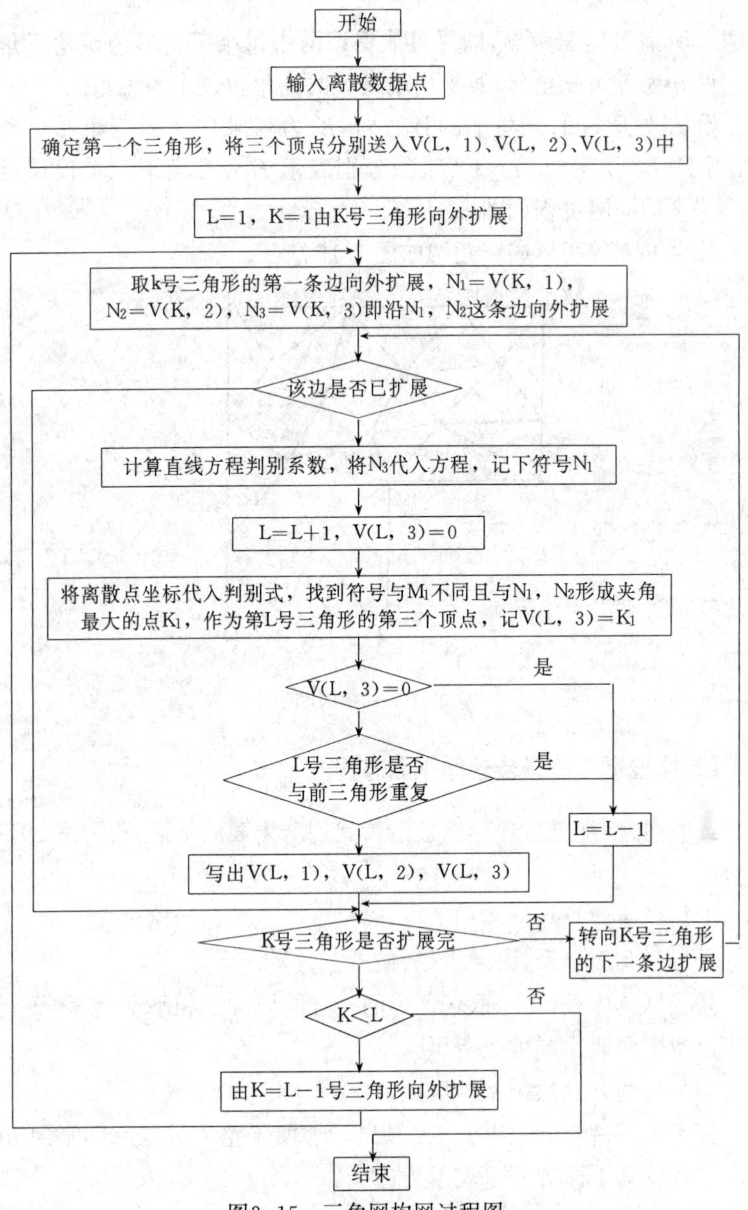

图3-15 三角网构网过程图

角网。所谓最佳三角形，即尽可能保证网中每个三角形为锐角三角形。最好为等边三角形，避免出现过大的钝角和过小的锐角。

设 L 为形成的三角形的计数号，K 为用来扩展的三角形计数号，用 $V(L,1)$，$V(L,2)$，$V(L,3)$ 分别表示 L 号三角形三个顶点点号。其自动构网过程如图 3-15。

某土方工程所形成三角网如图 3-16 所示：

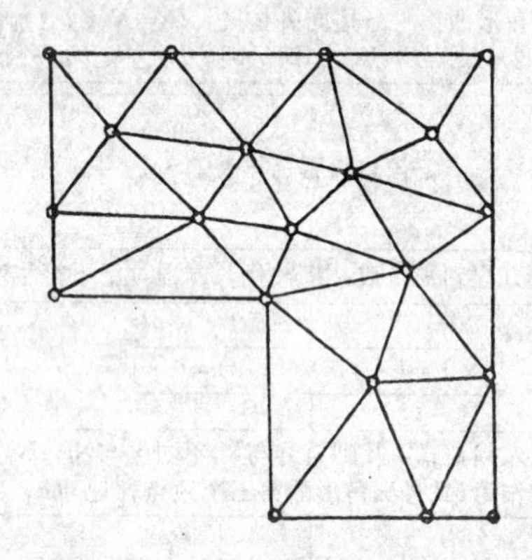

图 3-16 三角网图

四、场地平整的最佳空间平面方程

一般而言，把天然地形面改造为我们所需要的平面，要考虑如下因素：

①与已有建筑物标高相适应，满足生产工艺和运输要求。

②尽量利用地形，以减少填、挖土方数量。

③根据具体条件，争取场区内的挖方同填方互相平衡，以降低土方运输费用和取土或堆土费用。

④要有适宜自然排水的坡度。

基于上述因素，我们可以推导出场地面平整的最佳空间平面方程。一般空间平面方程可表示为：

$$H=C+xI_x+yI_y \tag{3-96}$$

对于各离散数据点 $i(x_i, y_i, H_i)(i=1,2,\cdots\cdots,n)$，当待定系数 C、I_x、I_y 一定时，各点施工高度为：

$$h_i = H_o - (C + x_i I_x + y_i I_y) \tag{3-97}$$

若 $h_i > 0$，代表挖方，$h_i < 0$，代表填方，$h_i = 0$，代表挖填平衡。

一般要求整个场地挖、填方平衡，即：

$$\frac{1}{3}\sum_{i=1}^{n} S_i h_i = 0 \text{ 或} \sum_{i=1}^{n} S_i h_i = 0 \tag{3-98}$$

其中 S_i 为某三角形面积，同时应使总动土量为最小，即：

$$Z = \sum_{i=1}^{n} S_i h_i^2 = \min \tag{3-99}$$

以上用矩阵表示为：

$$Z_{|x|} = h_{1\times n}^T S_{n\times n} h_{n\times 1} = \min \tag{3-100}$$

$$h_{n\times 1} = H_{n\times 1} - A_{n\times 3}\beta_{3\times 1} \tag{3-101}$$

$$h_{n\times 1} = \begin{bmatrix} h_1 \\ h_1 \\ \vdots \\ h_n \end{bmatrix} \quad H_{n\times 1} = \begin{bmatrix} H_1 \\ H_1 \\ \vdots \\ H_n \end{bmatrix}$$

$$A_{n\times 3} = \begin{bmatrix} 1 & x_1 & y_1 \\ 1 & x_2 & y_2 \\ \vdots & \vdots & \vdots \\ 1 & x_n & y_n \end{bmatrix} \quad \beta_{3\times 1} = \begin{bmatrix} C \\ I_x \\ I_y \end{bmatrix}$$

$$S_{n\times n} = \begin{bmatrix} S_1 & 0 & \cdots & 0 \\ 0 & S_2 & \cdots & 0 \\ \vdots & \vdots & & \vdots \\ 0 & 0 & \cdots & S_n \end{bmatrix}$$

令：$\frac{\partial z}{\partial \beta} = 2, h^T S(-A) = 0$

即：$A^T S A \beta - A^T S H = 0$

令：$A^T S A = N, A^T S H = U$

则　$\beta = N^{-1} U$　(3-102)

将(3-102)式结果代入(3-101)或(3-97)式即可求得 h_i。不难证明,由(3-102)确定的 β 总能使(3-98)式满足。

用抗差估计原理,以 $\frac{1}{3}\sum S_i|h_i|$ 为目标函数,依据(3-57)式可以获得更好的估计结果。

五、挖填平衡点的自动搜寻和单三角形土方计算

如图 3-17 所示单三角形,不难理解,若各点高差 h_i 均为"+",则整个三角形内的土方为挖方,否则为填方。若 $h_9<0$,而 h_7、$h_{21}>0$,则 7 与 9 及 21 与 9 之间存在着挖填方平衡点 b_1 及 b_2,其高差 $H_{b1}=0$,$H_{b2}=0$,b_1b_2 为挖填平衡线,此时△9721 分为△$9b_1b_2$(填方)和四边形 $b_1b_2$217(挖方)二部分。平衡点 b_1 及 b_2 的确定以两点的坡度呈直线变化为原则。

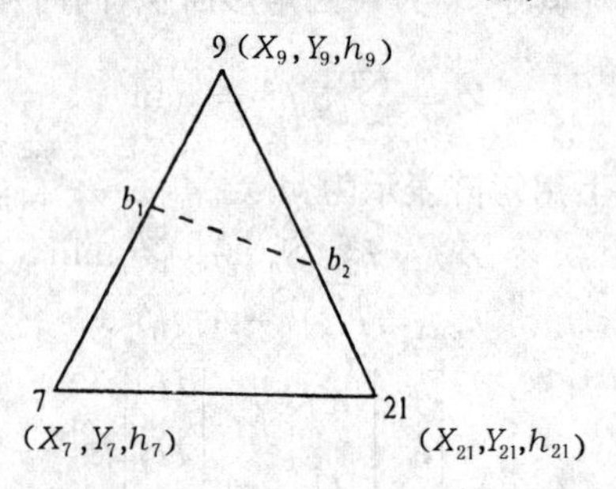

图 3-17 平衡点计算图

六、总动工土方量及挖方的最佳调运

1. 总动工土方量计算

如图 3-10(a)所示,某三角形均为挖方或填方时,其挖填土方量为:

$$V=(1/3)S(h_1+h_2+h_3) \tag{3-103}$$

式中:S 为该三角形面积。

如图 3-18(b)所示,某三角形有挖,有填时,其土方量为四边形楔体体积及三角形锥体,其计算公式为:

$$V_{楔}=(1/4)S_{楔}(h_1+h_2) \tag{3-104}$$

$$V_{锥}=(1/3)S_{锥}\,h_3 \tag{3-105}$$

此三角形土方量为 $V=|V_{楔}|+|V_{锥}|$。而整个场地总动工土方量为

三角网中各三角形土方量绝对值之和，此值越小越好。

2. 土方量最佳调运

土方的最佳调运之实质性问题是在运费最小的原则下把挖方的土运至填方，其根本数学问题是某一挖方三角形应向各填方三角形调运多少土方，才使运费最小。解决此类问题一般假定：

(1)挖方、填方的土方量最后平衡；

(2)挖方、填方的土方均集中在该三角形的形心；

(3)有挖方有填方的三角形，如图 3-17(b)所示，可用 $V=$

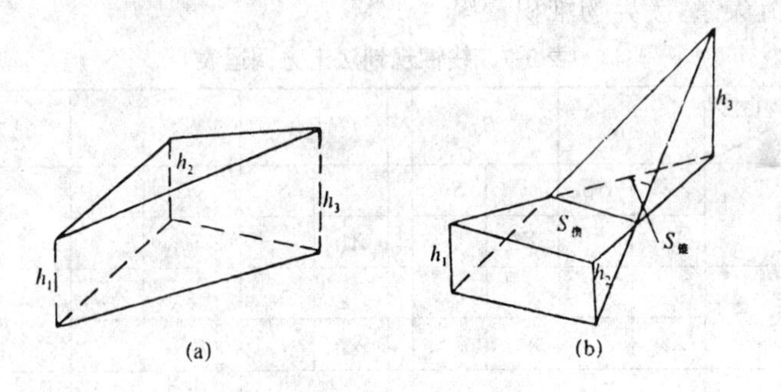

图 3-18　土方量计算图

$V_楔+V_锥$求得该三角形为挖方区($V>0$)，填方区($V<0$)，平衡区($V=0$)，即以三角形为单元，首先在一个三角形内以挖方充填。

如此，整个三角网就可以看成由 $A_1,A_2\cdots\cdots A_k$，k 个挖方三角形和 $B_1,B_2\cdots\cdots B_m$，m 个填方三角形组成，设其挖方量分别为 a_1，$a_2\cdots\cdots a_k$，填方量分别为 $b_1,b_2\cdots\cdots b_m$，设第 i 个挖方区运往第 j 个填方区的土方量为 x_{ij}，其运输距离为 $S_{ij}=\sqrt{(x_i-x_j)^2+(y_i-y_j)^2}$，$x_i$，$y_i$ 为挖方区三角形 i 形心坐标，(x_j,y_j)为填方区三角形 j 形心坐标，如此，土方调运表如表 3-7 所示：

此乃线性规划特例之一，即运输问题：

$$\min z=C\cdot\sum_{i=1}^{k}\sum_{j=1}^{m}S_{ij}X_{ij} \tag{3-106}$$

$$\text{s.t.}\begin{cases}\sum_{i=1}^{k}X_{ij}=a_i & i=1,2,\cdots\cdots,k\\ \sum_{j=1}^{m}X_{ij}=b_j & j=1,2,\cdots\cdots,m\end{cases}$$

此类问题可用单纯形法或图上作业法去解决,以图上作业法解算较为方便,已编有系统程序,可从整体上解决。

上述方案完全可以由全站仪自动记录,假定一个坐标系去完成,其效果、过程是一致的。在实际工作中,给定某一高程起点,就能计算水土流失量,废弃物堆积量等。

表 3-7 线性规划法土方调运表

填方区 挖方区	B_1		B_2		…	B_j		…	B_m		挖方量
A_1		S_{11}		S_{12}			S_{ij}			S_{1m}	a_1
	X_{11}		X_{12}			X_{ij}			X_{1m}		
A_2		S_{21}		S_{22}			S_{2j}			S_{2m}	a_2
	X_{21}		X_{22}			X_{2j}			X_{2m}		
A_i		S_{i1}		S_{i2}			S_{ij}			S_{im}	a_i
	X_{i1}		X_{i2}			X_{ij}			X_{im}		
A_k		S_{k1}		S_{k2}			S_{kj}			S_{km}	a_k
	X_{k1}		X_{k2}			X_{kj}			X_{km}		
填方量	b_1		b_2			b_j			b_m		$\sum_{i=1}^{k}a_i=\sum_{j=1}^{m}b_j$

第十节 DGPS 定位精度分析

根据不同地类(无林地、针叶林地、阔叶林地)、不同测程(从几十米到 50km)、不同时段(白天、晚上)、不同地形(山顶、山坡、山谷)的 DGPS 定位数据,可以分析DGPS的定位精度。

实验和工作中选择我国南方测绘仪器公司生产的 NGD-50/60 DGPS接收机，以 $\sigma_p=\sqrt{\sigma_x^2+\sigma_y^2}$ 为衡量精度的标准。

一、单点定位精度研究

选择北京市十三陵林场不同地类(无林地、针叶林地、阔叶林地)、不同地形(山顶、山坡、山谷)条件下，采用 NGD-60 DGPS 接收机定位，在有林地中将移动台天线放在树冠内，使其高度角在 360°方向上均为 0°，即天线处于全郁闭状态，并尽可能选择林分中最大、最浓密的树冠，观测时间为 1999 年 6 月，历元设置为 6s，即每 6s 记录一组 x,y,H，每种对应条件下最少观测 600 历元以上，分别求($\bar{x}$，$\bar{y}$)，σ_x、σ_y、$\sigma_p=\pm(\sigma_x^2+\sigma_y^2)^{\frac{1}{2}}$，有关结果可列表 3-8。

表 3-8　DGPS 各类条件下的定位精度研究结果表　单位：m

地形＼地类	针叶林	阔叶林	无林地
山顶	±1.9	±1.8	±1.3
山坡	±2.1	±2.0	±1.4
山谷	±2.9	±2.4	±1.7

分析表 3-8，可得出如下结论：

①就地类而言，无林地精度最高，阔叶林次之，针叶林地精度最低，这与国外实验结果一致。

②就地形而言，山顶精度最高，山坡精度次之，山谷(选择只有 50%的天空可见)精度最低，这与国外研究也一致。

③林地与无林地精度差异显著，针叶林地与阔叶林地精度差别不大，这也与国外研究一致。

④观测所得 X、Y 坐标之间存在微弱的相性，$\sigma_{xy}=-0.16\sim 0.18$，但有时也存在较大的相关性，$|\sigma_{xy}|$ 达 0.66，这主要是 SA 的开放与关闭、基准站、移动台同步观测卫星的个数、状态等相关。

为了研究测程 D、复测次数 n 与单点定位精度之间的关系，我们选择测程(基准台与移动台之距)分别为 1、5、10、20、40、50km，并在某一距离处复测 200 历元(6s/历元)以上,经回归分析,DGPS 与测程 D、复测次数 n。即 n 个历元取均值之间的关系为:

$$
\begin{aligned}
\sigma_p^2(\text{无林地}) &= 1.15^2+(0.05D)^2+0.52^2/n \\
\sigma_p^2(\text{阔叶林}) &= 1.62^2+(0.07D)^2+0.99^2/n \\
\sigma_p^2(\text{针叶林}) &= 1.73^2+(0.08D)^2+0.62^2/n
\end{aligned}
\tag{3-107}
$$

式中第一项为差分残余系统误差的影响,不能通过增加历元数 n(复测)消除或减小,第二项为与测程成正比例的结果,D 以公里为单位,第三项则为可通过复测减少的偶然误差,实验选择在梁顶位置进行,分别用 t 检验法、F 检验法证明(3-107)式均为有效回归方程。分析(3-107)式,可以得出如下初步结论:

①DGPS 定位点位误差随地类、测程、复测次数变化,与测程成正比,与复测次数成反比。

②公式中的第一项是该仪器在一定条件下各种残余系统误差(接收机噪声)、卫星钟差、接收机钟差、星历误差、对流层延迟、电离层延迟、多路径效应、通讯与处理误差的综合影响效果,是不可减少的误差,也是整个点位误差中所占比例最大的部分。

③第二项与 D 成正比的误差也是实际工作中无法消除或者减少的误差。

④第三项可以通知适当的增加 n(复测次数)减少,但因所占比例较少,所以增加 n 过多,只是工作量的成倍增加,而 σ_p 变小很慢。通常 $\sigma_{大}/\sigma_{小}\leqslant 1/3$ 时,$(\sigma_{大}^2+\sigma_{小}^2)^{\frac{1}{2}}\approx\sigma_{大}$ 由此产生的误差大约为 5%,通常取 2σ 为极限误差,其置信度也为 95%,由此反推出,在无林地、阔叶林、针叶林的最多复测次数分别为 3、4、2,超过这个次数,再提高的精度就没有意义,只是观测时间、工作量的增长,但可提高可靠性。

⑤实际工作中,某些重要的标定,如固定样地的标定可观测几十个历元左右,而普通地形图的补测补绘则只需 1 个历元观测。

⑥由于受残余 SA 影响,σ_p 有一定的周期性(大约 10 分钟到 20 分钟),σ_p 有大小上的相对稳定性和发生方向上的不确定性,但通常

x、y 在一个周期内持续偏大或偏小，但其随机性较大。一元方差分析、趋势性分析等都可以证明这一点。

⑦实际工作中适当增加复测次数是必要的，可以有效地发现粗差，并适当提高定位精度。

⑧(3-107)式中的第一项可理解为某一状态(地类)的极限精度，增加复测次数只能是第三项减少。

二、测距精度研究

在已知边长为 S_0 的 A、B 两点，用 DGPS 复测两点之距 $S_i(i=1,2,\cdots,n)$，其观测误差分别为 $\triangle i=S_i-S_0$，可用下式评定其测距精度：

$$\sigma_s=\pm\sqrt{\frac{\sum_{i=1}^{n}\triangle_i^2}{n}} \tag{3-108}$$

因 $S_{AB}=[(x_B-x_A)^2+(y_B-y_A)^2]^{\frac{1}{2}}$，对其取微分得：

$$\mathrm{d}S_{AB}=a\mathrm{d}x_{x_A}-a\mathrm{d}x_{x_B}+b\mathrm{d}x_{x_A}-b\mathrm{d}x_{x_B} \tag{3-109}$$

式中：$a=(x_A-x_B)/S_{AB}$

$b=(y_A-y_B)/S_{AB}$

(3-109)式可进一步表示为：

$$\mathrm{d}S_{AB}=A\cdot\mathrm{d}X \tag{3-110}$$

依广义误差传播律得：

$$D_s=AD_XA^T \tag{3-111}$$

(3-111)式中 D_s 为测距中误差，即 σ_s^2、A 为系数阵，即 $(a\quad -a\quad b\quad -b)$，$D_X$ 为 x_A、y_B、x_B、y_B 的方差——协方差阵。若认为 $\sigma_{xy}=0$。即 x、y 坐标互为独立，则有：

$$\sigma_s=\sigma_p \tag{3-112}$$

即当两点同精度观测且 $\sigma_x=\sigma_y$、$\sigma_{xy}=0$ 时，测距精度从理论上恰好为单点定位的点位误差。

我们在十三陵林场选择 100m 的长度复测 36 次，得 $\sigma_s=\pm$

0.71m,这个结果远远小于单点定位结果 σ_p(±3.1m),其原因是:

(1)$\sigma_{xy}\neq 0$,达 0.5,因而,按广义误差传播定律,使 σ_s 变小。

(2)x_A 与 x_B、y_A 与 y_B 中含有基本上大小相等、符号相同的系统误差,求距时(x_B-x_A)、(y_B-y_A)求差消除了这些系统误差。

(3)σ_s 基本上是个定值,与测距长度关系不大,距离越长,DGPS测距相对精度越高。

三、面积测量精度研究

选择规则四边形,应用测距仪测量各边边长,用经纬仪测角,求得结果为面积真值,而后用 DGPS 复测 18 次,每次依坐标法求面积公式计算面积,其结果见表 3-9。

表 3-9 DGPS 测量面积精度分布表

	100075.3	10132.5	6966.6	3494.1	665.8	100.0	25.0	4.0
绝对误差 m^2	±200.2	±111.5	±132.4	±	±40.10	±14.18	±4.72	±1.75
相对误差 %	0.2	1.1	1.9	2.8	6.0	14.2	18.9	43.7

分析表 3-9 可知,欲使面积测量误差控制在 2%以内,四边形面积必须在 7000m^2 以内。面积相对误差随面积增大而减少。

四、超小面积高精度 DGPS 测算研究

对于图上不规则的小面积(<1cm^2)或者实地不规则的小面积(<100m^2)的量测往往存在许多困难,如难以量测、难以计算、难以评定精度等,更重要的是这类图形用求积仪测量仅仅只有 1/10 左右的精度。至于野外实地测量,则随仪器的精度而变化,比如采用以C/A码配合伪距平滑的 RTD(实时动态差分)GPS 定位法测定面积,当其定位精度为±1m 时,其量测面积的精度(依解析法)也是 1/10左右。显然,这种精度难以满足绝大多数的土地资源、森林资源等调查和管理的需要。

林业资源调查与监测中面积测量是十分重要的内容，林业生产经营区划中通常将林场划分为林班(compartment)、小班(subcompartment)，国外还有依据立地划分细班(subplot;small stand)的作业。林区测量通视困难，测量不规则小面积就显得更加困难，精度更难保证。而林区此类小面积又比较多，如林中空地、各类林种交界的边缘地带、火烧迹地、盗伐地块，这类小面积由于受环境、背景的影响，在遥感图像上光谱值变动较大，图像比较模糊，分类困难，图像上测定其面积肯定精度很低，只有借助实地量测以提高分类精度。因而，林区不规则小面积的实地高精度测量就显得尤为重要了。

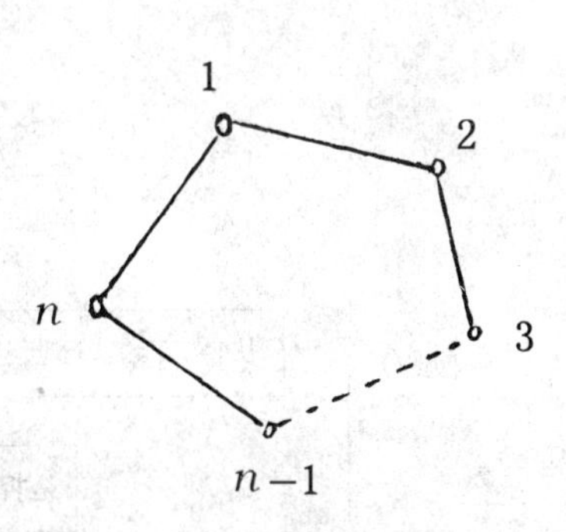

图 3-19　多边形面积测量示意图

对图 3-19 所示林班，面积量测的作业过程可表示为图 3-20。

整个作业过程除皮尺量距需手工 DGPS 控制器外，其余工作均由 DGPS 控制器自动记录、存贮、变换、处理。DGPS 控制器为一惠普掌上机(HP-200)，每 6 秒钟可测出 1 点坐标。

选择秩亏自由网平差法。对于 DGPS 定位结果，列出误差方程：

$$V_1=\begin{pmatrix} E_1 & 0 \\ 0 & E_2 \end{pmatrix}\begin{pmatrix} \delta_x \\ \delta_y \end{pmatrix}+0 \tag{3-113}$$

设其权阵为：

$$P_1=\begin{pmatrix} P_x & 0 \\ 0 & P_y \end{pmatrix}$$

对每条边长 S_1，列出误差方程，并表示为矩阵式：

$$V_2=(a \quad b)\begin{pmatrix} \delta_x \\ \delta_y \end{pmatrix}+L \tag{3-114}$$

其权阵为 P_2。

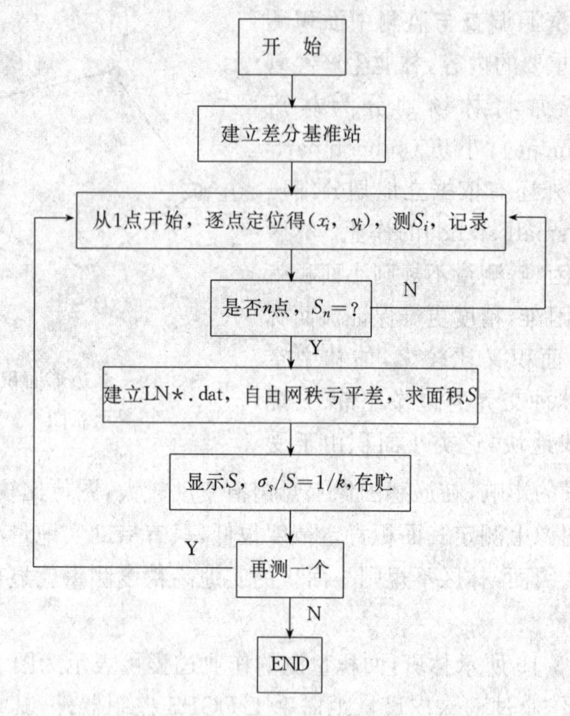

图3-20 面积量测作业过程图

通常 $P_x=P_y=1, P_{si}=1/(S_i/500)^2=(500/S_i)^2$

因图 3-19 为测边网，故秩亏数 $d=3$，基准方程表达式为：

$$S^T\begin{pmatrix}\delta_x\\\delta_y\end{pmatrix}=\begin{pmatrix}1&\cdots&1&\vdots&1&\cdots&1\\1&\cdots&1&\vdots&1&\cdots&1\\-y_1^0&\cdots&-y_n^2&\vdots&x_1^0&\cdots&x_n^0\end{pmatrix}\begin{pmatrix}\delta_x\\\delta_y\end{pmatrix}$$

$$=(S_1\ \vdots\ S_2)\begin{pmatrix}\delta_x\\\delta_y\end{pmatrix} \tag{3-115}$$

联合 113、114、115 式，使 $\Psi=V^TPV+2K^T(S^T(\delta_x\delta_y))=\min$，则有：

$$\begin{pmatrix}\delta_{\hat{x}}\\\delta_{\hat{y}}\end{pmatrix}=\begin{pmatrix}P_x+a^TP_2a+S_1^TS_1&a^TP_2b+S_1^TS_2\\b^TP_2a+S_2^TS_1&P_y+b^TP_2b+S_2^TLS_1\end{pmatrix}^{-1}\begin{pmatrix}a^TP_2L\\b^TP_2L\end{pmatrix}$$

$$=Q'\begin{pmatrix}a^TP_2L\\b^TP_2L\end{pmatrix} \tag{3-116}$$

协因数阵 Q_{xx} 为：

$$Q_{xx}=Q'(E-SS^TQ') \tag{3-117}$$

因多边形面积为：

$$A=\frac{1}{2}\sum_{i=1}^{n}(y_{i+1}-y_{i-1})x_i \tag{3-118}$$

将(6)式按台劳级数展开，并表达为线性式

$$\mathrm{d}A=(f_x \quad f_y)\begin{pmatrix}\delta_{\hat{x}}\\\delta_{\hat{y}}\end{pmatrix}=F_A\delta X \tag{3-119}$$

其中，$f_{xi}=\partial A/\partial X_i$；$f_{yi}=\partial A/\partial Y_i$

进而有：

$$Q_{AA}=F_A^TQ_{xx}F_A=\begin{pmatrix}f_x^T\\f_y^T\end{pmatrix}Q_{xx}(f_x \quad f_y) \tag{3-120}$$

$$\sigma_A^2=\hat{\sigma}_0^2Q_{AA} \tag{3-121}$$

式中：

$$\hat{\sigma}_0^2=\frac{V^TPV}{n+3}$$

$$\frac{\sigma_A}{A}=\frac{1}{(A/\sigma_A)}=\frac{1}{K} \tag{3-122}$$

我们1999年5月6日在北京市十三陵林场进行了DGPS测量不规则小班面积的实验，其主要结果列于表3-10。

表3-10　DGPS、DGPS＋皮尺量测面积精度

$A(\mathrm{m}^2)$	10	20	30	50	80	100	1000	5000	10000
(σ_A/A)	1/315	1/340	1/307	1/380	1/361	1/320	1/400	1/337	1/480
$(\sigma_A/A)'$	1.3	1.1	1/7	1/8	1/10	1/12	1/46	1/88	1/116

表3-10中 σ_A/A 为DGPS配合皮尺量距测面积，而 $(\sigma_A/A)'$ 则为单纯的DGPS法测定面积，可见，利用DGPS配合皮尺法面积精度显著提高了。分析表3-10可知：

①DGPS配合皮尺测距可以有效地提高不规则超小林班面积的测量精度，作业简单、速度快、实时、可行，值得推广。

②秩亏自由网平差法评定两类观测值求算面积的精度,有效地考虑了各点的误差,虽然计算复杂,但借助于HP掌上机操作,一个六边形可在5秒内完成面积计算、周长计算、秩亏自由网平差、精度评定等工作,因而是实时测量,可广泛应用于遥感影像难以分辨的实地地类变化监测中。

③皮尺测距一定程度上增加了外业工作量,但却有效地控制了DGPS的定位误差,提高了观测精度。由于皮尺测量距离属于多余观测,因而,不必用DGPS对同一面积测量二次。

④以L_1、L_1+L_2载波为观测值的RTK技术可使DGPS定位精度达到cm级。然而,在树冠上定位易使GPS失锁,而C/A码测距却不会失灵,因而值得在林业上推广。

五、利用已有导线网检测DGPS精度

我国城区、工矿区有许多利用经典导线测量、光电导线测量、GPS静态测量手段建立的各等级导线网,利用这些网点的高精度坐标值,可以有效地检测DGPS定位精度,据作者对北方工业大学、首钢工学院、首钢地质公司附近36个导线点的DGPS实测检测,其精度为$\sigma_x=\pm0.8m$,$\sigma_y=\pm0.7m$,$\sigma_{xy}=-0.3m^2$。

此类检测属于外附合检测,其结果更为可信。

六、DGPS定位粗差探测

根据误差统计理论,为提高定位的精度和可靠性,可使同一点位坐标的DGPS定位观测10个历元,一般不超过13个历元,采用迭代算法计算定位点坐标的最或是值,初次取等权平均值,下次以上残差改正数绝对值之倒数为权,求加权平均值,循环迭代,如此,可使最终结果可靠、精确。其一般公式请参照本章第三节稳健估计内容。

第十一节　DGPS 用于标定点位及交会定位

所谓标定点位就是把图纸上设计好的点位在实地标定出来，这里讨论在资源与环境定位中监测单元（样地、样带、样方）定位。所谓会交定位，指的是某些场合，如建筑物墙角、高大的名胜古树、水塔、烟囱等处，因 GPS 受到遮挡而使定位失灵，此时通过选择其周围若干点与待定点建立几何关系，间接确定待定点。交会定位的另外一层含义是在两个以上的 GPS 定位点上通过罗盘、经纬仪前方交会（测角）确定待定点，这对于确定如林火着火点等意义重大。

本节所讨论的内容均依 NGD-60 GPS 为基础，配合罗盘进行，但所得结论具有一般性。

一、用 DGPS 标定点、线、面

其实质是标定点，因为线、面是由点构成的。首先应将待定点的坐标存入 DGPS 控制器内存中，以 NGD-60 为例，有两种方法存贮待标定点的坐标。

方法 1：启动 HP-200，进入主菜单，选择航路点担任，输入菜单，通过“↓”和 TAB 键将已编号好的各标定点的 X、Y 坐标输入 HP200，TAB 键发挥转换作用，可使（B，L）$\Leftrightarrow$（x，y）。

方法 2：用 TDTO 命令按极坐标导线设置待标定点，如固定样地标定，从中心点标定四个周界点用 TDTO 方法就很迅速，因为中心点与四个周界点的方位、距离关系是已知的。一般操作过程是：进入 TDTO，显示从____点方位____距离____推算____点

移动坐标，如从 3 点开始，以 90°方位，27.58m 距离，生成 4 号点，在空格上填入 3、90、27.58、4，4 号点坐标就自动生成了。

HP-200 关机后原生成的标定点内存中仍存在，实地标定时，启动 DGPS，进入标定作业区，屏幕用“O”显示待标定点位，“+”代表天线所处位置，当“+”与“O”重合时，天线中心所对应位置为

待标定点位置。

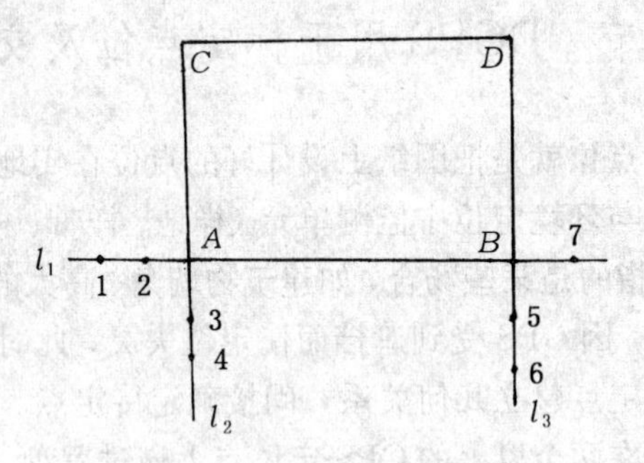

图 3-21 KOGO 测量定位

二、楼角、高大古树交会定位

如图 3-21 所示，ABCD 为一建筑物，欲测量之。选择 A、B 二点加丈量房宽确定 ABCD。显然，在建筑区，直接测量 A、B 会因卫星失锁而失败。可用一种称之为 COGO 的功能，COGO 的含义是几何测量。在 AB 延长线上选择开阔地点 1、2、7 定位求得坐标，同样在 CA、BD 延长线上选择开阔地点 3、4、5、6 定位求得坐标，此时，通过 l_1、l_2、l_3 三条直线之间的平行、垂直、相交关系，就可以自动求得 A、B 二点坐标，加上建筑物房宽，从而使 $ABCD$ 确定。有关一些古树、烟囱的中心定位亦可参照此法定位测量。

图 3-21 所示列出三条直线方程：

$$\begin{aligned} l_1&: y=k_1x+b_1 \\ l_2&: y=k_2x+b_2 \\ l_3&: y=k_3x+b_3 \end{aligned} \tag{3-123}$$

式中：$k_i=\dfrac{y_j-y_m}{x_j-x_m}$，$b_i=-k_ix_m+y_m$，若某一直线上多于 2 个点，可用最小二乘法求出直线方程。首先应检核方程之间的几何关系，即 $l_1\perp l_2$，$l_1\perp l_3$，$l_2/\!/l_3$，即 $k_1k_2=-1$，$k_1k_3=-1$，$k_2=k_3$，由于测量误差之存在，这种几何关系难以满足，现证明其允许偏差。

对 $k_i=(y_i-y_m)/(x_j-x_m)$ 按台劳级数展开得：

$$dk_i=[k_i/(y_i-y_m)]\,dy_j-[k_i/(y_j-y_m)]\,dy_m-[k_i/(x_j-x_m)]\,dx_j+[k_i/(x_j-x_m)]\,dx_m$$

对上式依误差传播定律，并设 $\sigma_x=\sigma_y$，$\sigma_x^2+\sigma_y^2=\sigma_p^2$，$(x_j-x_m)=S_{jm}\cdot\cos\alpha$，则有：

$$\sigma_{ki}=\sigma_p/[(x_j-x_m)\cdot\cos\alpha] \quad (3\text{-}124)$$

显然，(3-124) 式的最小值为 $\sigma_{ki}=\sigma_p/(x_j-x_m)$，令 $Z=k_i\cdot k_j$，依误差传播定律得：

$$\sigma_z^2=k_i^2\cdot\sigma_{kj}^2+k_j^2\cdot\sigma_{ki}^2 \quad (3\text{-}125)$$

取 $k_i=1$，$k_j=-1$，$\Delta x=5\text{m}$，$\sigma_p=\pm1\text{m}$，则 $\sigma_z=0.3$，即两垂直线斜率的乘积极差 σ_d 为 $2\sigma_z=\pm0.6$，其区间为：$-1.6\sim-0.4$。

同理可证明两直线平行时，其斜率互差的均方差 $\sigma_d=\sqrt{2}\,\sigma_{ki}$，最大误差为 $2\sigma_d=\pm0.6$，即允许两直线的斜率至差达 0.6 之内。

直线的平行、垂直关系满足之后，两两方程联立即可求得 A、B 二点坐标，全部计算过程由 DGPS 控制器完成。

三、经纬仪、罗盘在防火瞭望台上交会定位着火点

如图 3-22 所示，AB 为防火瞭望台，其坐标已用 GPS 按静态基线控制网测量，设其坐标为 $A(x_A, y_A)$、$B(x_B, y_B)$，今假定 $P(x, y)$ 处着火，通过经纬仪观测 β_1、β_2 二角或用罗盘测量坐标方位角 α_1、α_2（所测磁方位角加入磁偏角改正），则可知$\overline{AP}$、$\overline{BP}$二直线的方程为：

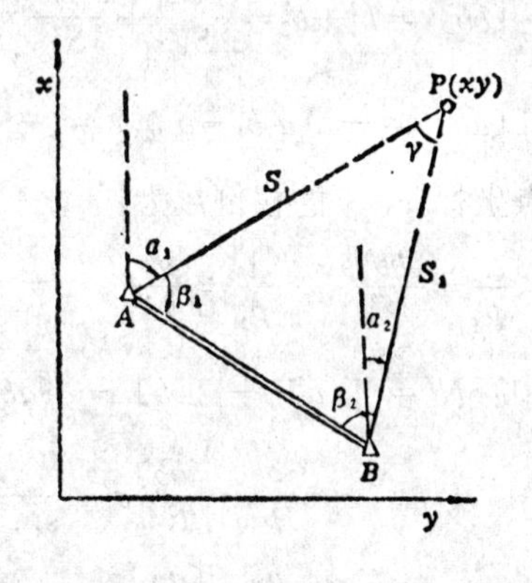

图 3-22　用前方交会法测定着火点的点位

$$\left.\begin{aligned}\mathrm{tg}\alpha_1=\frac{y-y_A}{x-x_A}\\ \mathrm{tg}\alpha_2=\frac{y-y_B}{x-x_B}\end{aligned}\right.\tag{3-126}$$

以上二式联立，则可求得 P（x，y），今以 β_1、β_2 为观测值，注意 $\alpha_1=\alpha_{AB}-\beta_1$，$\alpha_2=\alpha_{BA}+\beta_2-360°$，观测角为 β_1，β_2。先按角度列出误差方程式：

$$\left.\begin{aligned}\nu_{\beta_1}=+a_1\delta_x+b_1\delta_y+l_1\\ \nu_{\beta_2}=+a_2\delta_x+b_2\delta_y+l_2\end{aligned}\right\}$$

式中 a_i、b_i 为方向系数，即：

$$a_i=\frac{(a_i)}{S_i}=\frac{+\rho''\sin a_i}{S_i\times10^4}$$

$$b_i=\frac{(b_i)}{S_i}=\frac{+\rho''\cos a_i}{S_i\times10^4}$$

式中（a_i）与（b_i）可以从方向系数表中查得。

组成法方程式的系数。为简便起见，暂不考虑其单位。此时

$$[aa]=a_1^2+a_2^2=\frac{\sin a_1^2}{S_1^2}+\frac{\sin a_2^2}{S_2^2}$$

$$[bb]=b_1^2+b_2^2=\frac{\cos a_1^2}{S_1^2}+\frac{\cos a_2^2}{S_2^2}$$

$$[ab]=-(a_1b_1+a_2b_2)=-\left(\frac{\sin a_1\cos a_1}{S_1^2}+\frac{\sin a_2\cos a_2}{S_2^2}\right)$$

P 点坐标 x、y 的权倒数为：

$$\frac{1}{p_x}=\frac{[bb]}{N^2}\qquad\frac{1}{p_y}=\frac{[aa]}{N^2}$$

式中：$N^2=[aa]+[bb]-[ab]^2=\dfrac{\sin^2(a_1-a_2)}{S_1^2\cdot S_2^2}$。

故
$$\sigma_x^2=\frac{\sigma_\beta^2}{p_x}=\frac{[bb]}{N^2}\sigma_\beta^2=\frac{S_1^2\cdot S_2^2}{\sin^2(a_1-a_2)}[bb]\,m^2$$

$$\sigma_y^2=\frac{\sigma_\beta^2}{p_y}=\frac{[aa]}{N^2}\sigma_\beta^2=\frac{S_1^2\cdot S_2^2}{\sin(a_1-a_2)}[aa]\,m^2$$

$$\sigma_p^2=\sigma_x^2+\sigma_y^2=m^2\frac{S_1^2\cdot S_2^2}{\sin^2(a_1-a_2)}([aa]+[bb])$$

$$=\sigma_\beta^2\frac{S_1^2\cdot S_2^2}{\sin^2(a_1-a_2)}\left(\frac{1}{S_1^2}+\frac{1}{S_2^2}\right)$$

$$=\frac{\sigma_\beta^2(S_1^2+S_2^2)}{\sin^2(a_1-a_2)}=\frac{\sigma_\beta^2(S_1^2+S_2^2)}{\sin^2\gamma}$$

式中 σ_β 为观测中误差。

由上式可见，当$\sqrt{S_1^2+S_2^2}$为定值且 $\gamma=90°$时，则 M 有最小值；若 γ 为定值，则 M 与$\sqrt{S_1^2+S_2^2}$成正比，则 S_1、S_2 越大，M 也越大。

因为：

$$S_1=b\frac{\sin\beta_2}{\sin\gamma}$$

$$S_2=b\frac{\sin\beta_1}{\sin\gamma}$$

故

$$\sigma_p^2=\frac{\sigma_\beta^2b^2(\sin^2\beta_1+\sin^2\beta_2)}{\sin^4\gamma}$$

$$\sigma_p=\frac{\frac{\sigma_\beta}{\rho}b\sqrt{\sin^2\beta_1+\sin^2\beta_2}}{\sin^2\gamma}\tag{3-127}$$

由此可知，当测角误差 m 一定时，前方交会点的点位精度取决于基线长度 b 及角度 γ、β_1（或 β_2）的大小。当 m 和 b 一定时，则 M 的大小决定于$\frac{\sqrt{\sin^2\beta_1+\sin^2\beta_2}}{\sin^2\gamma}$的值，它表示交会图形对点精度的影响。

现在进一步讨论 γ 一定时，M 与 β_1、β_2 的关系。

令：

$$y=\sin^2\beta_1+\sin^2\beta_2$$

即：

$$y=\sin^2\beta_1+\sin^2(\beta_1+\gamma)$$

欲求 y 为最小值时 β_1 的数值，可将 y 对 β_1 求导，并令其为零，则：

$$y'=2\sin\beta_1\cos\beta_1+2\sin(\beta_1+\gamma)\cos(\beta_1+\gamma)=0$$

$$\sin2\beta_1+\sin2(\beta_1+\gamma)=0$$

$$\sin2\beta_1-\sin2\beta_2=0$$

$$\beta_1=\beta_2$$

这表明在 γ 值一定的条件下采用对称交会（即 $\beta_1=\beta_2$），则 M 有极值。为说明极值与 γ 值的大小有无联系，取 y 的二阶导数，得：

$$y''=2\cos 2\beta_1+2\cos 2(\beta_1+\gamma)=2\cos 2\beta_1+2\cos 2\beta_2$$

因为：

$$\beta_1=\beta_2$$

故

$$y''=4\cos 2\beta_1$$

由此可见，当 $\gamma>90°$ 时，$2\beta_1$ 为锐角，y'' 为“+”值，故 y 存在极小值。也就是说，γ 为钝角时，对称交会将使待定点的点位中误差最小。

当 $\gamma=90°$ 时，$\beta_1=\beta_2=45°$，$\cos 2\beta_1=0$，y'' 等于 0，同时，

$y'=\sin 2\beta_1-\sin 2\beta_2\equiv 0$

故 y 没有极值。也就是说，当 γ 为直角时，不论 β_1 与 β_2 的数值如何，其点位中误差不变，即：

$$\sigma_p=\frac{\sigma_\beta}{\rho}b \tag{3-128}$$

此时 σ_p 的大小与 β_1、β_2 的数值无关。

当 $\gamma<90°$ 时，β_1 为钝角，y'' 为“－”值，则 y 有最大值，此时为最不利状况。一般按（3-128）式计算点位误差，取两防火瞭望塔之距为 20km，若选择罗盘定向，则 $\sigma_\beta=40'$，则由罗盘定位的点位误差为 $\sigma_p=\pm 230$m；若选择光学或电子经纬仪，则 $\sigma_\beta=\pm 1'$，$\sigma_p=\pm 5$m。

实际应用中可用三个已知坐标的防火瞭望塔去观测 P 点，进而检核观测数据，提高观测精度，增加观测可靠性。其数据可用最小二乘法去解算。两组坐标间差的距离标量为 $\sqrt{(x_{p_1}-x_{p_2})^2+(y_{p_1}-y_{p_2})^2}\leqslant 2\sqrt{2}\,\sigma_p$，对于罗盘定向，其间差距离标量取 700m 左右，对经纬仪定向，其间距离离标量取 15m 左右。

可用电子罗盘、电子经纬仪与计算机网络、GPS 与 GIS。集成森火防火指挥系统联网，自动、及时指挥消防车辆到位扑灭林火。

第四章　辅助定位手段研究

某些地形，如狭窄的峡谷地带实施定位，当天空10°以上的高度角没有4颗以上卫星时，就不能实现三维定位，当只有3颗可见卫星时，就只能实现平面定值。这种情况，在高楼大厦林立的城市地区，如某些生活小区内的个别地带也是有可能遇到的事，在这种情况下，利用全站仪三维导线、罗盘三维导线不失为一理想的辅助定位手段。

本章以森林资源调查、环境监测为背景，侧重讨论全站仪数据、罗盘数据与DGPS数据之间的自动交换、组织、处理及其与GIS、RS之间的集成应用。

第一节　罗盘三维导线定位系统

一、罗盘导线布网

根据作业区的地形条件、工作需要可将罗盘导线布设为如图4-1形式。

二、罗盘三维导线作业

根据现有装备，可选配森林电子罗盘、森林普通罗盘，用视距法测距或皮尺量距，以图4-1（a）为例说明其观测过程。

①在A、B两个DGPS点上实施DGPS定位，因A、B二控制点为罗盘导线的起算点，应实施高精度观测，如每点观测10～15分钟取平均值为最后结果，一般取$\sigma_A=\sigma_B=\pm0.7$m。

②在A点安置罗盘仪，调用HP掌上机或PC-E500中的辅助测

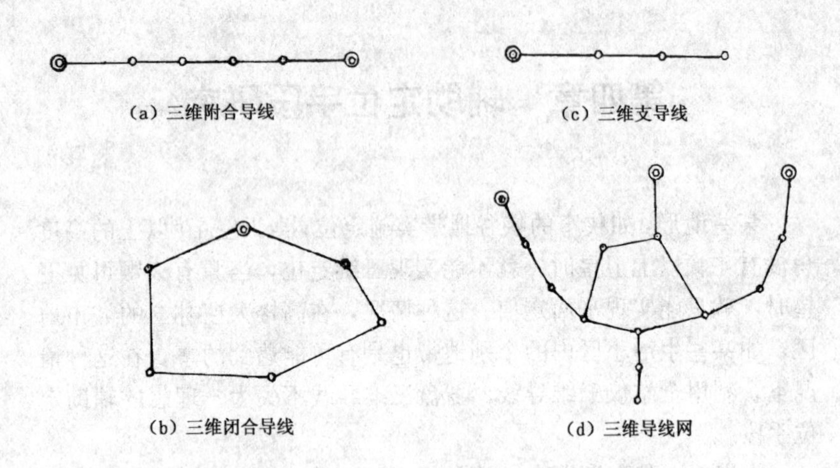

图 4-1 DGPS 控制的罗盘三维导线

量功能，用皮尺丈量 $A1$ 边长，或者用视距测量观测 $A1$ 边长，用罗盘仪测量 $A1$ 边磁方位角。视距测量的一般公式为：

$$\left.\begin{aligned} h' &= \frac{1}{2}kl\sin 2\delta \\ S &= kl\cos^2\delta \end{aligned}\right\} \tag{4-1}$$

式中：l——尺间隔；k——罗盘仪望远镜视距乘常数，$k=100$；δ——倾角。

同时丈量罗盘仪高 i，将有关罗盘仪读数 T_{Ai} 及望远镜十字丝中丝读数 V 等自动或手工记录至 PC-E500 或 HP 掌上机中（与 DGPS 记录配套）。

③移动仪器至 1 点，返测 1 与 A 间距离，视距互差≤1/100，方位角互差≤2°；观测 1－2 边，有关过程同 2.2。

④重复上述操作，直到 B 点。

⑤三维罗盘导线数据处理的主要数学公式：

$$\left.\begin{aligned}&h_{12}=i_1+h'_{12}-V_2\\&h_{21}=i_2+h'_{21}-V_1\\&h_{12}^0=\frac{1}{2}(h_{12}-h_{21})\\&\triangle x_{12}=S_{12}^0\cos(T_{12}^0+\triangle)\\&\triangle y_{12}=S_{12}^0\sin(T_{12}^0+\triangle)\end{aligned}\right\}\tag{4-2}$$

式中：i_1，i_2——1、2 点仪器高；

V_1，V_2——1、2 点中丝高；

h_{12}^0、S_{12}^0——1、2 点高差、平距中数；

T_{12}^0——1、2 边磁方位角平均值；

$\triangle$——该地区磁偏角。

⑥闭合差计算与分配

$$\left.\begin{aligned}&f_x=x_A+\sum\triangle x-x_B\\&f_y=y_A+\sum\triangle y-y_B\\&f_h=H_A+\sum\triangle h-H_B\end{aligned}\right\}\tag{4-3}$$

当$\sqrt{f_x^2+f_y^2}/\sum S_i\leqslant 1/100$时，分配闭合差：

$$\left.\begin{aligned}&V_{xi}=-\frac{S_i}{\sum S_i}f_x\\&V_{yi}=-\frac{S_i}{\sum S_i}f_y\\&V_{hi}=-\frac{S_i}{\sum S_i}f_h\end{aligned}\right\}\tag{4-4}$$

V_{xi}、V_{yi}、V_{hi}加入各对应$\triangle V_{xi}$、$\triangle V_{yi}$、h_i^0后，计算各点坐标，并给每点坐标赋与相应属性代码。

⑦HP 掌上机 PC-E500 上自动实现记录处理的框图。

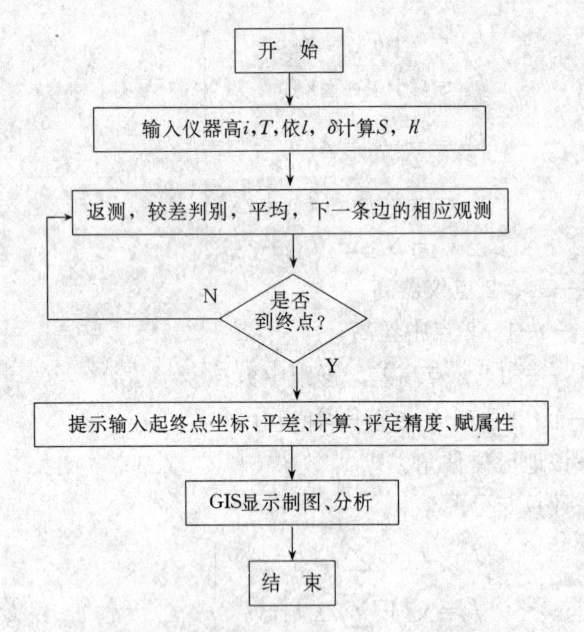

图4-2 HP掌上机、E500处理三维罗盘导线

三、罗盘三维导线精度分析

1. 测距误差

①皮尺量距误差一般认为 1/500 左右，据我们在北京林业大学校园检测，实际测距精度在 1/400～1/1000 之间，选用光电测距边长为已知数，用皮尺复测，倾角＞40°时，一般为 1/400 以上精度，平坦地面可达 1/1000 甚至更高的精度。

②视距误差

对（4-1）式应用误差传播定律得：

$$\left.\begin{aligned}\sigma_{h'}^2&=h'^2\cdot\left[\left(\frac{\sigma_k}{k}\right)^2+\left(\frac{\sigma_l}{l}\right)^2+4\text{ctg}^2\delta\left(\frac{\sigma_s}{\rho}\right)^2\right]\\\left(\frac{\sigma_s}{S}\right)^2&=\left(\frac{\sigma_k}{k}\right)^2+\left(\frac{\sigma_l}{l}\right)^2+4\text{tg}^2\delta\left(\frac{6\delta}{\rho}\right)^2\end{aligned}\right\}\qquad(4\text{-}5)$$

据我们在北京市十三陵林场的实测分析，$\sigma_k/k=1/500$ 左右，$\sigma_l/$

$l=1/300$ 左右，$\sigma_\delta=\pm0.5°$，有关数据代入（4-5）式，可得 $\sigma_s/s=1/200$ 左右，$\sigma_{h'}=\frac{1}{200}h'$ 左右。

2. 磁方位角观测精度

据我们在北京市十三陵林场的实测分析，一次罗盘测定磁方位角中误差为 $\sigma_T=\pm42'$，往、返测方位角的均值中误差为0．5。

3. 罗盘导线点位误差

（1）三维罗盘支导线误差分析

设有：

$$\left.\begin{aligned} x_k&=x_A+\sum_{i=1}^{n}\triangle x_i \\ u_k&=y_A+\sum_{i=1}^{n}\triangle y_i \end{aligned}\right\} \tag{4-6}$$

依广义误差传播律，设 $Z=AL$，测 $D_Z=AD_LA^T$，有关（4-6）线性化过程从略。其始点误差亦忽略。

$$\begin{pmatrix}\sigma_{xk}^2 & \sigma_{xy}\\ \sigma_{yx} & \sigma_{yk}^2\end{pmatrix}=\begin{bmatrix} \begin{gathered}\left(\frac{\sigma_T}{\rho}\right)^2\sum_{i=1}^{n}(\triangle y_i)^2\\ +\sigma_{s_i}^2\sum_{i=1}^{n}\cos^2(T_i+\triangle)\\ +\left(\frac{\sigma_\triangle}{\rho}\sum_{i=1}^{n}\triangle x_i\right)^2\end{gathered} & \text{对称} \\ \begin{gathered}\left(\frac{\sigma_T}{\rho}\right)^2\sum_{i=1}^{n}(\triangle x_i)(\triangle y_i)\\ +\sigma_{s_i}^2\sum_{i=1}^{n}\cos^2(T_i+\triangle)\sin^2(T_i+\triangle)\\ +\left(\frac{\sigma_\triangle}{\rho}\right)^2\sum_{i=1}^{n}\triangle x_i\triangle y_i\end{gathered} & \begin{gathered}\left(\frac{\sigma_T}{\rho}\right)^2\sum_{i=1}^{n}(\triangle x_i)^2\\ +\sigma_{s_i}^2\sum_{i=1}^{n}\sin^2(T_i+\triangle)\\ +\left(\frac{\sigma_\triangle}{\rho}\sum\triangle x_i\right)^2\end{gathered} \end{bmatrix} \tag{4-7}$$

式中：$\sigma_\triangle$ 磁测量中误差，属于系统性质传播，一般 $\sigma_\triangle=$（1/3）

σ_T，设罗盘导线为等边直伸形，每边长为 S，其点位误差为：

$$\sigma_k^2=\sigma_{xk}^2+\sigma_{yk}^2=n^3\left(\frac{\sigma_T}{S}S\right)^2+\left(\frac{\sigma_\triangle}{\rho}nS\right)^2+n\sigma_s^2 \quad (4\text{-}8)$$

(2) 闭（附）合形罗盘导线平差后中点点位中误差

一般取同程支导线中点误差的 $1/\sqrt{2}$，对于等边直伸形导线，设闭(附)合导线的总长为 S=1km，S=100m，则有路线中点（最弱点）点位中误差 $\sigma_0=\pm 7.1$m，考虑起始点点位误差，$\sigma'_0=\sqrt{\sigma_A^2+\sigma_0^2}=\pm 7.1$m。

至于高程精度，因 DGPS 定位中 A、B 点高程误差较大，一般取 15 分钟观测值 $m_{HA}=m_{HB}=\pm 1.5$m，因而 1km 路线中点的中误差应为±2m 以上的水平。

四、主要结论

①通过十三陵林场实验，我们认为罗盘仪三维视距导线自动，经济可行，便于携带，是理想的辅助定位手段。

②如果能采用电子罗盘配合红外测距，可通过数据接口实现由 HP 掌上机或 PC-E500 来自动记录，使工效进一步提高，精度、可靠性均提高。

③一般布设 1km 长的罗盘导线最弱点位中误差为±7m 的水平，可满足林区 1：10 000 地形测图。

④对于精度要求较高的定位，必须采用全站仪三维导线。

第二节 全站仪三维导线定位系统

一、全站仪三维导线布网

其布网形式、方案可完全同于图 4-1 所示罗盘导线，因起始点 A、B 点为 DGPS 点，精度较低，故全站仪只用单镜位观测。

二、全站仪三维导线作业

以图 4-1 为例说明附合导线观测过程。

①在 A、B 二点的 DGPS 定位同第二节

②在 1 点安置经纬仪瞄准 A 点，记录棱镜高 u_A，记录 V_A、H_A、S_{A1}；记录 1 点仪器高 i_1、瞄准 2 点、记录 V_2、H_2、S_{A2}；同时记录 2 点棱镜高 u_2。记录器计算水平角 $\beta_1=H_2-H_A$。

③在 2 点，瞄准 1 点记录 H_1，记录 i_2，瞄准 3 点，记录 V_3、H_3、S_3，依此类推到终点。

④有关计算公式：

$$\left.\begin{aligned} &D_i=S_i\cos V_i\\ &h_1=-\ (i_1+S_{A1}\cdot\sin V_A-u_A)\\ &h_2=\ (i_1+S_2\cdot\sin V_2-u_2)\\ &h_3=\ (i_2+S_3\cdot\sin V_3-u_3)\\ &\quad\cdots\cdots\\ &h_n=\ (i_n+S_n\cdot\sin V_n-u_n)\end{aligned}\right\}\qquad(4\text{-}9)$$

高程闭合差处理及分配同罗盘导线。在求得各边长 D_1、D_2、… D_{n+1} 及 $\beta_1,\beta_2,\cdots\beta_n$ 之后，可设 $\alpha'_{A1}=0$，$X'_A=Y'_A=0$，求得终点 X'_B，Y'_B，依 $\alpha'_{AB}=\mathrm{tg}^{-1}\left(\dfrac{Y'_B}{X'_B}\right)$，求得 $\delta=\alpha'_{AB}-\alpha_{AB}$，进而求得各边真方位角 $\alpha_i=\alpha'_i+\delta$；再依 α_i、D_i 求得各边 $\triangle x_i$、$\triangle y_i$，依三维罗盘导线一节（4-3）、（4-4）式分配闭合差，并求得各点坐标。

⑤整个过程为 HP 掌上机或 PC-E500 与全站仪数据接口自动通讯、记录，自动处理为能与 DGPS 交换的全站仪定位系统。

三、全站仪与 E500 数据通讯

1. 数据通讯简介

要实现全站仪到 PC-E500 数据的自动传输，除了需要专用的 RS-232 接口电缆外，还需确定通讯参数、请求信号及应答信号，并

采用 BASIC 语言编写 E500 与给定全站仪的通讯程序，程序框图如图 4-3 所示。

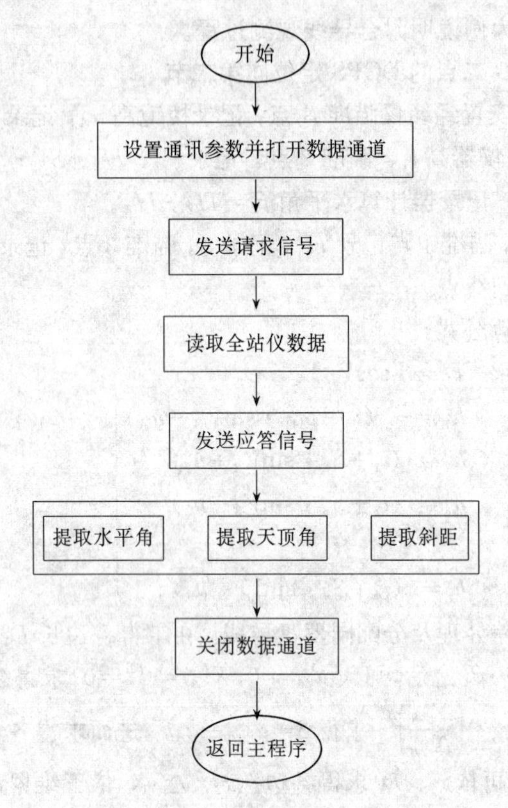

图4-3 PC-E500与全站仪数据通讯程序流程图

（1）通讯参数

要使全站仪发送数据和 E500 接收数据能够相匹配，并保证传输数据的正确无误，必须设置如下通讯参数。

①波特率（baud Rate） 波特率是数据传送速率的反映，通常在 300～19 200 波特之间，一般 E500 与全站仪的通讯波特率选择为 1200 波特或 2400 波特。例如，对于 TC1610 若选择过高的波特率，

可能会出现 RS232 Overflow（RS232 溢出）的错误报告，其原因是数据传输太快。

②检验位（Parity）　检验位是检查传输数据是否正确的一种方法，其方式有 None（无检验）、Even（偶检验）和 Odd（奇检验）。给定的全站仪有其特定的检验方式，如宾得Ⅲ05 的检验位是 N，而拓普康 GTS301 的检验位是 E。

③数据位（Data Bit）　数据位是指组成一个单向传输字符所使用的位数，常见的是 7 位和 8 位。

④停止位（Stop Bit）　停止位是指处于最后一位数据位或检验位之后用来表示该字符的结束，对于全站仪一般都设置为 1 位。

一般给定型号的全站仪都有其固定的通讯参数，只有部分型号仪器（如徕卡 TC1600）的参数可由用户设置。编写 E500 程序时设置的通讯参数必须与所连接全站仪的通讯参数一致，否则就不能正常传输。E500 程序设置通讯参数的格式为：

OPEN“［COM］波特率，检验位，数据位，停止位，［码型，定界符，文件结束码，通讯控制，换档码］”AS＃X（X 为通道号）

（2）请求信号

当全站仪已经测得水平角、天顶角、斜距等时，等待 PC-E500 的一个请求信号或全站仪上一个开始传输的操作指令，才能够将所测得的数据通过专用电缆传向 E500。有的全站仪的请求信号同时也可作为全站仪自动测量的驱动指令，如宾得Ⅲ05 的请求信号“a”，只要全站仪瞄准觇标棱镜，如 E500 程序发送请求信号可驱动全站仪自动测距。对于不同的全站仪有不同请示代码，这在全仪出厂时就已确定，要知道这些代码须查阅有关的技术资料或通过其它途径获得。

（3）应答信号

E500 发送请求信号到全站仪，全站仪开始传输数据。当 E500 已经接收到全部数据时，传输过程还没结束，全站仪并不知道数据是否已经准确无误地被 E500 接收，还必须由 E500 返回一信号到全站仪，这就是应答信号。当全站仪接收到应答信号时，方结束传输过程并恢复到传输前的状态，否则全站仪上会出现接口错误的信息，如徕卡 TC1610 出现 RS232Time out（RS 232 超时）错误报告，其原因是系统在接口处无应答信号的回应。应答信号同请求信号类型，都是随仪器出厂而定的。有的全站仪请求信号与应答信号相同，如拓普康 GTS301；有的只有请求信号而无须应答信号，如宾得Ⅲ05，当传输过程结束时，它会自动恢复到传输前的信号；有的全站仪只有应答信号而无需请求信号、如徕卡的 TC1610。

（4）观测值的提取

从全站仪传送到 E500 的数据是一长串字符串，这串字符除了含有观测值外，还包含其他的数据信息，如全站仪的型号、参数及观测值的形式信息等，要想获得真正的观测值，还必须对这串字符进行程序处理，提取所需的水平角、天顶角和斜距。E500 的固化 BASIC 语言提供了几个函数，RIGHT＄（），MID＄（），LEFT＄（）及 VAL（）可将字符串中的观测值提取出来转化成数值型观测值。

2．几种全站仪通讯实践

在各种全站仪使用过程中，笔者对拓普康、宾得、徕卡、索佳中国南方等系列型号的全站仪与 PC-E500 进行连接通讯，均实现了全站仪数据的自动化采集，在数据通讯实践过程中总结出了它们各自的通讯参数、请求信号、应答信号。这里分别列出（表 4-1）。

（1）观测值提取计算式

①拓普康 GTS-301（斜距测量模式下）

H＝VAL（MID＄（A＄，22，8））/100000

V＝VAL（MID＄（A＄，1，3，8））/100000

D＝VAL（MID＄（A＄，3，9））/10000

模式设置：SELECT1，01110000；SELECT2，00011010；SELECT3，00101011

表 4-1　PC-E500 与几种全站仪数据通讯的参数

全站仪	通讯参数	请求信号	应答信号
GTS-301	1200，E，7，1，A，L，&21，N，N	CHR ＄6＋“006”＋CHR ＄3	同前
PTS-Ⅲ05	1200，N，8，1	a	无
TC1610	2400，E，1，1，A，C，&H21，N，S)	无	无
SET2B	1200，N，8，1	CHR（17）	CHR（18）
NTS-200	1200，N，8，1	CHR（24）	无

②宾得 PTS-Ⅲ05

H＝VAL（MID＄（A＄，5，5））＋VAL（MID＄（A＄，11，2）/100＋VAL（MID（A＄，14，2）/10000

V＝VAL（MID（A＄，20，5）＋VAL（MID＄（A＄，26，2）/100＋VAL（MID＄（A＄，29，2））/10000

D＝VAL（MID＄（A＄，35，8））

（3）徕卡 TC1610

H＝VAL（MID＄（A＄，55，8））/10000

V＝VAL（MID＄（A＄，71，8））/10000

D＝VAL（MID＄（A＄，87，9））/10000

4. 索佳 SET2B

H＝VAL（RIGHT＄（A＄，8））/10000

V＝VAL（MID＄（A＄，8，8））/10000

D＝VAL（LEFT＄（A＄，8）/10000

其中，H 为水平角；V 为天顶角；D 为斜距；A＄为 E500 从全站仪接收到的字符串数据。

例如，GTS-301 在斜距测量模式下传到 E500 的一字符串数据为：

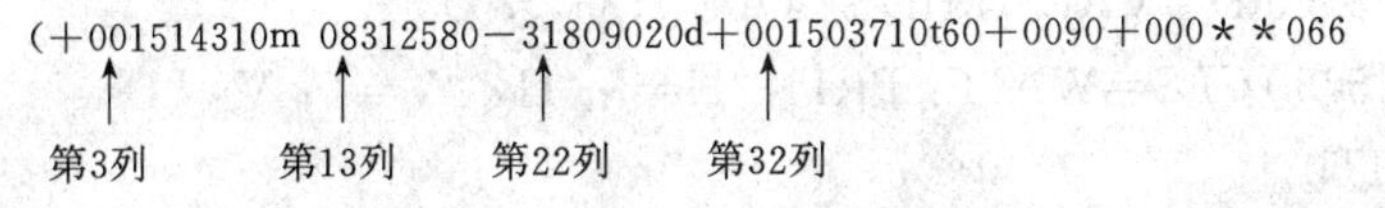

对于该字符串，经观测值提取计算可得到水平角 318°09′02.0″、天顶角 83°12′58.0″、斜距 151.4310m，当然也可以从其中提取平距 150.3710m。

(2) PC-E500 与几种全站仪的数据通讯子程序

(1) 拓普康 GTS-301 (斜距测量模式)

```
4000 REM GTS-301→PC-E500 DATA COMMUNICATION
4100 OPEN "1200, E, 7, 1, A, L & H21, N, N" AS#1
4200 RD$ =CHR$6+ "006" +CHR$3
4300 PRINT#11, RD$
4400 INPUT#1, A$
4500 H=VAL (MID$ (A$22, 8)) /100000: V=VAL (MID$ (A$, 13, 8)) /100000
4600 D=VAL (MID$ (A$, 3, 9)) /1000
4650 CLS: WAIT: PRINT "H="; H, "V="; V, "D="; D: WAIT0;
4700 CLOSE#1: RETURN
```

(2) 宾得 PTS-Ⅲ05

```
5000 REM PTS-Ⅲ05→PC-E500 DATA COMMUNICATION
5100 OPEN "1200, N, 8, 1" AS#2
5200 PRINT#2, "a"
5300 INPUT#2, A$
5400 CLOSE#2
5500 H=VAL(MID$(A$,5,5)+VAL(MID$(A$,11,2))/100+VAL(MID)(A$,14,2))/10000
5600 V=VAL(MID(A$,20,5))+VAL(MID$(A$,26,2))/100+VAL(MID$(A$,29,2))/10000
5700 D=VAL (MID$ (A$, 35, 8))
5750 CLS=WAIT: PRIT "H="; H, "V="; V, "D="; D: WAIT0
```

5800 RETURN

(3) 徕卡 TC1610

6000 REM TC1610→PC-E500 DATA COMMUNICATION

6050 INPUT＃3，A＄

6150 PRINT＃3，“?”

6200 H＝VAL (MID＄ (A＄，55，8)) /10000：V＝VAL (MID＄ (A＄，71，8)) /10000

6250 D=VAL (MID＄ (A＄，87，9)) /10000

6300 CLOSE＃3

6350 CLS：WAIT：PRINT “H＝”；H，“V＝”；V，“D=”；D：WAIT0

6400 RETURN

(4) 索佳 SET2B

7000 REM SET 2B→PCE-500 DATA COMMUNICATION

7100 OPEN “COM：1200，N，8，A” AS＃4

7200 PRINT＃4，CHR＄ (17)

7300 INPUT＃4，A＄

7400 PRINT＃4，CHR＄ (18)

7500 H=VAL (RIGHT＄ (A＄，8)) /10000：V=VAL (MID＄ (A＄，8，8)) /10000

7600 D=VAL (LEFT＄ (A＄，8)) /1000

7650 CLS：WAIT：PRINT “H＝”；H “V＝”；V，“D＝”；D：WAIT0

7700 CLOSE＃4：RETURN

有关南方测绘全站仪 NTS-20，请读者自己学习通讯编程。

四、精度分析

一般森林中定位应选用较低精度的全站仪，如测程为 1000m 左右（单镜），精度为±5″± [$5+5\times10^{-6}D$]，一次测量水平角中误差

为 $\sigma_{\beta}=\pm10''$，天顶距中误差为 $\sigma_{V}=\pm15''$，测距中误差 $\sigma_{si}=\pm$（5m $+5\times10^{-6}s_{i}$）$\sqrt{2}$。取全站仪三维导线为角边长 1km，总长 10km 的等边直伸形导线，可依误差传播定律求得附（闭）合路线中点（最弱点）的点位中误差为 $\sigma_{0}=\pm0.7$m，考虑到起始 A 点的点位误差 $\sigma_{A}=\pm0.7$m，故全站仪三维导线的点位中误差一般不低于±1m。

五、主要结论

①全站仪自动三维导线是 DGPS 三维实时定位的最有效补充手段，应注意推广。

②全站仪自动三维导线布设为长达 10km 的闭（附）合导线时，其中点（最弱点）的点位中误差仅为±1m，而且是自动观测，可与 DGPS 交换数据，实现森林资源调查与环境监测中对定位的要求。

③据我们在北京市十三陵林场 DGPS 实验，尚未发现有定位盲区，因此，未来资源调查与环境监测中 DGPS 为林区定位的主要、重要手段。

第五章　数字图像处理

第一节　概　论

源于20世纪60年代的Remote Sensing(遥感)一词的含义是遥远的感知。其特征是不直接接触被研究的目标,感测目标的特征信息(一般是电磁波的反射、辐射或者发射辐射),经过传输、处理,从中提取人们感兴趣的信息,这个过程叫做遥感。遥感技术则是实现这种过程所采取的各种技术手段的总称,广义的遥感还包括摄影、陆地、航空、航天摄影测量等技术。通常将遥感缩写为英文RS。

遥感技术依其遥感仪器所选用的波谱性质可分为:电磁波遥感技术,声学(如声纳)遥感技术,物理场(如重力场和磁力场)遥感技术。本章只讨论电磁波遥感技术。所谓电磁波遥感技术是利用各种物体(物质)反射或发射出不同特性的电磁波去进行遥感的。它又分为可见光、红外、微波等遥感技术。按照感测目标的能源作用可分为:主动式遥感技术和被动式遥感技术。所谓主动式遥感技术是采用人工辐射源向物体发射一定能量和一定波长的电磁波,接收其回波达到遥感的目的。所谓被动式遥感技术是直接接收目标物反射和发射的电磁波达到遥感的目的。按照记录信息的表现形式可分为:图像方式和非图像(数据或曲线)方式两大类。按照遥感器使用的运载工具可分为:航天遥感技术(空间),航空遥感技术,地面遥感技术。按照遥感的应用领域可分为:地球资源遥感技术,环境遥感技术,气象遥感技术,海洋遥感技术,等等。

近20年来,遥感技术获得了迅猛的发展,它作为一种空间探测技术,至今已经历了地面遥感、航空遥感和航天遥感三个阶段。广义

表 5-1 常用航天遥感信息源基本参数

	MSS	TM	SPOT/HRV	NOAA
平台高度(km)	915	705～914	822	833
波段数	4	7	3	5
波段范围(μm)	(1)0.5～0.6 (2)0.6～0.7 (3)0.7～0.8 (4)0.8～1.1	(1)0.45～0.53 (2)0.52～0.60 (3)0.63～0.69 (4)0.76～0.90 (5)1.55～1.75 (6)10.40～12.5 (7)2.08～2.35	(1)0.50～0.59 (2)0.61～0.68 (3)0.79～0.89 (4)全色 (5)0.51～0.73	(1)0.58～0.68 (2)0.725～1.1 (3)3.55～3.93 (4)10.3～11.3 (5)11.5～12.5
辐射灵敏度	(1)0.57%(NEΔP) (2)0.57%(NEΔP) (3)0.65%(NEΔP) (4)0.70%(NEΔP)	(1)0.8%(NEΔP) (2)0.5%(NEΔP) (3)0.5%(NEΔP) (4)0.5%(NEΔP) (5)1.0%(NEΔP) (6)0.5%(NEΔP) (7)2.4%(NEΔP)	(1)0.5% (2)0.5% (3)0.5%	
空间(地面)分辨率(m)	79×79(1～4)	30×30(1～5.7) 120×120(6)	20(1～3)×20及10×10(全色)	1.1×1.1km²
实际像元大小(m)(像元中心间距)	57×79	28.5×28.5(1～5.7) 120×120(6)	20(1～3)局部可供立体观察	
每景地面范围(km²)	185×185	185×185	60×60	约3000
每景数据量(兆)	28	231	27	
量化级(比特)	6	8		

注:(1)经地面站处理的MSS(CCT磁带)数据像元大小为57×79m²;(2)TM6波段的最小可分温差为0.5℃;(3)SPOT/HRV二台的扫描宽度为117km。二景中有30%的重叠。

国土资源卫星图像	返回式科学技术探测卫星图像	前苏联 KTAE—200	1∶13万彩红外航片
180		275	1.1
2		3	1
0.4～0.6 0.5～0.8	全色片	(1)0.51～0.6 (2)0.60～0.7 (3)0.70～0.9	0.69～0.80
约10～15×10～15	约25×25	约15～30×15～30	1.6×1.6 (以40线对/mm)
纵向重叠约24%，可局部立体观察	纵向重叠达80%，可供立体观察	重叠度达60%，可供立体观察	
约370×40km²	140×250	250×250	约894km²如扣除重叠面积，有效面积为400km²左右
负片	负片	负片或正片	负片或正片

地说，遥感技术是从 19 世纪初期(1839 年)出现摄影术开始的。19 世纪中叶(1858 年)，就有人使用气球从空中对地面进行摄影。1903 年飞机问世以后，便开始了现在可称作航空遥感的第一次试验，从空中对地面进行摄影，并将航空像片应用于地形测量和地图制图等方面。这种只局限于可见光范围(波长 0.4～0.76μm)的地面摄影和航空摄影，可以说揭开了当今遥感技术的序幕。

随着空间技术、无线电电子技术、光学技术和计算机技术的发展，20 世纪中期，遥感技术有了很大发展。遥感器从第一代的航空摄影机，第二代的多光谱摄影机、扫描仪，很快发展到第三代的固体扫描仪(CCD)；遥感器的运载工具，从飞机很快发展到卫星、宇宙飞船和航天飞机；遥感谱段从可见光发展到红外和微波；遥感信息的记录和传输从图像的直接传输发展到非图像的无线电传输；而图像像元也从地面 80m×80m，很快发展到 40m×40m，30m×30m，20m×20m，10m×10m，6m×6m，1m×1m。

在这期间，我国遥感技术的发展也十分迅速。我们不仅可以直接接收、处理和提供 Landsat 和 SPOT 卫星的遥感信息，而且具有航空航天遥感信息采集的能力，能够自行设计制造航空摄影机、全景摄影机、红外扫描仪、多光谱扫描仪、合成孔径侧视雷达等多种用途的航空航天遥感仪器和用于地物波谱测定的仪器。而且，进行过多次规模较大的航空遥感试验。如云南省腾冲县的综合试验，天津城市环境监测试验，长春地面光谱测试试验和典型图像分析试验，北京城市航空遥感综合调查，三北防护林资源调查与监测等。

目前，RS 研究常用 NOAA、MSS、TM、SPOT、国土资源卫星图像、返回式科学技术探测卫星图像、原苏联 KATE—200 卫星图像等航天遥感信息源，同时在部分地区也应用了 1∶1 万～1∶13 万不同比例尺的彩红外航空像片、各种比例尺的全色航空像片等。

表 5-1 对遥感信息源的波谱范围、分辨力、信息量等方面进行了比较。从比较中可以看出陆地卫星 TM 信息源在资源、环境动态、生态效益等的综合调查中，具有明显的技术与经济优势。表现在进行各种处理（数字、光学）潜力大，波段组合能力强，成图几何精度高，可满足 1∶5 万～1∶10 万～1∶20 万等比例尺专题制图的要求，分类精度高，地学综合信息丰富，价格适中。SPOT 卫星图像的空间分辨率高于 TM 图像，但其价格过高，不易推广使用。国土资源卫星影像中间部分空间分辨率高，地物类型间边界清晰，但几何精度低，影像质量不够稳定，降低了使用价值。原苏联 KATE—200 系列尽管分辨率也较高，图像较清晰，但由于是非数字图像，且不同波段间存在畸变较大，难于光学合成高质量图像，影响了其在大面积的资源环境调查中的应用。从目前较为商品化的航天遥感信息源来说，就性能价格比而言，以 TM 遥感信息源为优。

RS 系统通常由空间信息采集系统、地面接收和预处理系统、地面实况调查系统和信息分析系统构成。

RS 数字图像处理的过程就是几何、辐射校正、信息定量化、信息复合、图像增强、信息特征提取、图像分类等一系列图像处理和分析技术研究，为各类型区的遥感综合调查提供了大量的优质图像，并在定量化、智能化，以及和 RS、GIS 的集成等方面开展研究。

RS 图像的实质是一张电磁波辐射的能量平面分布图，可表示为：

$$G = f(x, y, z, \lambda, t) \tag{5-1}$$

式中：G——图像所表现出的灰度或彩色；

x, y, z——图像的空间位置；

λ——电磁波长；

t——获取图像的时间。

对于一个具体的图像来说（一次获取），总是在一定波长范围和同一时刻进行获取的，所以 λ 和 t 可视为常数。z 是隐含在 (x, y) 平面（二维）中的一种函数，即 $z = f(x, y)$。因此 (5-1) 式可以写成

$$G = f(x,y) \left| \begin{array}{l} 0 \leqslant x \leqslant x_m \\ 0 \leqslant y \leqslant y_m \end{array} \right. \tag{5-2}$$

图像中的任意影像(x_i, y_i)可以写成

$$g(x_i, y_i) = f(x_i, y_i) \tag{5-3}$$

一幅扫描图像是由时间 t 决定的诸多像元(探测器的瞬时视场)组成的。显然,每一个像元可用(5-3)式来描述。

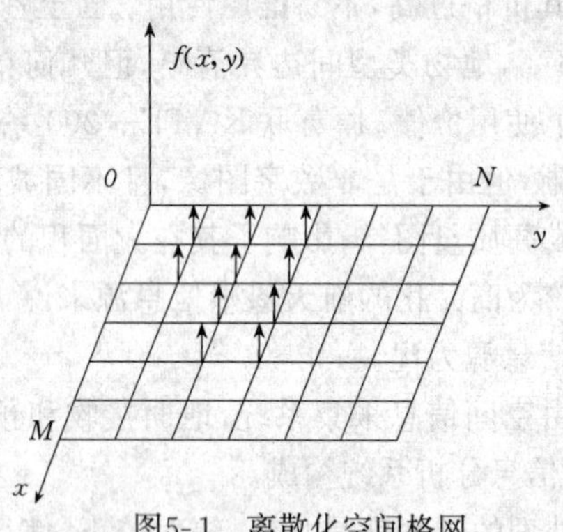

图5-1 离散化空间格网

(5-2)式说明,一幅可观察的图像是一个二维光强度的函数,它既反映了图像灰度的大小,也反映了图像灰度的分布。由于图像的灰度与景物的幅射能具有相关关系,所以 G 值必然为非负有界,即:

$$0 \leqslant f(x,y) \leqslant A \tag{5-4}$$

$[0,A]$称为灰度区间,通常将 $f(x,y)=0$ 定为黑色,$f(x,y)=A$ 定为白色,所有中间值都是由黑连续地变为白时的灰度等级。由此可见,所谓光学图像就是人眼可观察的图像,其基本特点是:它的灰度(或彩色)在像幅几何空间(二维)和图像灰度空间(第三维)上的分布都是连续的无间断的。

如果将一幅光学图像在像幅空间和灰度空间上离散化,即将其划分为 $M \times N$ 的空间格网,并将在每一格网上量测的平均灰度值数字化,如图 5-1 所示,则可得到一个由离散化的坐标和灰度值组成的 $M \times N$ 数字矩阵:

$$G=f(x,y)=\begin{bmatrix} f(0,0) & f(0,1) & \cdots & f(0,N-1) \\ f(1,0) & f(1,1) & \cdots & f(1,N-1) \\ \vdots & \vdots & & \vdots \\ f(M-1,0) & f(M-1,1) & \cdots & f(M-1,N-1) \end{bmatrix} \tag{5-5}$$

(5-5)式即为数字化图像，其中每一个格网称为一个像素(元)，它在$M\times N$数字矩阵中，用行、列号和灰度值表示。图像的数字化是在专门的数字化设备上进行的，例如CCD摄像机、光电扫描鼓等。基本过程是：第一，进行像幅空间坐标的数字化，即沿像幅x轴和y轴等距离的分割，并量测每一个空间格网上的平均灰度值，这一过程称为采样。第二，对量测的灰度值进行数字化，即将灰度值转换成二进制字码代表的某一灰度级。灰度级的级数i一般选用2的指数m，即：

$$i=2^m \quad (m=1,2,\cdots,8)$$

$m=1$，灰度只有黑白二级；$m=8$，则有256个从黑到白的级。

数字RS图像处理的一般过程为图5-2所示。

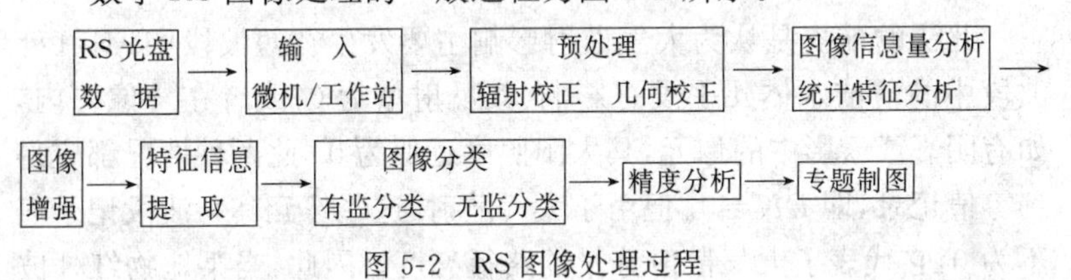

图5-2　RS图像处理过程

第二节　数字图像预处理

数字图像预处理包括了数字图像辐射校正和几何校正两大部分。

一、辐射校正

由于传感器本身的特性和大气、地形因子以及其它各种生态环境因子的影响，使传感器所接收的地物光谱反射信息，不能全部真实地反映不同地物的特征，形成了地物的“同物异谱”和“同谱异物”现象，影响了数字图像的识别精度，因此，进行辐射校正，改进图像质量，十分必要。

辐射校正主要包括四个方面，即传感器校正、大气辐射校正、地形辐射校正及地物反射模型校正。由于不是每种航天传感器都可获得校正参数，所以用户大多不易做传感器校准。而地面站提供的CCT磁带进行过辐射粗校正，消除了扫描时的主要辐射误差，但并非准确校正。在地形较为复杂的地区，地形模型也很难建立。而地物反射模型由于反射光谱仪不能与卫星扫描同步、同平台，因此直接应用于数字图像识别也存在一定的困难。因此本书仅涉及大气辐射校正，它对于改进光学合成图像的质量，特别是比值图像质量，具有实际意义。

大气辐射校正的方法有：①以红外波段最低值来校正可见光波段；②回归法；③相对散射模型法。

1. 以红外波段最低值校正可见光地径辐射法

此法的前提是认为大气散射影响主要发生在短波段中，对红外波段中的清洁水体几乎没有影响，其反射值为0；或者在一像幅内，如有阴影或云影中的像元，其太阳照度近似为0。此两种情况都应得到零值记录，即$DN=0$。但由于大气散射，这些像元其它波段记录值不为0，它代表了大气散射分量的路径亮度。因此，当某地物红外波段作为最低亮度为零或近似为零时，可将红外波段作为无散射影响的标准值与其它波段比较，其差值就是校正其它波段的散射辐射值。

2. 回归法

该法原理同上，方法是应用可见光与红外光波段相同像点亮度值组成二维散点图(图5-3、图5-4)。图5-3、图5-4系引用河北省平泉实验区所建的二维散点图。也可在最黑TM可见光波段及红外波段目标区内，分别在两个图像上量测一定数量的同名像元的亮度值，并将它们点绘在红外TM_7波段和所求另一波段组成的亮度值二维坐标系中，形成沿Y直线分布的点群。散点或点群可用回归方程描述为：

$$TM_i = a_i + b_i TM7 \qquad (5\text{-}6)$$

式中：a_i 是 TM 第 i 波段图像的散射辐射校正值，在二波段散点图上就是回归直线在 TM_i 轴上的截距，逐个像元减去该波段的辐射校正值，便消除了大气散射对图像的影响。

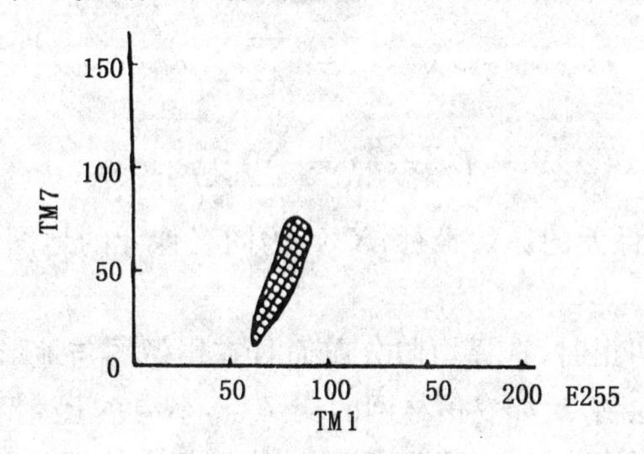

图 5-3　TM7 与 TM1 波段亮度值散点图

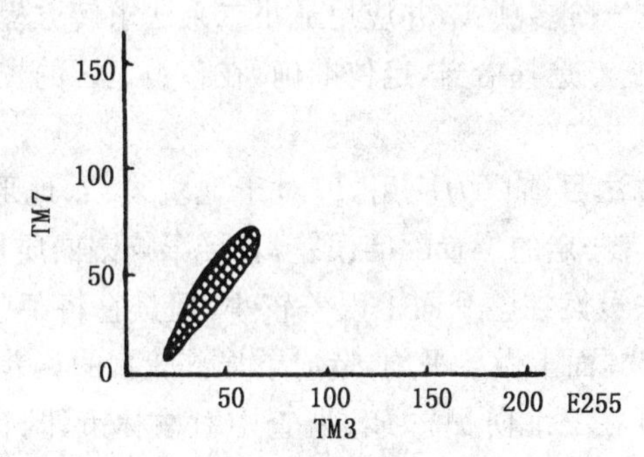

图 5-4　TM7 与 TM3 波段亮度散点图

二、数字图像的几何校正

在资源环境遥感综合调查中，为了提取更多的信息，需用不同平台和传感器、不同时相的遥感信息源复合，为了进行动态监测，需不同年份、不同平台和传感器的遥感信息源复合，在复合中必须具有极高的几何精度，而且为了保证制图和地类面积精度亦需要极高的几何精度。为此必须对MSS，TM，SPOT数字图像都进行了几何校正研究。

实验表明，在大多数情况下采用二元多项式的几何纠正法，就能保证精度。该法的表达式为：

$$X = L_1(x, y) = \sum_{i=0}^{n} \sum_{j=0}^{n-i} a_{ij} x_i y_j \tag{5-7}$$

$$Y = L_2(x, y) = \sum_{i=0}^{n} \sum_{j=0}^{n-i} b_{ij} x_i y_j \tag{5-8}$$

式中：x，y 为像元的原始坐标；X，Y 为同名像元的地图坐标，n 为多项式的阶。

用该法纠正时，选择均匀分布而且在影像图与地形图上都容易确定的同名地物点。如农田林网的交叉点，小沟系上道路桥的两端位置，小河流、渠的交叉点，道路交叉点，水库坝上的拐角点等等。多项式多用二阶或三阶多项式，并应用最小二乘法求解方程系数。一般情况下，只要控制点选择恰当，定位准确，在各类型区的校正中，误差多在1个像元以下。

上一种方法目前广为应用，但对于地貌复杂、地形起伏较大地区，这种方法有一定的位置配准误差，直接影响镶嵌质量。主要原因是最小二乘法虽然在整个面上误差较小，但是它将某些局部的误差和扭曲在整个幅面上做了平均，造成了局部较大的误差。北京林业大学游先祥教授在三北防护林RS调查中对榆林市，既有较平坦的沙地地段又有切割陡峭的黄土梁峁，采用基于局部的几何纠正，多选取控制点，利用局部几何纠正方法近似替代三维几何纠正，可以获得比过去的二维几何纠正高得多的精度。

中国科学院遥感卫星地面站王新民先生等通过实验提出，经过系统纠正后的TM图像产品的内部几何精度是相当高的，完全可以满足制作1∶5万或更大比例尺地图的精度要求。其线—线差值的均方值基本上在一个像元左右，与经过几何精纠正的TM图像产品的精度没有显著差别，但如若星历数据不准，则引起较大的大地坐标误差。不过由于在这种情况下，TM 图像主要是位移误差，因此可以通过 X，Y 方向平移来纠正。实践证明，系统纠正的产品，经数字图像处理后的扫描负片，再行放大时，只要借助控制点、线与地形图配准，所获得的影像图一般具有较好的几何精度。不过在条件具备，尤其是在地形复杂情况下，还应该进行精校正。

第三节　数字图像处理的研究

数字图像处理时，必须首先确定各波段信息量、信息分布特征、信息随地面植被覆盖及时间变化的规律性，这些定量化特征研究，为各种专题信息提取，提供了基础数据。

一、信息量分析

信息量分析是图像处理的基础工作之一。遥感图像信息量的大小和许多因子有关，如波段位置及范围、地物类别及所占份量，植被覆盖率、土壤、岩石类型、季节因素等。现以 TM 图像为主进行分析。

卫星图像各个波段信息量定义为：

$$H = -\sum_{i=0}^{255} P_i \log_2 P_i \tag{5-9}$$

式中：P_i 为第 i 灰阶出现的频率；H 为单波段影像的信息量。

为了全面分析遥感图像信息量的特点，选择了不同季节、不同林区和以农为主的少林丘陵区不同波段的 TM 图像进行了分析。其数据特征见表 5-2。

从表 5-2 中可以看出，信息量的大小与波段有关，尽管地区不同，森林覆盖的大小不同，一般红外波段（包括近、中、热红外）的信息量大于可见光波段的信息量，其中 TM5 信息量最大，TM2 信息量最小。随植被覆盖度大小不同，其信息量大小排列次序有一定变化，但总的趋势不变。从季节来看，夏季和冬季的总信息量几乎无差异，相应波段间变化也不显著，而不同森林覆盖度则有所不同，相应波段间变化也较大。

表 5-2 不同时机、不同森林覆盖度各波段信息量表

项目 \ 波段		TM1	TM2	TM3	TM4	TM5	TM6	TM7	∑
时机	夏季（山西关帝山）	4.474	4.069	4.384	5.888	6.283	5.519	5.2000	35.817
	冬季（山西关帝山）	4.396	3.968	4.704	5.091	6.382	5.559	5.485	35.636
不同森林覆盖度	少林（宁夏西吉）	5.514	5.112	5.774	5.500	6.408	—	6.021	34.329
	多林（宁夏六盘山）	4.667	4.501	4.634	6.349	6.406	—	5.210	31.77

二、统计特征值分析

统计特征值从不同角度反映了图像所包含的信息特点，在此所指的统计特征值主要有亮度级范围、均值、标准差，以及各波段间的相关矩阵等。通过图像信息统计特征值的分析，将为图像的各种处理提供基础数据。

如平泉实验区的 TM 数据作了辐射亮度值动态范围的统计分析，发现所有的 TM 波段信息数据都集中在一个较窄的范围。表 5-3 是 3 个不同时间的全部 TM 数据的动态范围与 95%像元的分布情况。

表 5-3 表明秋季和春季时相的动态范围比夏季的宽，影像之间亮度差异大，易于判读与识别。从表 5-3 还可以看出，尽管 TM 的辐射亮度等级已扩展为 256 个等级，而实际各波段的覆盖范围差异很大，大部分波段的 95%像元都集中在范围较窄的低亮值区域，以 TM2、TM3 波段尤为突出。相比之下近红外 TM4 波段和红外 TM5、TM7 波段的亮度值分布范围较大。说明这些波段的信息量多，可能

区分的地类多。以上分析还表明，用原始TM数据直接输出的影像偏暗，必须进行适当的灰度拉伸变换处理，才能收到好的合成效果。

表5-3　不同时间TM辐射亮度值的动态范围及分布

时间/波段	TM122—32上半景		TM122—31下半景		TM122—31局部窗口	
	1984年9月26日		1985年8月28日		1986年6月12日	
	全部像元动态范围	95%像元动态范畴	全部像元	95%像元	全部像元	95%像元
TM1	250(6～255)	31(0～255)	256(0～255)	26(58～83)	154(0～153)	46(34～79)
TM2	141(18～158)	24(23～46)	96(16～111)	20(23～42)	128(26～153)	46(34～79)
TM3	206(14～129)	44(21～64)	117(11～127)	33(20～52)	175(0～174)	63(30～92)
TM4	175(9～183)	54(34～87)	179(2～180)	60(47～106)	156(0～155)	57(56～109)
TM5	253(3～255)	101(35～135)	215(1～215)	64(43～106)		
TM6			125(40～164)	21(131～151)		
TM7	254(2～255)	58(13～70)	160(0～159)	35(15～49	128(0～127)	65(22～86)
平均(TM1～4,7)	209.2	42.2	161.6	34.8	148.2	54.8

图像波段间的相关为进行波段组合、比值变换等提供了基本数据(表5-4)。

表5-4　夏季/冬季TM各波段相关矩阵

波段	TM1	TM2	TM3	TM4	TM5	TM6	TM7
TM1	1.000/1.000	0.983/0.971	0.987/0.974	0.008/0.814	0.908/0.905	0.894/0.652	0.978/0.950
TM2		1.000/1.000	0.986/0.984	0.086/0.845	0.929/0.891	0.887/0.640	0.979/0.941
TM3			1.000/1.000	-0.024/0.841	0.896/0.917	0.888/0.943	0.982/0.958
TM4				1.000/1.000	0.300/0.838	-0.005/0.710	0.047/0.823
TM5					1.000/1.000	0.850/0.761	0.944/0.976
TM6						1.000/1.000	0.902/0.739
TM7							1.000/1.000

从表5-4数据可以看出，①TM1，TM2和TM3相关系数很高，在0.97～0.98之间，说明这3个波段信息有很大的重复。因此，在通常情况下，这3个波段不要同时应用于假彩色合成。同样，TM5和TM7相关性也较高。其它波段的相关性变动较大，取决于卫星过境

时间、地物类型和数量。②多林区及夏季的 TM4 波段与其它波段间相关系数都较小，表明该波段信息独立性大。但冬季的 TM4 与其它波段相关系数亦较大，这是因为冬季植被落叶，在近红外区反射降低之故；由于 TM4 波段信息量大，与其它波段相关系数小，即独立性大，又是植被反射的急剧变化的高峰区，所以 TM4 波段被认为是不可缺少的波段。③夏季的 TM6 波段与其它波段间相关性大(TM4 除外)，而冬季则较小，这是因为冬季时相的图像上，受植被覆盖、水分、海拔、坡向等因子的影响，温差变化较大，故与其它波段相关较低。

总之，TM4 是植被量测和生物量测必须使用的波段。TM6 虽有其特点，但因其空间分辨率低，故一般不应用。其余波段可分为二组。TM1、TM2、TM3 为一组，TM5、TM7 为另一组。若考虑用 TM 三个波段进行假彩色合成或分类，从这两组各选一个波段，再与 TM4 组合，一般可以得到较满意的假彩色合成图像和数字分类结果。

三、优化波段组合的研究

1. 绿色植物反射光谱特性

植物的反射波谱特性可以用植物的反射波谱曲线表示(图5-4)。曲线的波长范围为 0.4～2.6μm。整个曲线可粗略划分为 3 个波段区域：①可见光区，波长范围为 0.4～0.7μm，主要受植物色素(特别是叶绿素)的影响。在波长 0.45μm 和 0.675μm 附近是叶绿素的强烈吸收区，分别出现两个反射谷。在 0.55μm 处则出现一个反射峰。②近红外反射区，主要受叶片内部结构的影响，强烈反射近红外辐射。在 0.725～1.3μm 出现一个较高的坪状反射。③中红外反射区，波长范围 1.3～2.6μm，主要受叶片内部水分的控制。两个水分吸收带分别位于 1.45μm 和 1.95μm。因而，在中红外反射区分别出现 2 个反射谷和 2 个反射峰。正是由于植物叶片中的叶绿素，特殊的内部组织结构和水分，决定了植物的反射波谱特性，因而在遥感影像上能区别于土壤、水体等其它地物。

2. 植被的 TM 波谱特性

(1)可见光区

它包括了 TM1、TM2、TM3 波段，它们的波长范围分别为 0.45～0.52，0.52～0.60，0.63～0.69μm。TM2 获取植物在绿光区反射峰的信息。然而，反射峰值的大小，取决于叶绿素在蓝光和红光区吸收光能的强弱。因此，TM2 不能本质地反映决定可见光区植物反射波谱特性的叶绿素情况。TM1 和 TM3 获取蓝光区和红光区的信息。在这两个光谱区，植物叶片的叶绿素分别吸收蓝光和红光，进行光合作用。由于蓝光在大气中散射强烈，TM1 的亮度级数大幅度增高。应用之前必须进行大气校正。TM3 不仅反映了植物叶绿素的信息，而且在秋季植物变色期，还反映出叶红素、叶黄素等色素信息，在遥感信息上，能使不同类型的植被在色彩上出现差异，有利于植被类型的识别。

(2)近红外区

此区只有 TM4 一个通道。波长范围为 0.76～0.90μm，它获取植物强烈反射近红外的信息。在 TM4 单波段的影像上，植被极易与水体区分。在较好的波段组合中，此波段都不可缺少，一般配以红色。在遥感影像上，植被以红色出现，极易与其它地物区分。在 TM4 波段中，植物反射近红外的强弱与植物的生活力、叶面积指数和生物量等信息相关，而且 TM4 的光谱信息有较大的独立性。因此，TM4 是反映植被信息的重要波段。

(3)中红外区

它有 TM5 和 TM7 两个通道。波长范围分别为 1.55～1.75μm 和 2.08～2.35μm。它们是中红外区的两个反射峰(图 5-5)。这两个通道获取的信息，反映了植物叶片中的水分状况。在 TM 的 7 个波段中，TM5 提供的光谱信息最丰富。植被、水体、土壤 3 大类地物，在这个波段的反差都十分明显，极易识别。TM5 和 TM7 所包含的光谱信息有很大的相似性。

以上根据植物的反射波谱特性，分析了 TM 的 7 个波段中 6 个

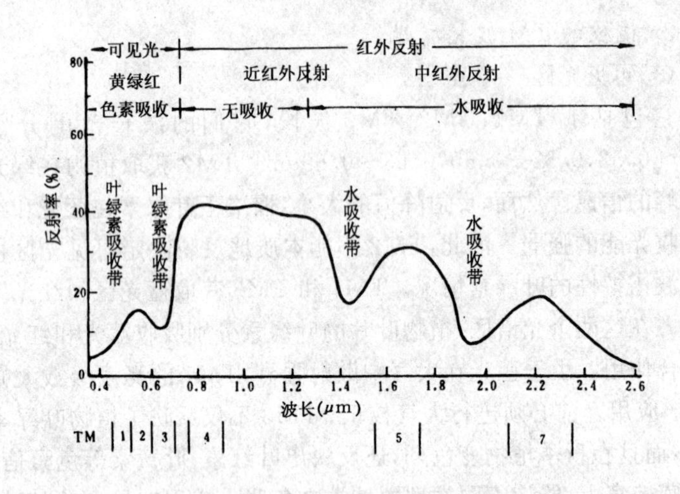

图 5-5 植物的反射波谱曲线

波段反映植被信息的特征和能力。只有 TM6 波段没有论述,它的波长范围为 10.45～12.45μm,属热红外波段,是用于植被及农作物水热分析和土壤水分状况分析的有用波段,但 TM6 空间分辨力低,在植被监测中应用很少,一般用于地质遥感。前面已提到,选取适用于植被遥感的 TM 波段组合,必须能反映可见光、近红外、中红外 3 个区域中植物的信息,特别是要能反映决定植物反射波谱特性的叶绿素、叶片内部结构和叶中水分状况的信息。

3. 根据植物波谱特性确定 TM 优化波段组合

在植被遥感应用中,不仅要求在遥感影像上能把植被与其它地物区分开,而且希望能区分各种植被类型。根据植被的 TM 波谱特性和表 5-4 中 TM 各波段相关性分析,可依据 TM 各波段数据相关系数高低将 TM 的 6 个波段(热红外波段 TM6 除外)分为 3 组:TM1、TM2、TM3 波段为一组;TM4 波段为一组;TM5、TM7 波段为一组。一般而言,从各组选一个波段进行彩色合成,可以得到比较满意的信息量丰富假彩色合成图像。

人们已长期习惯于根据 MSS 的标准假彩色像片进行自然景观的分析,按照这种习惯,在对 TM 图像进行彩色合成时,很自然的会选择在光谱性质上和 MSS 标准假彩色合成方案，即与 MSS7、MSS5、MSS4 波段最相近的 TM4、TM3、TM2 或 TM5、TM3、TM2 波段组合。但是根据上面的统计学分析，较好的假彩色合成方案是 TM4、TM5、TM3 和 TM4、TM5、TM1 波段的组合。这对于长期习惯于 MSS7、MSS5、MSS4 波段标准假彩色合成的人，可能需要有个观念上的转变。平泉县 TM4、TM3、TM2 及 TM4、TM5、TM3 波段的假彩色合成图像，两者在表现自然景观的空间特性上是同等准确的，但在表现自然景观的光谱差异上，TM4、TM5、TM3 图像却要高得多。首先，TM4、TM3、TM2 影像仅包含两个色系——红色与蓝色系，红色系反映的是植被，蓝色系反映的是裸地；而 TM4、TM5、TM3 影像则至少包含三个色系——红色、黄色与蓝色系，红色系与黄色系及其过渡色，影像色调丰富得多，不但反映植被状况，而且还反映了植被的水分差异。其次，在表现景物的精细程度上，由 TM4、TM5、TM3 波段合成的图像也要高得多，TM4、TM3、TM2 影像沿沟谷分布的农田，由单一的粉红色调表示；但 TM4、TM5、TM3 影像却由红、黄两个色系及其过渡色调表示，既能表现出作物在种类上的不同，又能表现出农作物含水状况与成熟程度的差异。特别是落叶松以浅黄色调与其它植被类型相区别，是标准假彩色方案所不能比拟的。

又如在黄土高原进行了 TM5、TM4、TM3 组合，含 3 个彼此独立性很高的波段，其图像类似于真彩色。梁峁沟谷等地貌类型界限清晰，水系呈黑绿色，淤地坝、小水库为黑色，表现得相当突出；林地为鲜绿色，槐树林深绿色；草地浅绿色，都表现得比较清楚。

TM4、TM5、TM7 组合也表现出比较好的结果。这个方案中包含了两个对地物水分敏感的波段。在黄土高原地区，梁、峁、坡地土壤水分低，相当干燥，而植被水分含量较高，因此，在这一方案组合的图像上，呈现红色的植被显得比较突出，同时，由于不同植被水分含量差异较大，因此，可以区分出深橘红色的槐树林，黄红色的杂木林，浅红色的草地；沟谷水流为蓝色线条；小水库为深蓝色，地物表现得比较突出。与 TM4、TM3、TM2 组合得到的图像比较，可以从大面红色植被中，区分出哪里是林地，哪里是草地。

在 TM 图像假彩色合成处理中，除了考虑到 TM 各波段数据的相关性外，还应考虑 TM 图像不同时相和季相对各种地物的判读效果来选择最优的合成波段。根据平泉实验区 3 个时相的光谱特性，不同季节的 TM 图像对区分森林（油松、刺槐）、耕地、草地、城镇用地的判读效果是不相同的。春季 TM3、TM7 波段的影像较好，而 TM4 波段图像上的耕地与刺槐混淆较严重；夏季的 TM4 波段却优于 TM3 波段和 TM7 波段，在 TM3 波段图像中的城镇与刺槐，TM7 波段图像中的城镇与耕地的辐射亮度值比较接近，仅依据光谱特性难于分开；秋季的 TM7 波段和 TM5 波段是识别这五类地物的最有效波段，TM3 波段图像中的耕地与城镇容易混淆，而刺槐与油松的亮度值差别也不大，TM4 波段的油松与城镇亮度值也比较接近，难于区分。从上述分析中可以看到，对合成波段的选择还应考虑到 TM 图像的季相影响。对实验区的 TM 图像而言，春季以 TM3，TM7 波段区分上述几种主要地物的效果比较好，夏季以 TM4 波段，秋季以 TM5、TM7 波段判读识别比较有效。因此，在进行假彩色合成时，要充分利用这些波段的潜在信息，以获得易于判读的高质量 TM 合成图像。这不仅对目视判读有意义，对以光谱特征和地物影像亮度值为主要依据的计算机分类处理，同样有着十分重要的意义。

4. 确定优化波段组合的数量化方法研究

波段优化组合数量化分析的实质，是分析组合波段信息量和波段间的亲密度，也就是说，需选择组合波段中既具有最大信息量，波段间亲密度又小（常以波段间相关系数度量）的波段进行组合。常用计算最优化波段组合的公式有：

①以信息量和相关系数比值计算

$$OIF = \sum_{i=1}^{3} H_i / \sum_{i=1}^{3} |R_{ij}| \tag{5-10}$$

式中：OIF 为最优化量值，其值越大越好；$\sum_{i=1}^{3} H_i$ 为组合波段信息量之和；$\sum_{i=1}^{3} |R_{ij}|$ 为组合波段间的相关系数绝对值之和。

(5-10)式表明，组合波段信息量越大，波段间相关系数越小，其商值越大，效果愈好。

②以组合波段间方差和与波差间相关系数绝对值之和的比值作为衡量标准，即：

$$OIF = \sum_{i=1}^{3} S_i / \sum_{i=1}^{3} |R_{ij}| \tag{5-11}$$

该公式是以波段中类型间的离散程度和信息量之间的亲密度来进行衡量，从公式的定义看出，方差或标准差与信息量存在紧密的内在联系。

③以椭球体积计算最佳波段组合　椭球体体积法是由方差—协方差矩阵所构成的椭球体，这个椭球体的三个主轴的平方和就是所选三个波段总方差大小，而波段间的相关系数为椭球体的形状，其计算公式为：

$$\text{椭球体积} = \frac{4}{3}\pi abc \tag{5-12}$$

式中：a,b,c 为选择的三个波段 3×3 方差—协方差矩阵的特征值平方根之和乘上一常数，实际上就是求出 3×3 子矩阵的行列式，按其值大小排列，即可获得最佳波段组合。按以上三种计算方法，所排列的最优组合，每组以最前 13 种组合列表 5-5。

从以上计算可以看出，最优化组合基本为 TM3、TM4、TM5、TM1、TM4、TM5 或 TM3、TM4、TM7。至于 TM4、TM5、TM7 尽管从信息量和相关系数两方面分析是最优方案之一，但其中缺乏可见光波段，因此对某些地类分类不利，故常不被采用。

表 5-5 3 种最优组合计算方法的排序

组合	$\sum_{i=1}^{3} H_i / \sum_{i=1}^{3} \lvert R_{ij} \rvert$				$\sum_{i=1}^{3} H_i / \sum_{i=1}^{3} \lvert R_{ij} \rvert$				椭球体体积	
	时相		不同植被覆盖		时相		不同植被覆盖		夏季	冬季
	夏	冬	少林	多林	夏	冬	少林	多林	（林区）	（林区）
1	3,4,7	4,5,7	3,4,7	1,4,5	3,4,7	4,5,7	3,4,7	1,4,5	1,4,5	1,4,5
2	1,4,7	3,4,5	3,4,5	2,3,4	3,4,5	3,4,5	4,5,7	2,3,4	3,4,5	3,4,5
3	3,4,5	1,4,5	4,5,7	1,2,4	4,5,7	1,5,7	3,4,5	3,4,7	4,5,7	1,4,7
4	1,4,5	2,4,5	1,4,5	1,3,4	1,4,7	1,4,5	1,5,7	1,3,4	4,5,6	2,4,5
5	1,3,4	3,4,7	1,3,4	3,4,7	1,4,5	2,5,7	1,4,5	1,4,7	1,5,7	4,5,6
6	2,3,4	1,4,7	2,4,5	1,4,7	1,3,4	2,4,5	2,5,7	1,2,4	1,4,7	3,4,7
7	2,4,7	1,5,7	2,3,4	3,4,5	2,4,7	1,3,5	1,3,5	3,4,5	1,5,6	1,5,7
8	1,2,4	2,5,7	1,4,7	4,5,7	2,4,5	2,3,5	2,4,5	4,5,7	3,5,7	2,4,7
9	4,5,7	2,4,7	1,2,4	2,4,5	2,3,4	1,2,5	2,3,5	2,4,5	3,5,6	1,3,4
10	2,4,5	1,3,5	1,5,7	2,4,7	1,2,4	3,4,7	1,4,7	2,4,7	3,4,7	1,4,6
11	1,5,7	2,3,5	1,3,5	1,2,5	1,5,7	2,4,7	1,2,5	1,5,7	1,3,5	4,6,7
12	2,5,7	1,3,4	2,4,7	1,5,7	1,3,5	1,4,7	1,3,4	1,2,5	4,6,7	3,4,6
13	1,3,5	1,2,5	2,5,7	1,3,5	2,3,5	1,3,7	1,3,7	1,3,5	2,5,7	1,3,5

其它还有熵值最大法（$OIF = \sum_{i=1}^{3} \lambda_i$，其中 λ_i 为子协方差矩阵）、离散度最大准则法，这些方法实际都基本近似，所以其结果也基本相同。

研究表明，在 TM 的 7 个波段中，具有最大亮度、绿度、湿度三个基本信息量的波段最优，通常将 $TM1$ 或 $TM3$ 认为是反映亮度指标。$TM4$ 反映植被最佳，故用其近似地反映绿度指标，因 $TM5$、$TM7$ 有水的吸收带，对水分条件反映敏感，故常采用其反映湿度指标，但当湿度偏大，则效果不佳，当湿度中等或偏低时，其效果则好。各类型区的计算大体得出了相同的结果，并采用了所计算的最优波段合成图像。

第四节 专题信息特征提取技术

不同目的的环境或资源调查，所需提取的专题信息亦不同，而提取方法的选择，又与数字图像扫描时的大气、季相、地物类型的波谱特征等因素有关。三北防护林遥感综合调查中，大量的实验表明，在众多的专题信息提取方法中，在三北地区应用线性变换、比值变换、缨帽变换和主成分变换等专题信息提取技术，提取植被信息、区分不同土地利用类型可以获得较好的结果。

一、缨帽变换(*Tasseled Cap*)

缨帽变换是一种特殊的线性变换方法，它也是通过多维旋转产生新的主分量，即缩维作用，与主成分变换不同之处是经变换后尚留有残余的相关，并将光谱特征与自然景观属性联系起来。

通过缨帽变换可获得 6 项特征，其中前三项具有较明确的物理—景观含义，第一特征为亮度，反映了总体反射率的综合效果，并仅与影响总体反射率的物理过程有关。第二特征是绿度，它是可见光波段植物光合作用吸收与近红外植物强反射的综合响应，它与地面植被覆盖、叶面积指数及生物量有很大关系。第三特征是湿度，它是可见光、近红外波段反射能量的总和与两个中红外波段反射能量的差值，它反映了地面水分条件，特别是土壤的湿度状态。

各波段的相关性，使得没有一种地物特性在特征空间中是沿某一个波段的坐标充分延伸的，因此不能在由原始波段为坐标轴形成的空间内，正面观察某种地物特征的全貌。而转动坐标轴，便能在一个平面上展示一种特征地物的全貌，而且还可以对另一种地物特征寻找另一个观察角，以观其细部结构。线性变换，并不改变数据结构本身，即不改变地物的相对位置或距离，因此数据结构在变换前后无所变化，只改变了观察面或观测角。

为了观察 3 大地类：土壤、植被及水，当然需要 3 个观察面，即 3 个新变量。但是由于各传感器，如 *MSS*，*TM*，*AVHRR*，*CZCS* 等的波段设置各异，变换方式是不同的。但对同一类传感器，如 *TM* 只要变换矩阵是由广泛的有代表性的广大地类导出的，便具有较大的应用范围。

表 5-6 TM 影像缨帽变换参数矩阵

特征 \ TM 波段	1	2	3	4	5	7
亮度	0.3037	0.2793	0.4743	0.5585	0.5082	0.1863
绿度	−0.2848	−0.2435	−0.5436	0.7243	0.0840	−0.1800
湿度	0.1509	0.1973	0.3279	0.3406	−0.7112	−0.4572
第四	−0.8242	0.0849	0.4392	−0.0580	0.2012	−0.2768
第五	−0.3280	0.0549	0.1075	0.1855	−0.4357	0.8085
第六	0.1084	−0.9022	0.4120	0.0573	−0.0251	0.0238

对于康保幅，曾先求出主成分变换矩阵，之后对主成分变换矩阵做 18 种转动，其最佳的结果影像与应用表 5-6 的变换矩阵得出的结果无大差别。这一方面说明康保幅地类比较全面，另一方面也表明表 5-6 的变换具有普遍适用性。

从康保幅取 3400 行×2900 列的窗口，经过大气散射度减值后，做缨帽变换，放大成 1∶10 万的图像。图像质量显示出极清晰的防护林带及各种林地细微分布，也为各类地物判读提供了极其丰富的信息。这表明该套方法对分析三北防护林区的 TM 影像是切实可行的。

表 5-7 反映了多林区及少林区经缨帽变换后的标准变化和信息量在新分量上集中的情况(以累计贡献率反映)。

表 5-7 多林区 TM 数据缨帽变换的结果

波段序号	TM1	TM2	TM3	TM4	TM5	TM7
变换前标准差	9.178	6.739	11.249	18.120	21.305	14.906
特征图像	亮度	绿度	湿度	第四特征	第五特征	第六特征
变换后标准差	25.623	18.810	14.903	2.971	2.896	3.525
方差百分数(%)	52.0	28.0	17.6	0.7	0.7	1.0
累计贡献率(%)	52.0	80.0	97.6	98.3	99.0	100.0

从表中可以看出，植被覆盖率的林区亮度信息量低于覆盖率小

的少林区(52.0%,74.7%)。因此少林区的西吉图像上反映土壤特性的裸露地、坡耕地、川耕地容易判读,而在多林区的六盘山地区则耕地不易判读,但在多林区其绿度和湿度信息量大,因此在反映亮度、绿度、湿度 3 种信息量的前面 3 个组分量多林区为 97.6%,少林区为 97.4%。说明多林区与少林区在前 3 个组分量基本相同。

通过主成分变换和缨帽变换对比分析可以看出,二者基本作用相同,而主成分变换压维能力略强于缨帽变换。主成分变换在反映土壤特征上能力略高于缨帽变换,但缨帽变换在反映绿度即植被信息和土壤水分信息能力略高于主成分变换(表 5-8)。

表 5-8　多林区 TM 数据 KL 及缨幅变换的特征图像比较

波段序号	TM1	TM2	TM3	TM4	TM5	TM7
变换前标准差	9.178	6.739	11.249	18.120	21.305	14.906
KL 变换后各组分特征图像的标准差及累计贡献率(%)	29.306	19.251	3.899	3.314	1.747	1.405
	68.1	97.5	98.7	99.6	99.8	100.0
Tasseled Cap 变换后各组分特征图像的标准差及累计贡献率(%)	25.623	18.810	14.903	2.971	2.896	3.525
	52.0	80.0	97.6	98.3	99.0	100.0

二、主成分变换

主成分变换是一种多维正交线性变换。通过变换,使多维图像中的大部分信息,在缩维中得以保存,并消除了维间相关,故多波段图像处理中常用此法。

主成分变换的效率,取决于遥感图像各波段之间的相关程度,波段数据之间相关程度越高,则主成分分析的效率就越高。平泉县 TM 数据中 TM2 与 TM3、TM5 与 TM7 数据的相关系数都很高,因此对有 7 个波段的 TM 数据进行主成分变换具有重要意义。表 5-9 是根据 TM 数据的相关矩阵 R 计算的特征值和特征向量。

表 5-9 实验区大庆水库的图像(1985 年 8 月 28 日)主成分处理结果

波段	TM1	TM2	TM3	TM4	TM5	TM6	TM7
均值	66.5944	30.3753	30.4576	74.3643	72.8844	135.050	27.067
方差	31.0879	18.4476	62.5797	255.258	230.855	50.750	72.0616
相关矩阵 TM1	1.0000	0.7858	0.7717	−0.0678	0.5935	−0.1335	0.7903
TM2		1.000	0.9552	0.0469	0.7179	0.0597	0.8453
TM3			1.0000	−0.1269	0.6592	0.1786	0.8473
TM4				1.000	0.4582	−0.2348	0.0646
TM5					1.000	0.0817	0.8802
TM6						1.000	0.2347
TM7							1.0000
波段	TM1	TM2	TM3	TM4	TM5	TM6	TM7
特征值 λ_i	4.1678	1.3720	0.9916	0.2636	0.1630	0.0270	0.0150
累计贡献率(%)	59.54	79.14	93.31	97.07	99.40	99.79	1.0000
第一主分量	0.4184	0.4635	0.4562	0.0452	0.4174	0.0591	0.4714
第二主分量	−0.0181	0.0314	−0.1925	0.7652	0.3009	−0.5330	−0.0397
第三主分量	−0.3833	−0.1013	−0.0888	0.3868	0.2940	0.7624	0.1327
第四主分量	0.4566	−0.5537	−0.4780	−0.2013	0.2786	0.0304	0.3705
第五主分量	0.6470	0.0552	−0.0581	0.4177	−0.4828	0.3398	−0.2277
第六主分量	−0.1066	0.6307	0.6805	−0.0604	−0.1831	−0.0002	0.3009
第七主分量	−0.1978	−0.2577	0.2280	0.2104	−0.5518	−0.1215	0.6921

主成分变换只是改变原始波段数据的方差分布,并不改变方差总和的数值大小。变换空间数据的方差总和为:

$$\sum \lambda_i = 7$$

从表 5-9 中可以看出,前两个主分量的方差之和为 5.5398,约占总方差的 79%,前 3 个主分量的方差总和为 6.5315,累计方差贡献率为总方差的 93%,这表明 TM 原 7 个波段数据的大多数信息都集中前几个主分量上。因此,就遥感图像假彩色合成处理并用于遥感影像判读与分类而言,取前 3 个主成分组成的特征空间,即可以代表原始 TM 七个波段光谱空间的绝大多数信息。

主成分变换除压缩数据量外,另一个重要用途是特征信息的提取。由于 TM7 个波段的数据中都包含了一些共有的信息,如地形、坡度、坡向信息,这些信息使 TM 各波段特有的信息受到不同程度的压抑和干扰,由于各主分量信息互不相关,从而消除了信息之间的相互影响,简化了信息相互重叠起的错综复杂的关系,使地物本身的特征信息及内在联系和区别,在新的数据集上进行重新分配,使相同类型地物信息,相对地集中在不同的主分量上。尽管大多数信息都集中在前几个主分量上,但对某一类地物信息而言,其分布就不一定集中在前几个分量上,因此仅以方差贡献率大小来决定特征因子的取舍,对某一专题研究来说,将会引起有用的信息丢失,而必须根据专题研究的要求,选用专题信息内容集中的几个主分量进行合成和分类处理。

以宁夏西吉少林地区和六盘山多林地区为例,进行了主成分变换。通过变换后的特征值表明,多林区在第一主分量中,有原多维信息的 68.1%,第二分量已达 95.8%,第三主分量达 99.4%。这些说明了经缩维后,原信息量得到了很好地保留,并集中在前三维上。

表 5-10 表明,经变换后的前三个主分量的标准差最大,而标准差的大小实际上反映了信息量的大小。通过比值变换后的图像再经主分量变换,则具有更好的效果。

表 5-10　多林区不同图像子集的 KL 变换的标准比较

波段序号	TM1	TM2	TM3	TM4	TM5	TM6	
变换前标准差	9.178	6.739	11.249	18.120	21.305	14.906	
KL 变换各组分的标准差	29.306	19.251	3.899	3.314	1.747	1.405	
比值图像子集	$\frac{3\times4}{2}$	$\frac{4\times5}{3}$	$\frac{5\times7}{3}$	4/3	5/4	7/2	$\frac{5-3}{5+4+3}$
变换前标准差	48.137	57.216	45.695	59.955	57.334	50.803	59.582
变换后各组分的标准差	107.159	94.142	29.651	15.379	8.784	6.117	4.143

第五节 遥感图像的光学增强

一、图像增强的意义

图像的灰度(密度)是一个非常重要的参数。灰度的大小,反映了地物反射辐射电磁波强度的大小,它在胶片上的空间分布,反映了各种地物的几何特性,如形状、大小、结构及其相互之间的位置关系;而它在胶片上的时间变化则反映了不同地物图像的时间特性。遥感图像目视判读和计算机分类的基本依据就是图像的灰度。

在探测地物反射辐射的理想情况下(即图像的反差等于景物的反差),图像的灰度与地物反射率的关系是:

$$\Delta g_{\lambda(a-b)} = \lg\rho_{\lambda(a)} - \lg\rho_{\lambda(b)} \tag{5-13}$$

式中:$\Delta g_{\lambda(a-b)}$——a 和 b 地物在波长 λ 处图像灰度差;

$\rho_{\lambda(a)}$——a 地物在 λ 波长处的反射率;

$\rho_{\lambda(b)}$——b 地物在 λ 波长处的反射率。

由(5-13)式可见,二种地物图像的灰度差与地物反射率的对数差成线性相关的关系。Δg 称图像灰度分辨率,即当 Δg 大于某一阈值时则相邻的两个地物便可分辨,否则就不能区分。

遥感图像增强的实质就是把图像灰度的微小差异,人为地予以扩大(或者赋予不同的色彩),目的在于提高人们对图像的分析判读能力。由于对其增强效果缺乏一个统一的评价标准,因此,须结合具体增强要求,选择图像增强的方法,并通过反复试验、调整和观察,达到其满意的增强效果。

二、相关掩模技术

在遥感技术中,将不同时间、不同波段、不同遥感器或遥感器在不同位置上获取的同一地区的景物的图像,称为相关图像。用相关图像的胶片拷贝出来的模片或从同一张胶片图像拷贝出来的不同特性

(如反差不同)的模片叫相关模片。所谓相关掩模增强就是利用相关模片,经过不同组合、搭配和相互叠掩的方法,获得满足分析判读所需要的增强图像。

三、光学增强的方法

1. 反差调整

反差分为景物反差(μ)和图像反差(Δg)。景物反差是表示被摄景物中的最大亮度和最小亮度之比值(或者说是景物的相对亮度范围),即:

$$u = \frac{B_{max}}{B_{min}}$$

或

$$u' = \lg B_{max} - \lg B_{min} = \lg H_{max} - \lg H_{min}$$

图像反差(Δg)是表示图像最大密度与最小密度之差,即 $\Delta g = g_{max} - g_{min}$。

我们知道,一张优良的像片,图像的反差应与景物的反差相一致。但实际上存在着一定的误差,景物反差与图像反差间的关系,可用反差系数 γ 表示。由图 5-6 可知:

$$\gamma = \mathrm{tg}\alpha = \frac{\Delta g}{\Delta \lg H} \tag{5-14}$$

当 $\gamma = 1$ 时,即 $\Delta g = \Delta \lg H$,说明正确地恢复了被摄景物的反差;

当 $\gamma < 1$ 时,即 $\Delta g < \Delta \lg H$,说明压缩了被摄景物的反差;

当 $\gamma > 1$ 时,即 $\Delta g > \Delta \lg H$,说明扩大了被摄景物的反差。

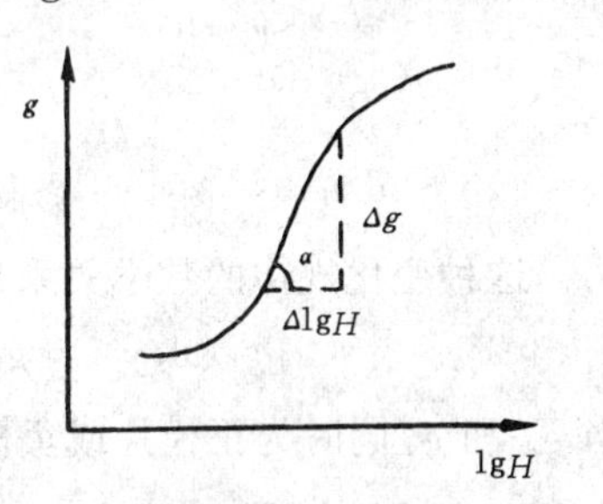

图 5-6 景物反差与图像反差间关系图

同理,经拷贝的相关模片,其反差系数与母片反差系数间的关系也是如此。如果模片的反差系数为γ,而母片的反差系数为γ_0,则当$\gamma=\gamma_0$时称等γ模片;当$\gamma=\frac{1}{2}\gamma_0$时称半$\gamma$模片;当$\gamma=c\gamma_0$时称变$\gamma$模片,$c$为可变系数,一般取值为$0<c<3$。

反差调整,就是利用相关模片(不同的γ,g)按照一定的叠掩规律实现的。假定任意两个模片的密度分布函数为$g_m(x,y)$和$g_n(x,y)$,当它们彼此叠掩时,其合成模片影像密度$g_0(x,y)$和反差Δg_0的变化规律如图5-7所示。

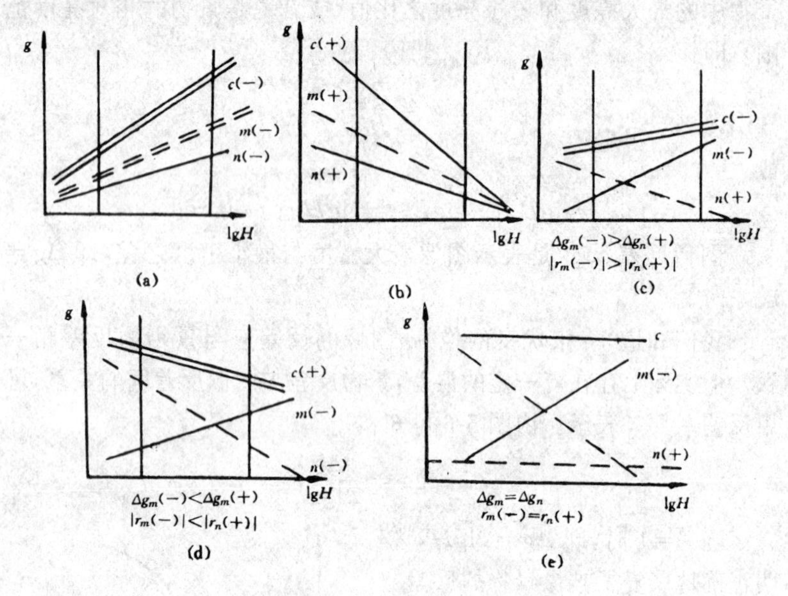

图5-7 影像密度与反差关系图

这种变化规律的数学关系是:

$$g_0(x,y)=g_m(x,y)+g_n(x,y) \tag{5-15}$$

当g_m和g_n同时为正模片或负模片时,则:

$$\Delta g_0=\Delta g_m+\Delta g_n$$

其合成模片密度的变化趋势和符号与所用的两张模片相同,即反差加大。

当 g_m 和 g_n 分别为正模片和负模片时，则：

$$\Delta g_0 = |\Delta g_m - \Delta g_n|$$

其合成模片密度的变化趋势和符号，与反差大的模片一致，即反差下降。

2. 假彩色合成

人的眼睛对黑白图像最多能分辨 20 个灰度级，而对彩色图像却能分辨出 200 种色彩。这是因为人眼对色光的变化较为敏感，即波长 λ 在 420～620μm 之间有微小变化，人眼就能感觉出色别的变化来，λ 在此范围以外，则不敏感。因此，彩色合成能有效地补偿目视判读的不足。

彩色合成是用同一景物不同波段的图像，分别拷贝成正模片或负模片，然后对不同波段图像的模片配以不同的滤光片或染上不同颜色(滤光片一般用红、绿、蓝三原色。染色时，一般染上黄、品红、青三种补色)，合成彩色图像。

这里所讲的彩色图像，应更广义地去理解，其合成后的彩色图像，不一定与人眼观察景物的颜色完全一致。一般用红、绿、蓝三原色滤光片摄取的三个波段的图像，同样用相应的红、绿、蓝三原色滤光片进行彩色合成后，其彩色图像的颜色基本上为自然色调，称为真彩色合成。但在遥感技术中，往往采用的是多光谱摄影，各个光谱段不一定与三原色的光谱色彩相近或相应，很多情况下，有近红外波段。近红外波段的光人眼无法感受，当用近红外波段参与合成时，必须要赋给近红外图像一种可见的色调，这时得到的彩色图像与人眼观察的颜色差别很大，一般称它为假彩色图像。因此，这种合成称为假彩色合成。图 5-8(a)、(b)分别为真彩色和假彩色图像的合成原理。

假彩色合成通常是用假彩色合成仪实现的。

通常可以分别在三个投影器中装入三个波段的透明正片，如在 Landsat 卫星多光谱扫描仪的比例尺为 1∶3 369 000 的 MSS7，MSS5，MSS4 三个波段的正模片上，MSS7 配以红色滤光片，MSS5 配以绿色滤光片，MSS4 配以蓝色滤光片。当三个波段的模片图像配

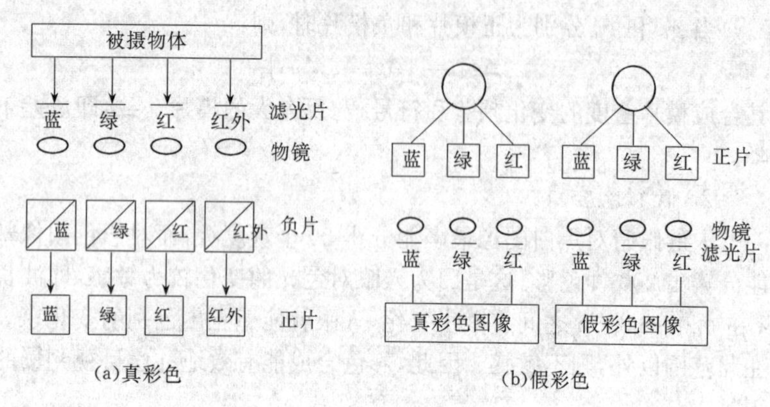

图5-8 彩色合成原理

准,且光强适宜,则在投影屏幕的毛玻璃板上,可以观察到一张假彩色合成图像。若要直接在投影屏幕上印刷假彩色像片,则毛玻璃屏幕必须换成透明玻璃,各个波段应换成负模片。

假彩色合成有时还用染印法。染印法假彩色合成,是按减色合成原理,将三个波段的图像分别晒印到三张浮雕片上,然后分别染成三种补色套印在接收纸上得到假彩色图像。

浮雕片是特制的摄影胶片,经曝光和摄影处理后,形成凸凹不平的图像,凸凹程度与底片的密度相对应。凸出的图像能吸附有机染料分子,凸出的图像愈多,吸收的染料也愈多,印出的颜色也愈深,套印后得到与图像密度相一致的假彩色像片。

密度分割是假彩色合成的另一种方法,它是利用光电密度分割仪来实现的。所谓密度分割,就是把图像的连续变化的密度离散化,并按一定的密度值分割为若干等级(例如 8 级,12 级,……,64 级),而不改变图像的特征。如果给每一级赋予不同的颜色,形成假彩色图像,就称之为假彩色密度分割,从而把微小密度的图像突现出来。

显然,密度分割的等级越多,图像的分辨率就越高,地物的分类也就越细。密度分级可根据需要选用线性的或对数的,以突出研究对象为目的。这种仪器的原理是:用光导摄像管对黑白胶片进行扫描,逐点读取像点密度值同时转换成模拟电压值,然后把电压值等值分割成12级,以12种颜色显示在彩色电视监视器上,或者在彩色相纸上曝光,得到彩色像片。

该方法的优点是:①能在指示线范围内,求出一级密度的范围,或多级密度中每一级所占指示线范围内面积的百分比;②能及时分析处理;③能突出图像轮廓;④处理速度快,作一幅假彩色图像只需20秒钟。

第六节　遥感图像的数字增强

一、数字增强的基本原理

遥感图像数字增强的方法有多种,其中根据图像数据的特征参数,在原图像上直接施行某种数字变换的理论主要有点运算和局部运算两种,如图5-9、图5-10所示,为两种典型的数字图像处理方法。

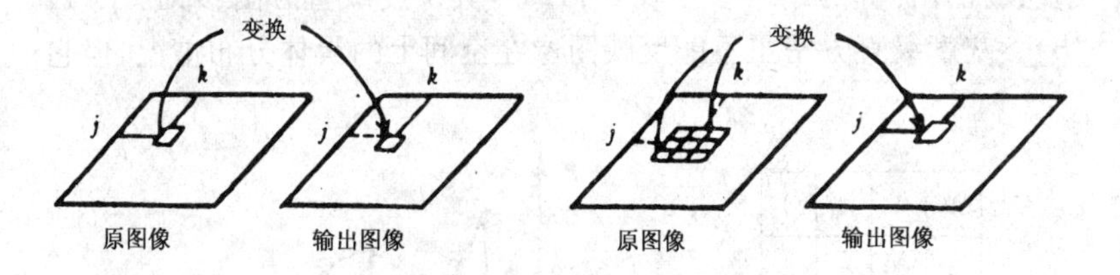

图5-9　点处理——单个像元变换　　　　图5-10　邻域变换

点运算式为:

$$g(x,y)=I[g(x,y)] \tag{5-16}$$

$I[g(x,y)]$为与(x,y)位置变量无关的线性或非线性变换。

局部运算式为

$$g'(x,y)=g(x,y)*h(x,y) \tag{5-17}$$

$h(x,y)$为某种增强处理算子,符号$*$为卷积运算。

由图5-10、图5-11和(5-15)、(5-17)式可见,点运算就是将原图像中每一个像元的灰度级，通过变换和输出，得到一个新的灰度级，其图像中各个像元的位置并不改变，这种像元输入与输出的一对一变换又称为映射变换，它通常是借助查表的方法完成的。而局部运算也是对每个像元完成变换，但这种变换不仅取决于被处理像元的灰度级，而且取决于被处理像元邻近一些像元的灰度级。当每一个输出像元灰度级表示成邻近一些输入像元灰度级的加权和时，则这种变换就称之为线性空间滤波。这种线性空间滤波就是在图像空间上，每一个输入像元的灰度级与某一算子的卷积运算。

二、数字增强的方法

1. 灰度级直方图

对数字图像进行灰度统计，把 $M \times N$ 图像上灰度级 g_i 所出现的像元个数 n_i 与图像总像元数 N 的百分比称为频率，记为 P_i。以灰度级 g 为横坐标轴，P 为纵坐标轴，表示图像灰度分布情况的图像叫图像灰度级直方图。例如，4×4 个像元的灰度级分布如图 5-11(a)所示，其统计计算的结果参见表 5-11(a)，其灰度级直方图参见图 5-11(b)。灰度级直方图虽不能反映图像在空间上的具体分布情况，但它

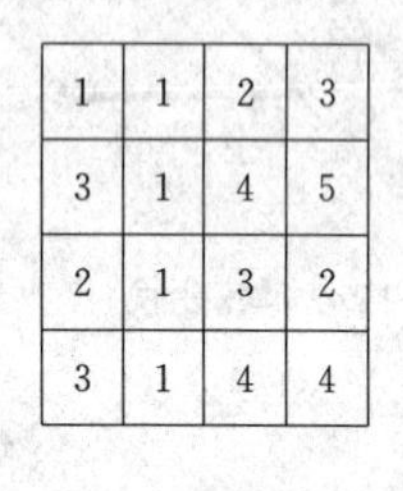

1	1	2	3
3	1	4	5
2	1	3	2
3	1	4	4

(a)

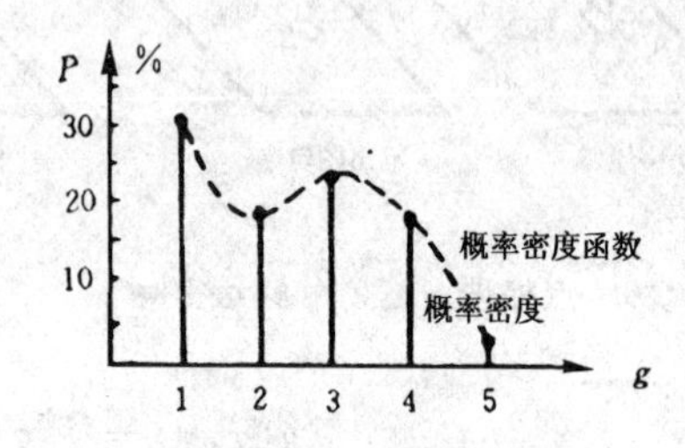

(b)

图 5-11　灰度级直方图

能直观地反映图像灰度的总体结构和灰度等级的分布情况。例如，当直方图很窄，表明图像上出现的灰度只占很小的动态范围，因而反差很小。如果直方图延伸在很宽的范围，则影像的反差较大。据此可以

帮助人们为改善图像的反差去采取相应的措施进行图像增强，而对增强后的图像效果，也可进行检验。图 5-12 给出了景物反射率高低和图像反差大小在直方图上的反映。

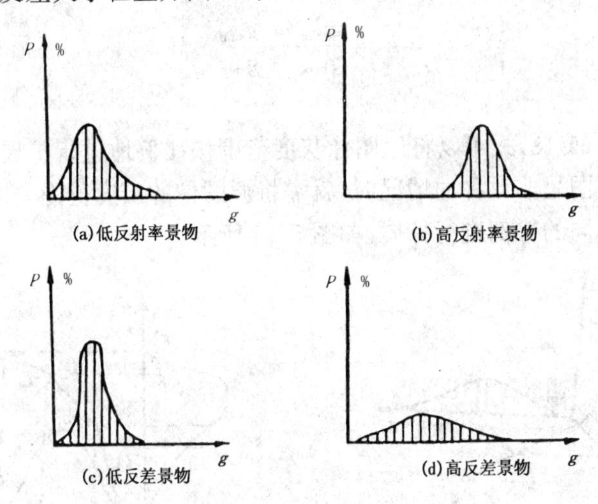

图 5-12　景物反射率

表 5-11　灰度等布表

灰度级 g_i	像元数 n_i	频率 $P_i=n_i/N$
Ⅰ　0.1～1.0	5	0.31
Ⅱ　1.1～2.0	3	0.19
Ⅲ　2.1～3.0	4	0.25
Ⅳ　3.1～4.0	3	0.19
Ⅴ　4.1～5.0	1	0.06

$$N=16 \qquad \sum P_i=1$$

2. *反差增强(对比度增强)*

根据(5-16)式可以进行线性增强或非线性增强。线性增强，通常用于将原图像灰度级范围扩展到充满显示设备的整个动态范围，以增加所显示图像的反差，这样的增强处理数学式可写为：

$$g_{ij} = kg_{ij} + b \tag{5-18}$$

式中：

$$k = \frac{g'_{\max} - g'_{\min}}{g_{\max} - g_{\min}}$$

b 为常数。

应用(5-18)式可以将原图像灰度范围按比例地进行扩展。当灰度级直方图呈非对称的情况时，就需将原图像的灰度范围分成几段，每段按不同的比例进行扩展，如图 5-13 所示。

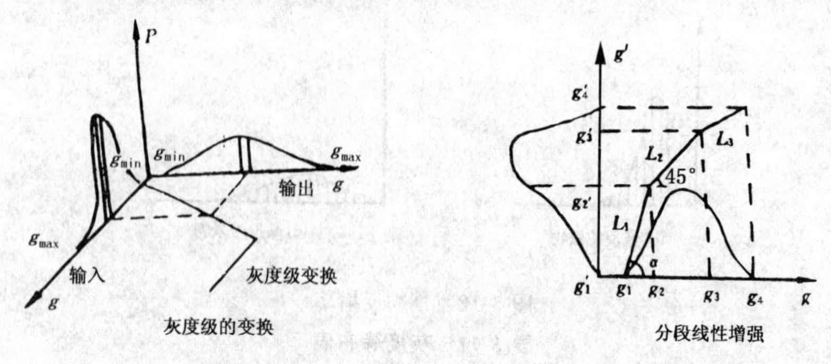

图 5-13　灰度级变换与分段线性增强

由图可见，线性增强使输入图像的直方图形状得到了改善，即灰度级的分布状况发生了变化。值得注意的是直方图的面积并无变化，因为面积始终等于图像的总像元数。

在非线性增强中，根据(5-16)式，可以有多种方法进行增强。例如对数运算方法，参见图 5-14；指数运算方法，参见图 5-15。它们的运算式可以分别写为：

$$g'_{ij} = a + b\ln(cg_{ij} + d) \tag{5-19}$$

$$g'_{ij} = a + b^{(cg_{ij}+d)} \tag{5-20}$$

式中 a, b, c, d 为根据要求确定的常数。

由图可见，对数增强法能使原图像中的高灰度级区得到压缩，而使低灰度级区得到拉伸。指数增强的效果则与此相反。

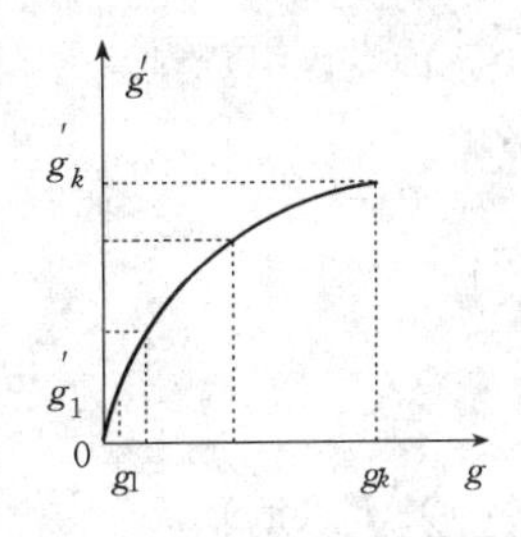

图5-14　对数增强函数

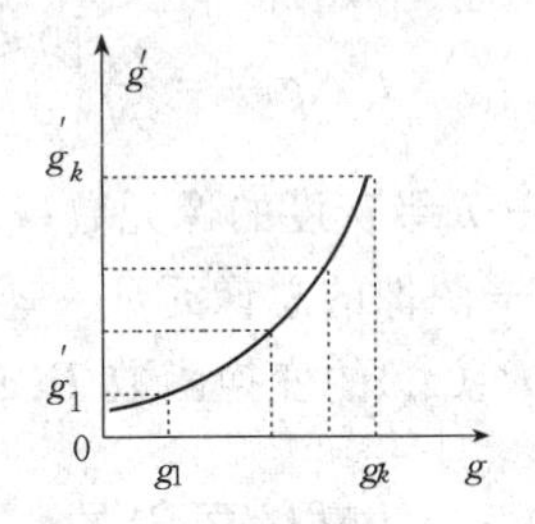

图5-15　指数增强函数

非线性增强中的另一种方法是图像灰度直方图均衡法。灰度直方图均衡就是要求增强后的直方图接近均匀分布,即新图像中每个像元灰度级包含有大致相等的像元个数。换句话说,使新图像中占有面积较大的地物细节得以增强,而对占有面积较小的地物,则将与其灰度接近的地物合并为具有相同灰度的综合地物。增强的基本原理是通过一个变换函数 $T(g)$将原图像的直方图 P_A 变换为均衡直方图 P_B,从而按均衡直方图恢复成新图像,如图 5-16 所示。

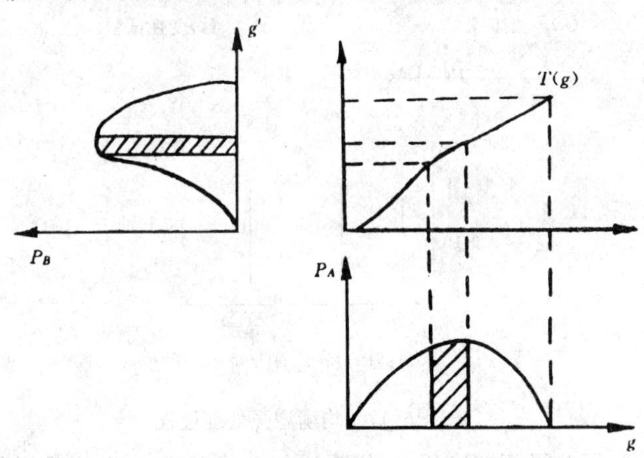

图 5-16　均衡直方图

对原图像直方图来说,

$$P_A(g_k)=\frac{n_k}{N}\begin{cases}0\leqslant g_k\leqslant 1\\ k=0,1,\cdots\cdots,L-1\end{cases}$$

式中：n_k——k 级灰度的像元数；

N——图像的总像元数。

此时 $P_A(g_k)$的变换函数 $T(g_k)$为：

$$T(g_k)=S_k=\sum_{j=0}^{k}\frac{n_j}{N}=\sum_{j=0}^{k}P_A(g_j)$$

可见该变换函数就是 $P_A(g_k)$的累加曲线，如图 5-17(b)所示。

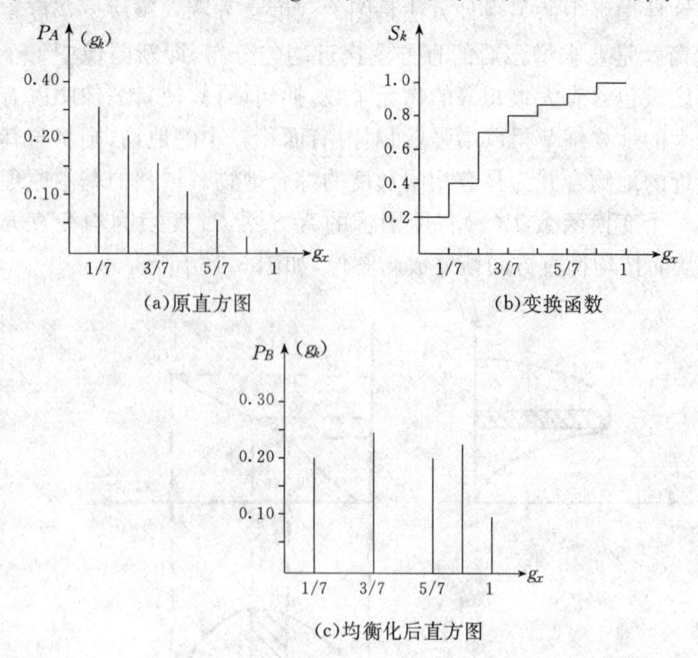

(a)原直方图

(b)变换函数

(c)均衡化后直方图

图5-17 均衡增强处理过程

由 S_k 可求得新灰度级 g_k' 相对应的新像元数 n_k' 和增强后的灰度概率 $P_b(g_k')$。

例如，有一个 64×64 的像元矩阵，其灰度分布见表 5-12，均衡增强处理过程见图 5-17。

表 5-12　灰度分布表

g_k	n_k	$P_A(g_k)$	S_k	g'_k	n'_k	$P_B(g'_k)$
$g_0=0$	790	0.19	0.19	$g'_0=1/7$	790	0.19
$g_1=1/7$	1023	0.25	0.44	$g'_1=3/7$	1023	0.25
$g_2=2/7$	850	0.21	0.65	$g'_2=5/7$	850	0.21
$g_3=3/7$	656	0.16	0.81	$g'_3=6/7$	985	0.16+0.08=0.24
$g_4=4/7$	329	0.08	0.89			
$g_5=5/7$	245	0.06	0.95			
$g_6=6/7$	122	0.03	0.98	$g'_4=1$	448	0.06+0.03+0.02=0.11
$g_7=1$	81	0.02	1.00			
$\sum$	4096	1.00			4096	

由此可见：①变换函数(曲线)实际是灰度级大的区域表现为对数函数，灰度级小的区域表现为指数函数。这种增强的实质是以减少图像灰度等级换取对比度的增大。②实际工作中直方图均衡化增强变换是通过一个搜索表来实现的，包括 g_k，P_A，S_s，P_B，g'_k 等。

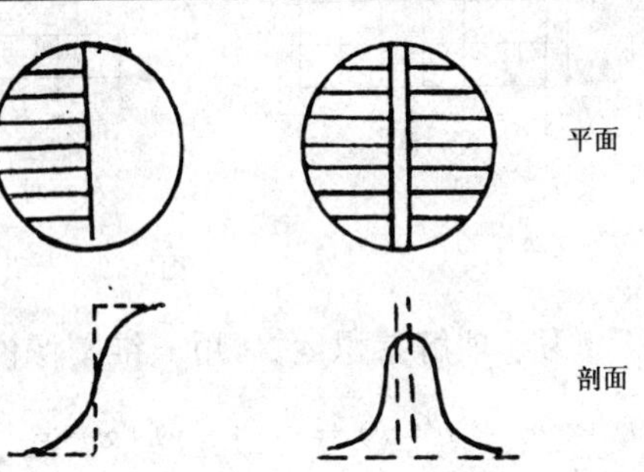

图 5-18　边缘灰度值变化曲线

3. *边缘增强*

通常地物图像之间的边界，其灰度相对变化比较大，但由于成像系统、显示系统和肉眼观测系统的响应特性使边界线条灰度变化率下降，如图 5-18 所示。边缘增强的基本任务是提高边缘灰度值的变化率。

根据(5-17)式，选择适当的处理算子 $h(x,y)$，通过卷积运算就能达到边缘增强的目的。卷积运算就是函数 g 和算子 h 在变量(x_i，

y_i)位置相乘后的累加,如图 5-19 所示。其数学式为:

$$\begin{aligned} g'(x,y) &= g(x,y) * h(x,y) \\ &= \iint\limits_{\substack{i=1\\j=1}}^{MN} g(i,j)\cdot h(x-i,y-j) \\ &= \sum_{i=1}^{M}\sum_{j=1}^{N} g(i,j)\cdot h(x-i,y-j) \end{aligned}$$

或 $g'(x,y) = \sum_{i=-\frac{m}{2}}^{m/2}\sum_{j=-\frac{n}{2}}^{n/2} g(x-i,x-j)\cdot h(i,j)$　　(5-21)

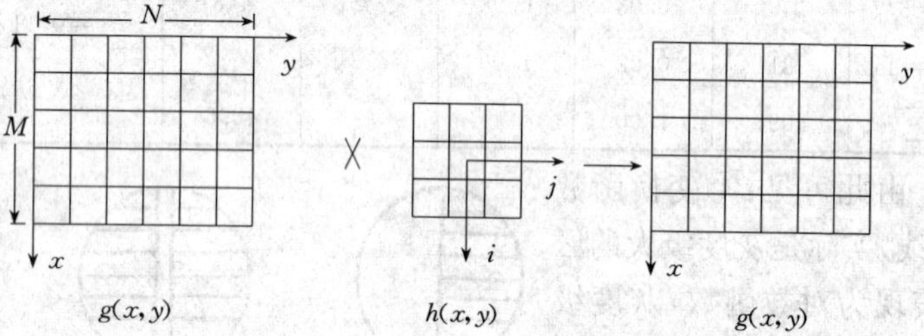

图5-19　卷积运算

为了理解卷积运算,用一维图像说明其运算的具体过程。

$$g'(x) = g(x) * h(x) = \sum_{i=1}^{M} g(i)\cdot h(x-i)$$

图 5-20 中的(a)是原图像 $g(x)$,总长度 $M=6$ 个像元,图 5-20(b)是 $h(x)$算子,长度 $m=3$。运算时,首先将算子 $h(x)$翻折,以纵轴为指针移动 $h(x)$,使指针指向原图像中所要计算的 x 位置(图 5-20(c)),接着把此时 $g(x)$与 $h(x)$对应位置上的各值相乘并取和,把结果送入 $g(x)$中的相应 x 的位置上(图 5-20(d)),按此规律把指针依次置于 $x_1 \to x_6$ 的所有位置上进行计算,则卷积运算即告完成(图 5-20(e))。

边缘增强的方法有许多种,常见的有:

(1)梯度算子法

图像函数 $g(x,y)$,它在(x,y)处的梯度,其方向是函数 $g(x,y)$

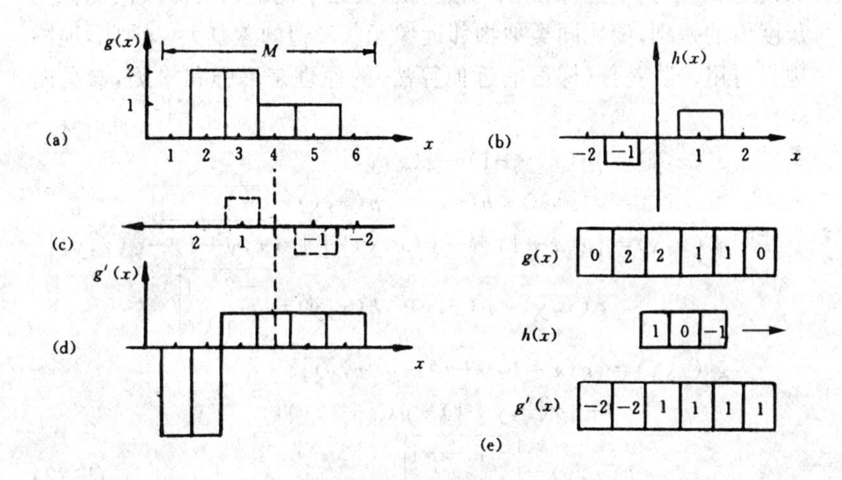

图 5-20　卷积运算图像

在该点变化率最大的方向：

$$\vec{G}[g(x,y)]=\begin{bmatrix}\partial g/\partial x\\ \partial g/\partial y\end{bmatrix}$$

而其长度等于函数 $g(x,y)$的最大变化率，

$$|\vec{G}|=\sqrt{(\frac{\partial g}{\partial x})^2+(\frac{\partial g}{\partial y})^2}$$

这是一个标量，且总是正的，所以有时也将此简称为梯度。

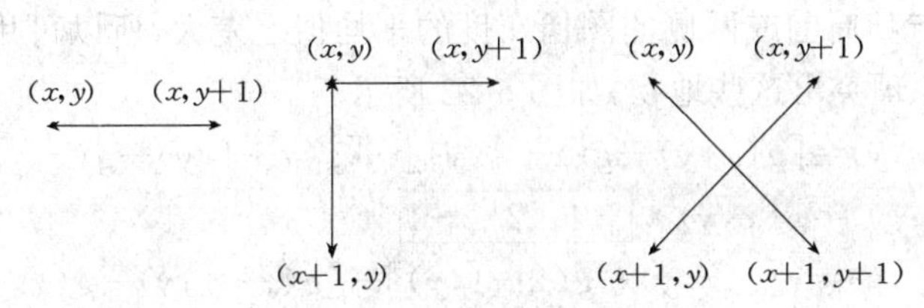

图5-21　梯度近似算法原理图

显然，当图像灰度变化为连续函数 $g(x,y)$，则函数梯度比较大的点，表示边缘存在。所以一旦求得图像梯度 $|\vec{G}|$，即可提取图像边

缘信息。对于数字图像，一个明显的事实是不同地物交界线两侧像元灰度值的差别，要比同类地物邻近像元灰度值的差别大。因此，地物边界可用一阶差分(梯度的近似算法)的原理来增强和检测，参见图5-21。

$$g'(x,y)=|g(x,y+1)-g(x,y)|$$
$$=g(x,y)*h(x,y)\quad h(x,y)=\boxed{\begin{matrix}-1 & +1\end{matrix}}$$
$$g'(x,y)=|g(x+1,y)-g(x,y)|+|g(x,y+1)-g(x,y)|$$
$$=g(x,y)*h(x,y)\quad h(x,y)=\boxed{\begin{matrix}-2 & 1\\ 1 & 0\end{matrix}}$$
$$g'(x,y)=|g(x+1,y+1)-g(x,y)|+|g(x,y+1)-g(x+1,y)|$$
$$h(x,y)=\boxed{\begin{matrix}-1 & +1\\ -1 & +1\end{matrix}} \tag{5-22}$$

经一阶差分处理的图像，非边界部分和边界上的灰度值都会存在一些无意义的灰度变化，所以尚需考虑像元的阈值。

$$当\begin{cases}g'(x,y)\geqslant T\ 时,\ g'(x,y)=L_g\\ 否则,\qquad g'(x,y)=g(x,y)\ 或\ L_b\end{cases}$$

式中：L_g——赋给边界的灰度值；

L_b——赋给非边界的灰度值。

(2)拉氏算子法(二阶差分)

拉氏算子法主要用于提取点状或线状地物。因为这些地物的图像灰度与其周围或两侧的图像灰度的平均值之差大，所以可用二阶差分的原理突出这些地物，如图5-22所示。

$$g'(x,y)=[g(x,y)-g(x-1,y)]-[g(x+1,y)-g(x,y)]$$
$$=g(x,y)*\boxed{\begin{matrix}-1 & 2 & -1\end{matrix}}$$
$$g'(x,y)=\{[g(x,y)-g(x-1,y)]-[g(x+1,y)-g(x,y)]\}$$
$$+\{[g(x,y)-g(x,y+1)]-[g(x,y-1)-g(x,y)]\}$$

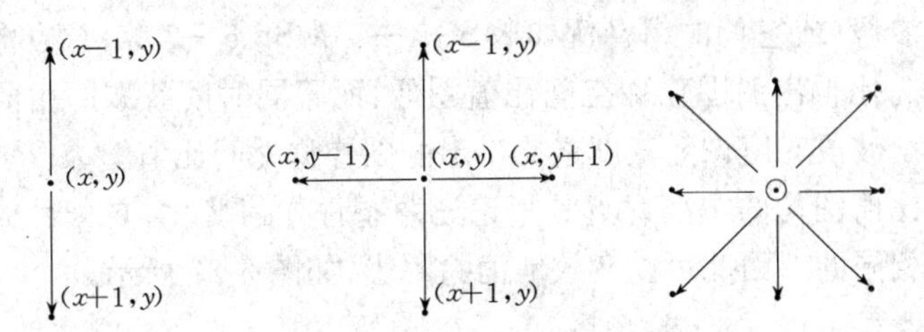

图5-22　二阶差分原理图

$$=g(x,y)*\begin{bmatrix}0 & -1 & 0\\-1 & 4 & -1\\0 & -1 & 0\end{bmatrix}$$

对于点状地物，通常还需考虑二个对角线的方向，

$$h(x,y)=\begin{bmatrix}-1 & -1 & -1\\-1 & 8 & -1\\-1 & -1 & -1\end{bmatrix}$$

对于线状地物，应根据情况使用不同的方向算子，如

$$\begin{bmatrix}-1 & -1 & -1\\2 & 2 & 2\\-1 & -1 & -1\end{bmatrix}\quad\begin{bmatrix}-1 & -1 & 2\\-1 & 2 & -1\\2 & -1 & -1\end{bmatrix}$$

$$\begin{bmatrix}-1 & 2 & -1\\-1 & 2 & -1\\-1 & 2 & -1\end{bmatrix}\quad\begin{bmatrix}2 & -1 & -1\\-1 & 2 & -1\\-1 & -1 & 2\end{bmatrix}$$

上面的算子又叫定向滤波。

原图像含有一定的噪音，它在边缘增强的同时，也必然随之增强，所以在边缘增强之前，一般都要首先对噪音进行压缩或清除，即对图像进行平滑处理。

4. 比值和差值增强

比值增强是指由不同波段对应像元的灰度之比，得出该像元的新灰度值。由这些新灰度值产生的图像称比值图像。同时获取的由不同波段(或它们的组合例如 MSS 4+5,MSS 5+7 等)对应像元灰度值之比得出的图像称空间比值图像,而不同时间获取的由同一地区同一波段对应像元灰度之比得出的图像称时间比值图像。

比值图像的主要优点是不论光照条件如何变化,同一目标的比值是相同的。因此可以有效地消除阴影,如图 5-23 所示。

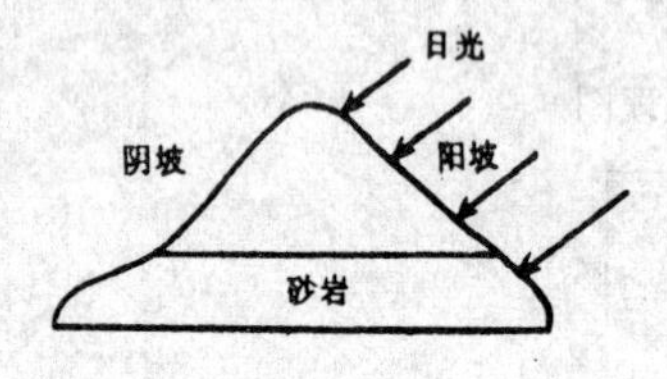

图 5-23 阴坡阳坡反射图

表 5-13 图像灰度比值表

光照情况	MSS 4	MSS 5	比值 4/5
阳　坡	28	42	0.66
阴　坡	22	34	0.65

由表 5-13 可知,阴坡与阳坡光照条件不一样,同一目标(砂岩)在 MSS4 图像上阳坡灰度为 28,阴坡灰度为 22;在 MSS5 图像上,阳坡灰度为 42,阴坡灰度为 34,而 MSS4/MSS5 的灰度比值接近相等。

时间比值图像则能明显地反映出目标的变化情况。

差值增强是指对同地同波段不同时间的图像进行差分运算,即

$$g'(x,y) = g_A(x,y) - g_B(x,y)$$

差值的大小可以表示地物变化的程度,它广泛应用于动态监测(即提取随时间而变化的信息)和演变分析(如河床演变等)。

第七节 遥感图像目视判读

一、判读标志

遥感图像目视判读是依据图像特征进行的。这些图像特征即为图像的判读标志。它分直接判读标志和间接判读标志两类。

1. 直接判读标志

它是地物本身属性在图像上的反映,即凭借图像特征能直接确定地物的属性。

形状——图像的形状指物体的一般形式或轮廓在图像上的反映。各种物体都具有一定的形状和特有的辐射特性。前已述及,同种物体在图像上有相同的灰度特征,这些同灰度的像元在图像上的分布就构成与物体相似的形状。随图像比例尺的变化,"形状"的含义也不同。一般情况下,大比例尺图像上所代表的是物体本身的几何形状,而小比例尺图像上则表示同类物体的分布形状。例如一个居民地,在大比例尺图像上可看出每幢房屋的平面几何形状,而在小比例尺图像上则只能看出整个居民地房屋集中分布的外围轮廓。

大小——"大小"的含义随图像比例尺的变化而不同。在大比例尺图像上,量测的是单个物体的大小;而在小比例尺图像上,则只能量测同类物体分布范围的大小。对判读人员来说,如果不考虑物体大小,就很可能把小比例尺图像上的大型物体,判断为大比例尺图像上影像特征相似的小型物体。例如把大桥判断为架空管道等。

颜色和色调——颜色一般指彩色图像而言。颜色的差别进一步反映了地物间的细小差别,为细心的判读人员提供更多的信息。特别是多波段彩色合成图像的判读,判读人员往往依据颜色的差别来确定地物与地物间、地物间或地物与背景间的边缘线,从而区分各类物体。色调是肉眼对图像灰度大小的生理感受。肉眼不能确切地分辨出灰度值,只能感受其大小的变化,灰度大者色调深,灰度小者色调浅。在自然条件相同的情况下,物体的辐射特性(反射率 ρ 或发射率 ε)不同,遥感器接受的能量也不同。反射率高的物体,接收的能量大,图像的色调就浅,反之则深。于是同一环境条件下,图像色调的差异即是不同物体在图像上的反映。

阴影——阴影形式与物体辐射能量的方向有关。对反射辐射能来说与方向反射因子有关,即地表的坡向和坡度以及物体之间的相互遮挡,都会影响遥感器方向反射能量的大小,使图像上产生阴影。阴影会对目视判读产生相互矛盾的影响。一方面,人们可以利用阴影的立体感,判读地形地貌特征,在大比例尺图像上,还可利用阴影判读物体的侧视图形,按落影的长度和成像时间的太阳高度角量测物体的高度、单株树木的干粗等。另一方面，阴影区中的物体不易判读，甚至根本无法判读。

位置——自然界的物体之间往往存在一定的联系，有时甚至是相互依存的。例如桥梁与道路和水系，居民地与道路，土质与植被，地貌与地质等。因此，物体所处的位置也是帮助判读人员确定物体属性的重要标志之一。

结构——指自然与人文特征重复出现的排列格式。如农业复合体(农田与果园)，地形特征，建筑物布局等组成一定的格式。

纹理——指细微色调变化。纹理特征有光滑的、波纹的、线性的不规则的等。利用纹理特征可以区分色调总体相同的两类物体。例如两类色调相同的岩石单元，根据纹理不同可区分之，即是说纹理可作为已分类图像再进行细分的基本准则。

2. 间接判读标志

它是通过与之有联系的其它地物在图像上反映出来的特征，推断地物的类别属性。如地貌形态、水系格局、植被分布的自然景观特点，土地利用及人文历史特点，等等。多数采用逻辑推理和类比的方法引用间接判读标志。

值得指出的是，直接与间接标志是一个相对概念，常常是同一个判读标志对甲物体是直接判读标志，对乙物体可能是间接判读标志。因此，必须综合分析，首先是判读员发现和识别物体，其次是对物体进行测量之后，根据判读员掌握的专门知识和取得的信息对物体进行研究。判读员必须具备把自己对物体的理解和物体的意义联系起来的能力，也就是具备生活的和实践的经验。

3. 图像判读的程序

图像判读的程序为准备→室内判读→野外检查→成果整理。其中准备工作包括：收集航片、卫片、地形图、专业图、有关文字数据资料、简便的仪器设备(如放大镜、立体镜、转绘仪等)；分析资料并进行必要的处理(如卫片放大、假色彩合成、比例尺归化等)；实地踏勘；制订判读计划和规范，确定所使用的判读方法等。室内判读包括：建立判读标志，按照判读内容的要求对图像进行观察和分析（有时需借助仪器），并勾绘出地物的属性和分布界线。野外检查主要是核对、修正和补充室内判读的结果。成果整理包括像片转绘、清绘整饰和注记以及文字说明。

第八节　影像的分类识别

遥感影像的光谱特征，对影像上所记录的各种地物类别，借助于电子计算机自动进行识别和区分的几种主要方法。分为监督分类法和非监督分类法两种基本方法。这些是当前进行影像分类识别的主要方法。

在各种原始的影像信息中，可能包含有大量的对分类识别不但没有帮助，甚至还有妨碍的“信息”。为了从中分离出有用的信息以及为了减少原始数据的维数，以简化分类识别处理的数据量，有时在进行分类识别之前，首先对影像使用某种变换，进行一种“特征提取”的过程。

由于当前遥感传感系统分解力的提高，逐渐认为这些以影像单个像元的光谱特征为基础的分类识别方法尚嫌不足，而必须再考虑单个像元四周的信息，例如对纹理的分析和对邻景的利用等。除此而外还应利用其他所有可能掌握的有关资料，例如数字地面模型或专题地图等类的附加信息。根据条件也可以采用综合使用多光谱和侧视雷达信息等措施，以提高分类的功效。这些方面作为遥感影像分类方法的发展。

一、监督分类法

监督分类法需要在分类前对所拟进行识别的地物的类别情况已有一些先验知识。然后，根据这些已有的知识作指导，对全部影像进行分类运算。一般认为这对计算机而言是事先有个学习（或称“训练”）过程，称之为先学习、后辨认。所谓“学习”就是把影像显示出来，并在各预先已知类别的有代表性部分勾划出“训练区”。计算机便自动把训练区内的像素灰度作为抽样值，按类别进行必要的统计计算，如类别的灰度均值、方差、协方差等数值。下面介绍监督分类法中最大或然分类法和判断分析法两种方法。

1．最大或然分类法——贝叶斯(Bayes)法则

最大或然分类法的基本原理是对每个像元素计算其落于各先验类别的概率。概率最大的相应类别，即为某像素的所属类。

现以图5-25所示的观测为例。设欲根据这些数据和有关的某些先验知识求其地物类 A 和 C 的交界。如用 $\boldsymbol{X}$ 代表某像点的灰度观测值矢量(仍取二维为例)，则观测值矢量 $\boldsymbol{X}$ 属于地类物 A 的概率为：

$$p(\boldsymbol{X},A)=p(\boldsymbol{X}/A)\cdot p(A) \tag{5-23}$$

$$p(\boldsymbol{X},A)=p(A/\boldsymbol{X})\cdot p(\boldsymbol{X}) \tag{5-24}$$

式中：$p(\boldsymbol{X}/A)$为先验已知值，系在已知地物类 A 内获得观测值矢量 $\boldsymbol{X}$ 的条件概率；

$p(A)$为先验已知值，系在那个地区内，A 地物类出现的先验概率；

$p(A/\boldsymbol{X})$为相应于观测值矢量 $\boldsymbol{X}$ 的地物类 A 的条件概率；

$p(\boldsymbol{X})$为量测值矢量 $\boldsymbol{X}$ 的先验概率。

对地物类 B 而言，也会有与式(5-23)和式(5-24)相对应的公式。

按贝叶斯判别规律，当

$$p(A/\boldsymbol{X})>p(B/\boldsymbol{X}) \tag{5-25}$$

时，则观测值矢量 $\boldsymbol{X}$ 应属于地类 A 而非属于地类 B。再由式(5-24)可得：

$$p(\boldsymbol{X}/A)\cdot p(A)/p(\boldsymbol{X})>p(\boldsymbol{X}/B)\cdot p(B)/p(\boldsymbol{X})$$

即：

$$p(\boldsymbol{X}/A)\cdot p(A)>p(\boldsymbol{X}/B)\cdot p(B) \tag{5-26}$$

当方程式(5-26)有一个等号时，则其观测值 $\boldsymbol{X}$ 给出了地类 A 和 B 间的分界点。

当分类地物多于两个时，则需多次进行式(5-26)的比较，亦即对

式(5-26)的右方改用所有关于其它类别的概率数据。

对图 5-24 所表示的两个波段观测值的二维空间而言，其在式(5-26)中所需要的先验的类概率函数 $p(\boldsymbol{X}/A)$，即在已知地物类 A 内获得观测值矢量 $\boldsymbol{X}$ 的条件概率，可直接用有关公式求出所需要的各参数值。

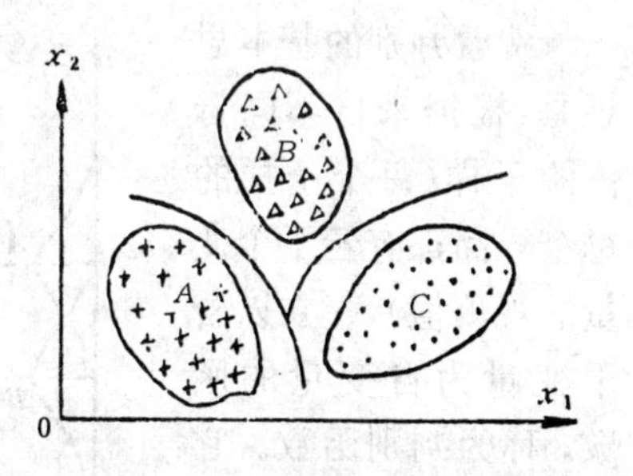

图 5-24　二维空间图像分类

例如在地类 A 内两个波段 1、2 中，各观测了 k 个训练样本分别为：

$$[(x_1)_1,(x_1)_2\cdots\cdots(x_1)_k]$$

$$[(x_2)_1,(x_2)_2\cdots\cdots(x_2)_k]$$

则可以估求式(5-24)中各参数值为：

$$\overline{x_1}=\frac{1}{k}\sum_{j=1}^{k}x_{1j}\qquad \overline{x_2}=\frac{1}{k}\sum_{j=1}^{k}x_{2j}$$

$$\sigma_{11}=\frac{1}{k-1}\sum_{j=1}^{k}(x_{1j}-\overline{x_1})^2\quad \sigma_{22}=\frac{1}{k-1}\sum_{j=1}^{k}(x_{2j}-\overline{x_2})^2$$

$$\sigma_{12}=\frac{1}{k-1}\sum_{j=1}^{k}(x_{1j}-\overline{x_1})(x_{2j}-\overline{x_2})$$

至于式(5-26)中所需的 A(或 B)类别的先验概率 $p(A)$(或 $p(B)$)可简单地按该类地物影像在整幅影像(或某个影像窗)中所占的百分比来确定。必要时，可在首次分类后，按类别面积的百分数对其初始值进行修改。

2. 线性判别分析——费歇(Fisher)分析法

判别分析法也是监督分类中的一种方法。在进行判别分析时，要事先知道一些需要分类的地物类别，对它们进行变量的量测工作。然后根据量测的变量进行分析和计算，建立起判别函数。再对其他未知的类别加以判别。

费歇判别的基本思想是:根据来自不同母体的子样(每个子样的每个样品都有若干个变量的观测值),建立以若干变量为自变量的函数,称为判别函数。它应当使得在同一母体中的观测点的判别函数值比较接近,而在不同母体中的观测点的判别函数值相差较大。在这个基础上,对于一个新的观测点,可以根据其判别函数值最接近于哪一个已知类别的观测点的判别函数值,来判定该点属于哪一个母体。费歇就是利用一种判别函数来进行最小距离分类的。当选用一次函数为判别函数时是线性判别。现举二维变量的例子说明如下。

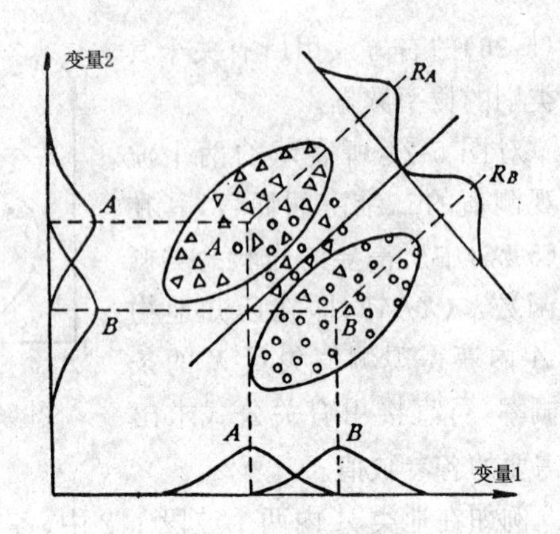

图 5-25　费歇分析法分类图

设有已知来自两个母体(A,B)的子样(图 5-25),每个样品(个体)有两个(二维)观测值 x_1,x_2。母体 A 的子样大小为 n_A,母体 B 的子样大小为 n_B。要找到一个线性判别函数:

$$R = \lambda_1 x_1 + \lambda_2 x_2 \tag{5-27}$$

使得母体 A 中个体的 R 值与母体 B 中个体的 R 值有明显的差别。

每个个体的 R 值,

对母体 A 为:$R_j^{(A)}=\lambda_1 x_{1j}^{(A)}+\lambda_2 x_{2j}^{(A)}$,其中 $j=1,2\cdots n_A$;

对母体 B 为:$R_j^{(B)}=\lambda_1 x_{1j}^{(B)}+\lambda_2 x_{2j}^{(B)}$,其中 $j=1,2\cdots n_B$。

判别函数 R 的选择,即系数 λ_1,λ_2 的选择,应当满足下列两个要求:

第一:两类 R 的均值间隔越大越好,即使

$$Q = (R_A - R_B)^2$$

为最大。式中均值:

$$R_A=\frac{1}{n_A}\sum_{j=1}^{n_A}R_j^{(A)} \tag{5-28}$$

$$R_B=\frac{1}{n_B}\sum_{j=1}^{n_B}R_j^{(B)}$$

第二:同类间隔越小越好,即使

$$G=\sum_{j=1}^{n_A}(R_j^{(A)}-R_A)^2+\sum_{j=1}^{n_B}(R_j^{(B)}-R_B)^2$$

为最小。

把两个要求合在一起,就是要求使:

$$P=\frac{Q}{G}=\frac{(R_A-R_B)^2}{\sum_{j=1}^{n_A}(R_j^{(A)}-R_A)^2+\sum_{j=1}^{n_B}(R_j^{(B)}-R_B)^2}$$

为最大。因此 λ_1,λ_2 应满足下列方程组:

$$\frac{\partial P}{\partial\lambda_1}=0,\quad \frac{\partial P}{\partial\lambda_2}=0,$$

从而可以得到方程组:

$$\begin{aligned}s_{11}\lambda_1+s_{12}\lambda_2&=d_1\\ s_{21}\lambda_1+s_{22}\lambda_2&=d_2\end{aligned}\qquad(5\text{-}29)$$

式中:

$$d_1=\overline{x}_1^{(A)}-\overline{x}_1^{(B)}=\frac{\sum_{j=1}^{n_A}x_{1j}^{(A)}}{n_A}-\frac{\sum_{j=1}^{n_B}x_{1j}^{(B)}}{n_B}$$

$$d_2=\overline{x}_2^{(A)}-\overline{x}_2^{(B)}=\frac{\sum_{j=1}^{n_A}x_{2j}^{(A)}}{n_A}-\frac{\sum_{j=1}^{n_B}x_{2j}^{(B)}}{n_B}$$

$$s_{11}=\frac{\sum_{j=1}^{n_A}(x_{1j}^{(A)}-x_1^{(A)})^2+\sum_{j=1}^{n_B}(x_{1j}^{(B)}-x_1^{(B)})^2}{n_A+n_B-2}$$

$$s_{22}=\frac{\sum_{j=1}^{n_A}(x_{2j}^{(A)}-x_2^{(A)})^2+\sum_{j=1}^{n_B}(x_{2j}^{(B)}-x_2^{(B)})^2}{n_A+n_B-2}$$

$$s_{12}=s_{21}=\frac{\sum_{j=1}^{n_A}(x_{1j}^{(A)}-\overline{x}_1^{(A)})(x_{2j}^{(A)}-\overline{x}_2^{(A)})+\sum_{j=1}^{n_B}(x_{1j}^{(B)}-\overline{x}_1^{(B)})(x_{2j}^{(B)}-\overline{x}_2^{(B)})}{n_A+n_B-2}$$

由上式可知 d_1 是两个母体中第一个变量的中心值之差，d_2 是两个母体中第二个变量的中心值之差。s_{11} 反映两个母体构成的总体中第一个变量的取值偏差（方差），s_{22} 反映同一总体中第二个变量取值的偏差（方差），$s_{12}=s_{21}$ 反映同一总体中两个变量之间的交错关系（协方差）。

由方程组(5-29)可以解出 λ_1,λ_2，从而得到判别函数式(5-27)。然后由两个子样求出各类的判别指标 R_A 和 R_B，以及其中心点为：

$$R_0=\frac{n_AR_A+n_BR_B}{n_A+n_B}\quad (\text{或 } R_0=\frac{R_A+R_B}{2})$$

则对于某个个体，若其 R 值和 R_A 同在 R_0 一侧，则该点属于母体 A；反之则该点属于母体 B。

当每个样品（个体）有多个观测值 $x_1,x_2,\cdots x_m$ 时（m 维），上述方程组(5-29)可以推导而得到。此时解算 $\lambda_1,\lambda_2\cdots\lambda_m$ 的过程较繁，但其中 d 和 s 的计算公式和它的意义则都类似于二维的情况。

对于判别方程的可靠性，可以通过 F 检验来评价。

在两类的判别问题中，对于已解出的判别函数：

$$R=\lambda_1x_1+\lambda_2x_2+\cdots\cdots\lambda_mx_m \tag{5-30}$$

可以取

$$D^2=|\lambda_1d_1|+|\lambda_2d_2|+\cdots\cdots|\lambda_md_m| \tag{5-31}$$

式中 $d_k(k=1,2\cdots\cdots m)$ 反映了两个类别中的子样的第 k 个变量的平均值之差，即两类事物总的差别在第 k 个变量上的体现，而 D^2 则反映了两类事物的总的差别。如果 D^2 较大，说明所求的判别函数能够充分体现出两类事物的差别，因而对于未知个体进行判别就比较有把握。D^2 是一个反映不同母体之间的差异的统计量，称为马氏距离(Mahalanobis)。由 D^2 得到的统计量：

$$F=\frac{n_An_B(n_A+n_B-m-1)}{m(n_A+n_B)(n_A+n_B-2)}D^2 \tag{5-32}$$

服从数理统计中的 F 分布，其第一自由度为 m，第二自由度为 n_A+n_B-m-1，因而可以进行 F 检验。对于某给定的显著水平 α，可查表求出其临界值 F_α。则当 $F_\alpha<F$，说明 D^2 足够大，可以反映两个母体的差异，因而可以认为用来计算 D^2 的判别方程 $R=\lambda_1x_1+\lambda_2x_2+\cdots\cdots\lambda_mx_m$ 是可靠的。

二、非监督分类法

非监督分类法在分类前对地物的类别情况无所了解，仅只根据波谱自身相似性比较的数学方法及人们提供的简单阈值控制分类。这对计算机而言，属于边学习、边辨认的一类。本节介绍非监督分类法中的集群分类法。

不同地物在波谱空间中具有一特定的区域，其观测值矢量分别倾向于聚集在各自的均值附近。探测这种倾向的观测值矢量集合的分析就叫做集群分析。下面通过一个具体的例子，说明这种分类过程的基本思想和方法。

设有陆地卫星 MSS 影像中 10 个像元，包含有 4 个波段的灰度值，列于表 5-14。

表 5-14　4 个波段灰度值表

象　元	波段 4	波段 5	波段 6	波段 7
1	20	30	20	3
2	25	33	19	4
3	22	31	21	4
4	21	29	22	3
5	19	27	18	2
6	20	40	63	70
7	19	39	60	72
8	21	42	65	74
9	18	45	62	71
10	19	41	61	75

现在对这 10 个像元进行分类。首先主观地认为待分类的物质是

两类物体 A、B，因而总平均值 $\overline{X}$ 是这两类物质的中心位置连线的中点。这样 A，B 物质各自中心到 $\overline{X}$ 的距离是相等的，并且正好等于所求得的总偏差值 s_i，见图 5-26。图中 x_i 代表某波段 i 的灰度值，表示 A，B 两组中心及其数据的分布。

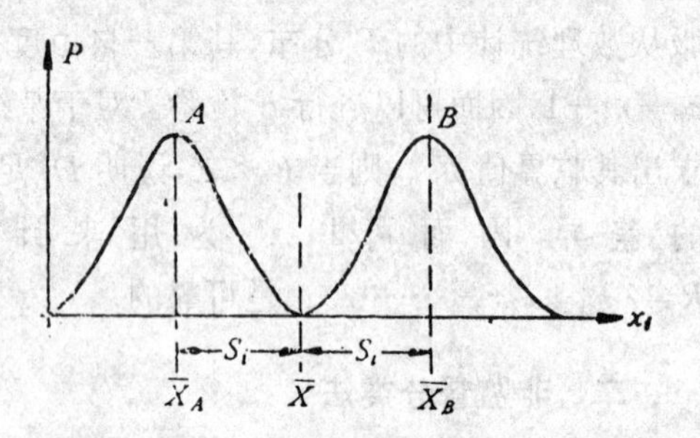

图 5-26 两类物体分类概率分布图

由此可对表 5-15 中的数据作如下的分类运算。

第一步：计算各波段中观测数据的均值及其标准偏差为：

$$\overline{X}_4 = 20.4, \quad s_4 = 2.01$$
$$\overline{X}_5 = 35.7, \quad s_5 = 6.38$$
$$\overline{X}_6 = 41.1, \quad s_6 = 22.3$$
$$\overline{X}_7 = 37.8, \quad s_7 = 36.5$$

第二步：计算两组（g_A 及 g_B）的分组中心

波段	$g_A=\overline{X}-s$	$g_B=\overline{X}+s$
4	18. 39	22. 41
5	29. 32	40. 08
6	18. 8	63. 4
7	1. 3	74. 3

然后把所有待分类的像元，根据其距离两个中心 $\overline{X}_A$、$\overline{X}_B$ 的远近归入到最近一类中去。

第三步：计算各像元灰度值到各组中心值的距离，以确定哪些像元属于 g_A 组，哪些属于 g_B 组。例如对像元 1 的灰度值 x 而言，到中心值 g_A 的距离绝对值总和为：

$$d_A = \sum |x-g_A| = |20-18.39| + |30-29.32|$$

$+|20-18.8|+|3-1.3|=5.19$

同理可以算得像元 1 灰度值到中心点 g_B 的距离为 $d_B=127.19$。由于 $d_B>d_A$，所以像元 1 应属于 g_A 组。

以上所计算的 d 值称为相似性距离。反映相似性距离的办法有多种，例如使用欧几里德距离，或取各不同波段中距离的最大值等。这里使用了较为简化的办法。

照此方法把 10 个像元点分配到相应的组中心去。计算结果有 5 个点属于中心 g_A，另外 5 个点属于中心 g_B（表 5-15）。

以上这样的分类是否符合实际的情况需要加以检验。此时可再计算出实际所分的 A、B 类中心 $\overline{X}_A$、$\overline{X}_B$ 以及其相应的标准偏差 s_A、s_B。如果以上的分类是正确的，也就是说待分类物体确是两类，那么此时所算出的偏差 s_A、s_B 将会小于某一事先估计的阈值。如果超过估计的阈值，则说明待分类的物质不仅是两类，需要再分。这时可以在原已分类的基础上把 A 及（或）B 类再各分成两组。每分裂一次重新计算中心位置及偏差，检验是否在阈值内，否则要继续分裂，直至合适时为止。

表 5-15　A、B 二类结果

	波段 4	波段 5	波段 6	波段 7
g_A 组	20	30	20	3
	25	33	19	4
	22	31	21	4
	21	29	22	3
	19	27	18	2
g_B 组	20	40	63	70
	19	39	60	72
	21	42	65	74
	18	45	62	71
	19	41	61	75

第四步：计算实际组中心的均值和标准偏差

g_A 组：$\overline{X}_4=21.4$　$\overline{X}_5=30.0$　$\overline{X}_6=20.0$　$\overline{X}_7=3.2$

$s_4=2.30$　$s_5=2.24$　$s_6=1.58$　$s_7=0.84$

g_B 组：$\overline{X}_4=19.4$　$\overline{X}_5=41.4$　$\overline{X}_6=62.2$　$\overline{X}_7=72.4$

$s_4=1.14$　$s_5=2.30$　$s_6=1.92$　$s_7=2.07$

分组结果表明，如果认为标准偏差的阈值在 3 以内即满足要求，则分类已经完成；如果要求的阈值小于 2，则在 g_A 和 g_B 内均有大于 2 的 s 值，应继续分裂新组，方法与前面所讲的相同。

三、影像分类方法的发展

上述各种影像识别分类技术实际上仅只使用了存在于遥感数据中有限的一些信息，那就是单个像元的光谱信息。从一般目视图像判读的经验可知，影像的纹理、形状、大小、位置和阴影等是可以提供影像中能够提取的大量信息的。为了使用这些信息，单纯孤立地评估每单个像元素是不够的，而必须考虑到每个像素的近邻关系。当在使用陆地卫星数据时，其多光谱扫描仪 MSS 的地面分解力很低，每个像元素的大小约为地面上的 80 米，这种需要还不太显著。TM 像元素的大小约为地面上的 30 米，SPOT 卫星上传感器的相应值约为 20 米或 10 米，这对许多应用者来说就必须综合考虑到邻近的像素，才能够提高其分类的功能。这些技术包括有对纹理的分析以及对邻景的利用等。

1. 纹理分析

纹理实质上就是图像中在比较小的区域内的色调（光谱的响应）简单重复。

纹理分析分为统计纹理分析和结构纹理分析两类。统计纹理分析系对包括在一定范围内（小区）的所有像元素计算其统计的特征。小区大小的划分应使之有足够的像元以便适当地描述其纹理分类，并且也不能太大，使其在一个小区内仅只包含有一种纹理。纹理特征的表达有多种方案，例如灰度平均值、标准偏差，中央像元素相对其邻近像元素的平均反差，以及基于小区内每一对像元素间灰度绝对值差的直方图等。

结构纹理分析是研究影像结构单元（原始型）的空间分布。首先应确定由颜色、大小和形式等特征所表达的结构单元。然后再确定出这些单元间的空间位置关系，例如其间的典型距离等。

2. 邻景的利用

为了识别物体，对其邻景的利用可能是一个很有效的办法。例如船与汽车纵然都具有相同的光谱特性，但可能利用其邻景关系加以区分。很自然地，当该物体是由被分类为“水”的像元素所包围时就是船；而由被分类为“路”的像元素所包围时就是汽车。这种对邻景利用的基本思想可以在进行分类时同时考虑，也可以用在分类以后的处理中。

3. 辅助信息

为了改善数据的分类还可以进一步利用不包括在遥感影像信息中的辅助信息，诸如一种数字地面模型（DTM）或各种专题地图之类。例如 Strahler（1981）等人曾在实地采样，确定出树类的分布，并带回有地面高程、坡度和坡度的走向等信息。他们利用这些信息连同陆地卫星数据和一种数字地面模型生产出了一个详细的森林覆盖图。对此曾经有过两种归算方案。一种方案是对每一个像元素计算其各种树类的验前或是率，这是根据其点处由数字地面模型所提取的地面高程、坡度和走向，以及其统计的树类分布获得。这种随像元素位置而改变的验前或是率可直接用于典型的最大或然分类法中。另一种方案是使用分层的分类法。利用这种方法对上述多光谱陆地卫星数据的分类处理是：第一步单独利用光谱数据以区分出针叶树林、落叶树林、水、草地和裸石等大类。然后再把每一种植被类细分，此时则根据在各该像元素处相应高程的树类组的统计或是率进行。

辅助信息是多种多样的。任何一种模拟的或数字的信息，只要能直接或间接地反应出有关分类的某种影响，就可以有助于改善类别的区分性。例如联邦德国汉诺威（Hannover）大学曾利用陆地卫星 MSS 影像数据对海滩进行沉积型的分类，共分为沙、轻度泥沙、泥沙、泥性泥沙和泥等 5 类。这时考虑到海滩泥沙的反射率与其该处泥沙当时的湿度有关，而湿度又与该处低水的时刻有关（该地带每天两次由水淹没）。因此引用了每一个像元素所对应那地点的“低水时刻”作为一种辅助数据纳入到分类过程之中，曾经获得了分类功效的提高。

当具备有该地带的地理信息系统时，用地理信息系统支持遥感影像处理系统乃是改善遥感数据分类精度的一个有效途径。地理信息系统是一种在计算机软、硬件支持之下，空间数据输入、存贮、检索、运算、显示和综合分析应用的技术系统。这种发展多种来源数据的综合分析方法将是遥感数据分析领域中一个十分重要的方向。

第九节　相关问题的研究及应用

一、不同时相的 SPOT 与 TM 的复合处理

不同类型、不同时相遥感信息复合是现代遥感图像处理的一个重要内容，它可以充分发挥不同遥感信息各自特点，起到取长补短的作用。公共实验区的 SPOT 图像是 5 月 30 日成像的，它对区分森林植被效果很好，但在判读农作物时遇到了困难。从当地气候条件看，5 月底的玉米、谷子、高粱、大豆等主要农作物处在出苗后不久，有的刚进入拔节期，因此农作物信息少，主要是农耕地的土壤信息。而 TM 图像是 8 月 28 日获取的，大部分农作物处于成熟期，它们的信息在影像上都有很好的反映，但此时森林植被也处于生长期，农作物与森林不易区分。另一方面 SPOT 图像具有地面分辨率高的特点，但光谱波段较少，缺少中红外、热红外信息；而 TM 图像光谱波段多，但地面分辨率不如 SPOT 图像。因此，对 SPOT 和 TM 两种不同类型、不同时相的遥感图像进行复合处理可扬两者之长，避两者之短。

实验区开展了不同时相的 SPOT 和 TM 遥感信息复合处理试验研究，其方法分三个步骤：首先选择 SPOT 和 TM 的相同工作子

区，以便确定 SPOT 和 TM 影像窗口和建立两种遥感影像点之间的对应关系。我们选择实验区内老哈河流域与曝河流域交接处作为工作子区。然后以地形图为基准，选取地面控制点，利用多项式拟合法，将选取分布均匀的控制点进行最小二乘法解算，确定纠正模型。在纠正模型确定后，将 SPOT 和 TM 数据用双线性插值法进行重采样，至此完成两种相互配准的遥感图像几何纠正。最后是图像配准与复合，即将经分别纠正过的 SPOT 和 TM 图像的各波段数据输入图像处理系统，并经适当灰度调整和信息增强处理后，进行不同时相图像配准和假彩色合成。

图像复合的目的之一，是综合各种类型遥感资料的优点，获得信息更加丰富的单一合成图像，供专业人员判读或分类识别使用。经过实验区 SPOT 和 TM 多波段的复合试验，筛选出 SPOT 近红外波段 B3 与 TM5 中红外波段、TM3 红光波段组合以及 SPOT 的 B3，TM5，B2 波段赋 R、G、B 的组合方案最佳（图 5-27）。

不难看出，春末夏初的 SPOT 图像与夏季 TM 图像的复合图像，不仅色调丰富、层次分明，而且信息量比原始的 SPOT 和 TM 图像大得多。它既保留了 SPOT 图像地面分辨率高，容易区分森林植被类型的特点，又发挥了 TM 光谱波段多的优势，突出表现了地物含水量的变化，使农田耕地、农作物、水稻田等影像都十分清晰。而且在复合的假彩色合成图像上，由于有两种遥感图像信息，使水系、沟谷、河道滩地、湿地等地物的表现力大大增强，即使很窄的县级公路、河道等影像都十分清晰和细腻，甚至连在土地利用调查中，一直感到很难判读的河道旁高河漫滩水浇地蓝色影像，在复合图像上也非常鲜明突出。此外，原始 SPOT 图像上还有一些薄云层对遥感影像造成干扰，经观测，云层干扰主要是在可见光绿波段和红波段上。由于复合采用 TM3 来获取红光波段信息，使云层干扰的影响减少或消除。总之，不同类型、不同时相的遥感信息复合技术，确实是一种很有实用意义的图像处理和信息提取手段。

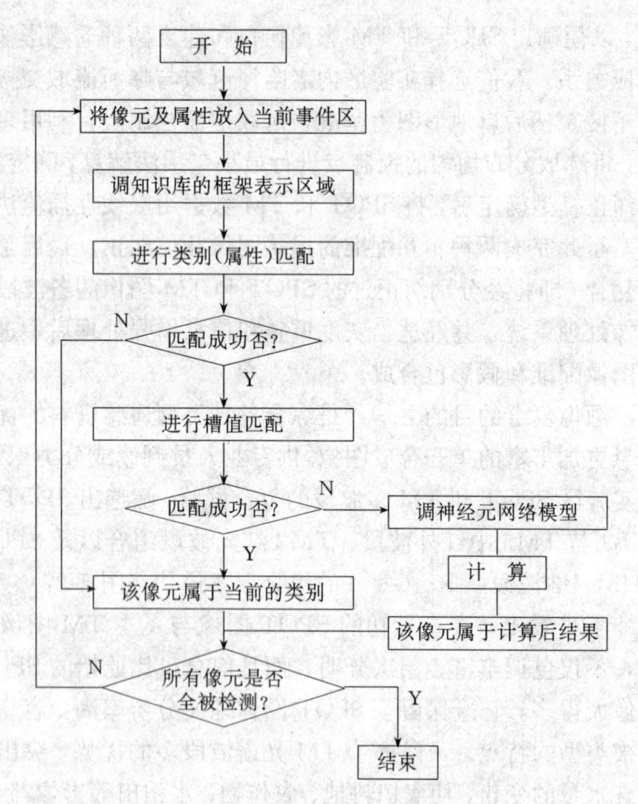

图5-27 利用神经元网络的推理方框图

二、镶嵌接边的新技术

目前二维镶嵌接边处理较好方法是采用最小灰度差或最短路径法。这些方法具有接边不明显的优点。但是也存在较大的缺点：镶嵌中某些地物的完整性被破坏而代之以破碎态；镶嵌中重叠区两种影像有优劣差别，而拼接后往往不是择优淘劣，而是适得其反，给应用带来麻烦。

这种情况的出现给镶嵌方法提出了不同的接边准则：是按二幅影像的灰度最小接边准则，还是依地物单元完整性接边准则？目前国际上采用前种，这一准则的缺点前已叙及，这种纯数学方法脱离了地学应用实际，不能认为是最好的方法。镶嵌的目的是为地学应用，不能只求表现上好看无实际价值。当然要考虑到镶嵌结果的协调一致，但这只能摆在第二位。

按地物形态特征接边方法的要点和步骤是：

①对两幅影像的重叠区部分进行边缘抽取。

②按两幅影像的不同质量和用途，选取主要的一幅的地物边缘线作主接边并选择另一幅的边缘作参考接边,然而决定初始接边,在进行人机对话后，确定初始接边线文件。

③在接边线两边（以接边线为中心）的小区间内，按最小灰度差重新确定接边点，最后获得镶嵌接边线，并以文件形式存入磁盘接缝文件中。

④接缝区域的加权平滑处理。不论是一维或二维接边，如果不作接边点（左、右，或上、下）加权平滑处理，一般情况下仍有较明显的接缝痕迹。于是在以接边点为中心的 K 个像元内进行平滑，其接缝不明显，算法是：设接边点 0 的平滑度为 K，H 为重叠区，$K<H$。

$$G_i = G_L \frac{K-i}{K} + G_R \frac{i}{K} \tag{5-33}$$

式中：G_L 为接边点 0 左边图像像元灰度值，G_R 为接边点 0 右边图像像元灰度值，$i=1$，2，3，…；K，G_i 为加权平滑后所求的灰度值，$K-i/K$ 和 i/K 为左、右图像加权系数。

⑤在一般情况下采用上述加权平滑以使接缝线不明显，但这是以图像的退化为代价的，所以设计了一套新方法。即按接缝线文件进行两幅图的镶嵌后，将重叠区部分的图像进行局部自适应辐射纠正，以达到镶嵌处理后的灰度平衡一致，这种灰度平衡只是原始灰度的增降，而非两幅图像中同名像元的平均或加权平均值，所以镶嵌图像不会退化，这对于图像的清晰度和以后的分析，以及分类处理是很有益的。

三、应用MSS数字图像处理进行森林资源动态监测的实验

森林面积动态是通过两时相图像差异进行的，两时相的变化可分为两类，第一类为大气状况、土壤水分、卫星检测过程不同等。这些因素影响到多数或所有像元，这种影响可通过运算或旋转数据的空间来消除或压缩。第二类变化只涉及部分或所有像元，如森林采伐、造林更新、季节不同等。试验中对森林动态变化信息提取应用了如下方法。

1. 图像差值法

森林消长会影响红光波段和近红外波段图像变化。差值法是把已经相互匹配的第二时相原始图像减去第一时相图像的亮度值。从理论上说正值和负值表示变化像元，零表示没有变化的像元，因图像亮度值是在0～255之间，故差值法常加一常数以消除负值。

图像差值法产生的MSS7，MSS5差值图像的直方图呈钟形分布，虽这两个波段对植被变化都极敏感，但由于季相、大气、卫星位置、土壤水分不同引起像元亮度的变化，这种变化与植被覆盖度变化混合在一起，使其在单波段差值中无法分开，难以提取动态信息。但对不同波段，各种因素影响不一样，3个波段差值图像的彩色合成，综合了各个波段动态信息，因而能很好突出植被信息。

将MSS7，MSS5，MSS4差值图像分别配以红、绿、蓝的彩色合成图像，植被增加区域为红色，植被遭破坏区为暗棕色，大部分为青色的是地类没有变化。简单差值合成图像对提取植被变化情况具有很好的目视解译效果。

2. 比值植被指数差值法

应用IR/RED对植被生物量具有很高的相关关系，因而比较两时相的这种植被指数可以很好地监测森林植被变化情况。同时比值能消除大气状况、土壤水分、太阳高度角等因素对图像产生的影响，压缩非地类变化引起的差异，突出地类变化。

在比值图像上高亮度像元意味着比值植被指数剧烈增加区域，

低亮度像元意味着植被指数剧烈降低区域，大部分像元呈中间灰度，表示植被指数变化不大区域。从直方图分布看植被指数变化剧烈的像元分布于直方图的两尾：左尾是植被指数剧烈降低的像元分布，右尾是植被指数剧烈增加的像元分布，大部分区域的植被指数变化不大，分布于直方图的中间部位，整个植被指数差值图像的亮度分布是连续的，二时相植被数变化受如下因素影响：季节不同引起的变化，植被指数随季节变化的程度不很大；植被生活的变化引起的，但林木的生长周期长，引起植被指数变化很小；森林植被演替和改造引起的植被指数的变化；森林植被消长引起的变化，主要是采伐、火灾使林木消失和造林产生新林地。这种因素引起植被指数的剧烈变化，变化的程度比其它因素都大。

因此，根据森林植被消长剧烈影响植被指数变化这一特点，可以依据植被指数变化程度来监测林地植被消长变化，并依据一定阈值划分植被指数差值图像来检测变化区域的位置和大小。为了确定各种阈值划分的精度，在整个试验窗口布置225个抽样点。根据相应两个时相的航空像片判读的动态结果为标准，检验取不同阈值的精度，从而确定最佳阈值。可以看出，取1.25倍标准差进行检测的监测精度最高，平均精度达78.5%，总精度达75.2%，综合精度达76.8%。

3. 归一化差值植被指数法

归一化差值植被指数法与比值植被指数一样，对植被具有良好反映，在植被较稀疏，土壤背景干扰大的地区用归一化差值，植被指数优于比值植被指数。计算公式为：

$$\Delta ND_{ij} = ND_{(2)ij} - ND_{(1)ij} + C \qquad (5\text{-}34)$$

$$ND_{ij} = \frac{MSS7_{(K)ij} - MSS5_{(K)ij}}{MSS7_{(K)ij} + MSS5_{(K)ij}} \cdot CK \qquad (5\text{-}35)$$

式中：ΔND 差值图像；ND 归一化植被指数；K 时相；i,j 分别为行、列；C 常数。该结果平均精度为75.69%，总精度73.7%，综合精度为74.7%。

4. 多时相主分量分析法

将 MSS 两时相的波段作为 8 个通道的数据，这种扩展的数据经主分量分析将产生具有植被动态信息的高阶主分量，在多时相结构旋转过程中，把植被信息变化作为一种类型的“噪音”从中分离出来。利用主分量对 Landsat 图像进行交换，第一主分量为亮度，第二主分量为绿度，第三主分量为变化亮度，第四主分量为变化绿度。

应用多时相主分量进行动态监测必须具备两个条件，即两时相图像具有二维的基本维数——亮度和绿度，且土地覆盖和植被变化程度超过一定范围。具此两条件，再经精确配准，这样多时相多维数据在数字空间旋转中，各种动态变化引起的光谱反射变化将各自作为一维分量分离出来。

两时相各自第一、第二主分量包含了 4 个原始波段图像的 98%以上的信息(表 5-16)，因而这两时相原始数据的基本维数是二维，

表 5-16　1976、1985 年 MSS 试验窗口图像特征根和特征向量

统　计　值	主 分 量 (%)			
	1	2	3	4
1976 年累积贡献率	90.1	98.1	99.2	100
1985 年累积贡献率	89.6	98.0	99.1	100

两时相各自第一主分量的各波段都为正值，它为图像的亮度，占总信息量的 90%左右，第二主分量在可见光波段为负值，在红外波段为正值，这个主分量反映了植被特征，称为绿度。动态变化可从多时相主分量变换进行分析，第一主分量在所有的通道的特征向量都为正值，它反映了多时相图像的稳定亮度，占所有变化信息的 71.8%，从多时相第一主分量可以看出，在两时相各波段图上亮度高的地方，第一主分量也高，如荒地、农田等。第二主分量前 4 个通道，第一时相的 4 个波段特征向量全为负值。后 4 个通道即第二时相的 4 个波段为正值。这一主分量反映了两时相的亮度变化。从第二主分量的图像中可以看出，沟谷和河川阶地耕地亮度变化较大。从 1976 年的图像看，由于春季沟谷和河川阶地土壤湿度较大，在各波段亮度较低，而 1985 年的图像由于是秋季，裸露土壤干燥，各波段亮度较高。第三主

分量的特征向量总趋势是在各时相的可见光波度为负值，红外波段为正值。因而这一波段为变化“亮度”，在第三主分量的图像中，有植被覆盖的地方像元亮度都较高。第四主分量的特征在第一时相可见光波段和第二时相的红外波段为正值。第一时相的红外波段和第二时相可见光波段为负值。这一主分量突出了两个时相由植被引起的光谱反射变化，在该主分量图像中新增植被区亮度高，植被遭破坏区亮度低。更高次序的主分量包含的信息与前四个主分量相比，所包含的信息量极少，而且意义难以确定。对于森林动态研究，第四主分量是要提取的信息，它反映植被变化情况，采用标准差阈值，以 1.50 倍标准差分割的动态图监测精度最高，平均精度达 78.4%，总精度达 80.64%，综合精度 79.52%。

5. 分类比较监测法

在两时相分类的基础上，进行逐像元比较，得出动态变化矩阵。这种动态变化矩阵能够全面了解各地类精度的变化情况。分类比较法是在两时相分类图的基础上进行的。它的精度是两时相分类精度的乘积，这说明此种方法对各时相图像的分类精度要求很高，才能使动态监测结果达到可以接受的精度。但目前，由于分类精度的限制，分类比较法精度不会令人满意。

对试验区的图像作分类时，由于各地类比较破碎，难以选择训练区，采用无监督分类方法对两时相试验窗口进行分类。对各时相 MSS7、MSS5、MSS4 合成图像进行分类，1976 年时相图像聚成 18 类，1985 年时相图像聚成 15 类。参考收集的彩红外航空照片、黑白航空照片及两时相森林分布图，确定分类结果与实际地物类别的对应关系。由于本试验重点为森林植被，同时考虑到两时相图像的季相对地类区别的影响，为此尽可能把地类合并，各时相地类都合并成下面 5 类：①水域；②针叶林；③阔叶林；④灌木林；⑤农田、荒草地。

四、土壤侵蚀与土壤退化调查

土壤侵蚀是指在外力作用下，地表土壤被剥蚀、转运和沉积的整个过程。也就是说,地表土壤在外营力作用下,离开原始位置即为侵蚀。按营力性的不同,又可分为水利侵蚀、风力侵蚀、冻融侵蚀和重力侵蚀等形式。其侵蚀量是所有侵蚀形式产生的侵蚀量之和。

影响土壤侵蚀的因素主要有地形、岩性、植被、降雨和土地利用等。

土壤侵蚀调查应选择近期雨季前后的遥感图像如 TM 及其假彩色合成图像,还应收集调查区域各种比例尺的地形图、地质图(水文地质图)及报告,其他专业调查及其研究成果如土地利用现状图、土壤分布图、水土流失分布图、森林资源分布图、水资源调查评价与水利区划报告,综合农业区划报告以及气象资料等作为辅助资料。

卫星图像对区域地貌特征和构造形迹反映直观;自然景观中最敏感的植被因子,卫星图像清楚地显示出平面分布位置和垂直变化规律,其红色密度大小和鲜艳程度便于确定植被覆盖度等级;采用汛前时相的图像,耕地、荒草地等与其它地物因子在光谱特征上的差异,进行判读比较容易。因此,各种定性因子基本上都能从影像中获取,加上各种辅助资料的应用,可以有效地对土壤侵蚀进行调查。

调查的步骤是:

①图像室内判读。即根据图像特征和辅助资料对影响土壤侵蚀的地貌、岩性、植被覆盖度和类型、农业用地等内容逐一判读,并利用地理相关法,初步划分出土壤的侵蚀类型。

②实地调查验证。这是深化室内初判,认识土壤侵蚀发生发展机制,分析土壤侵蚀各要素之间的相互关系的主要环节。实地调查主要包括线路查勘、重点区(重点流失区)调查、典型样方量测(坡耕地、荒地和不同植被覆盖度的土壤侵蚀量)、水库淤积调查(用以确定积水范围内不同侵蚀类型的侵蚀强度)等。

③综合分析,图件编制和面积量算。

土壤不仅受多种自然因素的影响和制约,而且受人为因素的制约和影响。如果制约土壤肥力的水、肥、气、热等因素供应和协调得当,则土壤肥力能不断保持,否则将会引起土壤的退化,形成劣质土退化地。一般来说，劣质土是指本地区一部分土地受一个或几个不良因素的限制和影响，妨碍农作物的生长，基本属性是劣质低产。具体

表 5-17　京津唐地区劣质土地退化的判读标志

	国土黑白卫星像片	国土彩色红外卫星像片	陆地卫星 TM 图像	陆地卫星 MSS 图像
滩涂地	沙质滩涂地呈白色窄条带状，易区分。泥质滩涂地不易区分	泥质呈浅蓝紫色条带，沙质、泥质均易区分	在 1984 年 9、10 月的 2、3、4 波段彩色合成片上，均可区分泥质滩涂地。在与海域交界处不明显，不易区分	泥质、沙质滩涂可区分
盐碱地	滨海地区盐碱地多分布在盐田外围，呈白色内有较多黑色斑点，结合地面调查可区分盐土和潮土，对三级分类不易区分	除滨海盐土地以外，结合地面调查可区分盐土和潮土。对三级分类不易区分	对三级分类不易区分	对三级分类不易区分
低湿洼地	根据所处低洼位置形态和灰度可分辨草甸沼泽土地、盐渍水稻土地，其余类型要结合常规方法调查鉴别	根据洼地形态和色别，可区分草甸沼泽土地，其余类型要结合常规方法调查鉴别	同左	同左
风沙土地	对裸露平沙土地、河岸冲积沙土地、滨海沙土地和灰土可以区分	对平沙土地、河岸冲积沙土地、滨海沙土均可以区分，沙地上被植被覆盖就不易区分	同左	同左
山地侵蚀地	山地植被多的为灰黑色，植被少的为灰白花斑色，沟谷发育，清晰度优于 TM 图像	二级分类不易区分	山地植被多的为浅红色、植被少的为绿黄色夹红色花斑，沟谷显示不如国土卫星像片	同左
污染地	不易区分	不易区分	排污口可显示区分，污染地的类型不易区分	不易区分

地说，劣质土就是指平原地区存在的盐碱地、洼涝地、风沙地、污染地和山区的侵蚀地。退化地是由于自然条件和生态环境的改变，以及人类活动中的不利影响，已经或正在变为劣质低产的土地。这些劣质土退化地虽受多种因素的影响，但每一类型都有其特定地理位置和几何形态，以此作为遥感影像分析研究的依据。

在京津唐地区国土资源与自然环境调查研究的过程中，有关单位曾利用国土卫星像片判读该地区劣质土退化地，并采用1∶250 000的TM片和MSS影像进行对照补充，参见表5-17。非盐碱化土地在红外卫星图像上一般呈黄绿色，而盐碱化后在彩红外像片上呈灰褐色或浅蓝绿色，在黑白照片上呈浅色调，盐结壳和盐霜呈白色影像特征；沼泽地一般位于低湿洼地，有特殊的几何形状，如呈椭圆形、长条形、近圆形等，在红外卫星像片上主要呈暗蓝绿色或棕色夹灰白色或灰白色斑点，在黑白卫星像片上呈灰黑色或夹灰白色斑点，与周围非沼泽地区的红色、紫红色或灰黑色呈明显界限；风沙土地一般适于种植花生白薯、豆类和西瓜等作物，在收获后成像的遥感图像上解译效果较好，而冲积沙土地呈较明显的白色条带，易于区分。

山地侵蚀地的判读标志主要是山地植被的多少和沟谷密度的大小，侵蚀较重的在彩色红外片上呈黄白色花斑状或黄白色夹棕红色斑纹，在黑白卫片上呈白色花斑状，沟谷发育。

第六章 GIS 原理

第一节 GIS 数据结构与数据模型

一、GIS 数据结构

地理信息系统通常以图形数据结构为特征分成两大类型：基于矢量结构的 GIS 和基于栅格结构的 GIS。一般来说基于栅格结构的 GIS 容易与遥感数据结合，建立 GIS 和 RS 集成化系统。而矢量数据则需要通过矢量至栅格的转换，才能与遥感数据集成使用。

1. 矢量数据结构

从几何上说，空间目标可划分为点、线、面、体四种基本类型。在图面上的点、线、面实体，可以用采样点 X、Y 坐标对表达：

点：(X，Y)

线：(X_1，Y_1)，(X_2，Y_2)，…… (X_n，Y_n)

面：(X_1，Y_1)，(X_2，Y_2)，…… (X_n，Y_n)

对于面状地物而言，最末一点的坐标与第一点的坐标相等。

矢量数据结构直接以取样点坐标为基础，尽可能将目标表示得精确无误。对于一个数字制图系统而言，按照这种简单的记录方式，再适当增加目标的注记名称、输出的线型、颜色和符号等，在矢量输出设备上就可以得到精美的地图。

在地理信息系统中，除了记录空间目标的几何位置数据外，还要考虑与这个目标有关的属性信息以及空间目标之间的相互关系，以满足空间查询和空间分析的需要。

矢量数据结构的一个最突出和最具特色的优点是能够完全显示地表达结点、弧段、面块之间所有关联关系。例如对图 6-1 所示的图形元素，除了可明确表达从上到下（即面块——弧段——结点）的拓扑关系外，还能用关系表列出结点——弧段——面块之间的关系。对于图 6-1 所示图形的拓扑关系可用表 6-1 至表 6-4 全部显式表达出来。其中前两个表格表达了从上到下的拓扑关系，后两个表达的

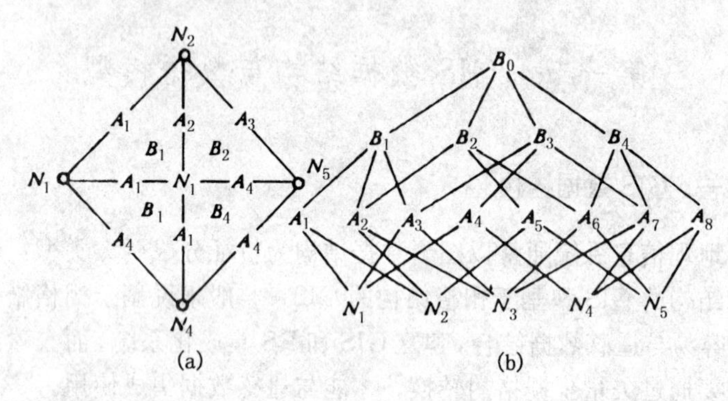

图 6-1 结点、弧段、面块之间的拓扑关系

表 6-1 面块—弧段的拓扑关系 $b=b(a)$

面块	弧段		
B_1	A_1	A_2	A_3
B_2	A_2	A_5	A_6
B_3	A_3	A_4	A_7
B_4	A_6	A_7	A_8

表 6-2 弧段—结点的拓扑关系 $a=a(n)$

弧段	结点	
A_1	N_1	N_2
A_2	N_2	N_3
A_3	N_1	N_3
A_4	N_1	N_4
A_5	N_2	N_5
A_6	N_3	N_5
A_7	N_3	N_4
A_8	N_4	N_5

表 6-3　结点—弧段的拓扑关系 $n=n$（a）

结　点	弧　　段
N_1	A_1　A_3　A_4
N_2	A_1　A_2　A_5
N_3	A_2　A_3　A_6　A_7
N_4	A_4　A_7　A_8
N_5	A_5　A_6　A_8

表 6-4　弧段—结点的拓扑关系 $a=a$（b）

弧　段	左边面块	右边面块
A_1	0	B_1
A_2	B_2	B_1
A_3	B_1	B_3
A_4	B_3	0
A_5	0	B_2
A_6	B_2	B_4
A_7	B_4	B_3
A_8	B_4	0

是从下到上的拓扑关系。

2. 栅格数据结构

矢量数据结构精度高，容易表达拓扑关系，存贮量少，为什么还要采用栅格结构呢？这是因为来自遥感、摄影测量和扫描的数据是栅格形式，格网数字地面模型是栅格形式。矢量数据结构不能直接与栅格数据交互使用。另外，栅格数据结构简单，空间叠置和空间分析易于进行，而且速度快。

在 GIS 中，有许多种基于栅格的数据结构，这些节省存贮空间，有些则操作效率高。

(1) 栅格矩阵

栅格数据是二维表面上地理数据的离散量化值。每一层的像元值组成像元阵列（即二维数组），其中行、列号表示它的位置。

例如影像

$$\left[\begin{array}{cc:cc} A & A & A & A \\ A & B & B & B \\ \hdashline A & A & B & B \\ A & A & A & B \end{array}\right]$$

在计算机内是一个 4×4 阶的矩阵。但是在外部设备上，没有矩阵存贮器，通常是以左上角开始逐行逐列存贮。如上例存贮的顺序为：

$$AAAAABBBAABBAAAB$$

通常是一个文件存贮一层的信息，如果多于一层就采用多个文件，也可以在一个文件中存贮多层信息，记录每个 pixel 的行、列号以及与该像元有关的所有信息。

像元的内容可能是一个 byte 的整型－127～127（或 0～255）或字符型，如图像数据每个波段的一个 pixel 用一个 byte 存贮。也可以是 2 个 byte 的整型数，或 4 个 byte 的实型数。

（2）行程编码

地理数据一般有较强的相关性，就是说相邻像元的值往往是相同的。这样，我们就可以用某种编码方法来进行压缩。按行扫描，将相邻等值的像元合并，并记录行程长度和它的值，称为行程编码。对于上例有：

$$4A \quad 1A \quad 3B \quad 2A \quad 2B \quad 3A \quad 1B = 7\text{对}$$

如果在行与行之间不间断地连续编码。则有：

$$5A \quad 3B \quad 2A \quad 2B \quad 3A \quad 1B = 6\text{对}$$

显然行程编码节省了不少空间，区域越大，数据相关性越强，节省的空间越多。

（3）四叉树编码

四叉树编码是以栅格数据二维空间分布的特点，将空间区域按照四个像限进行递归分割（$2^n \times 2^n$，且 $n \geqslant 1$），直到子象限的数值单调为止，最后得到一颗四分叉的倒向树。如上例矩阵栅格的四叉树如图 6-2 所示。

四叉树有两种，一种是指针四叉树，在子结点与父结点之间设

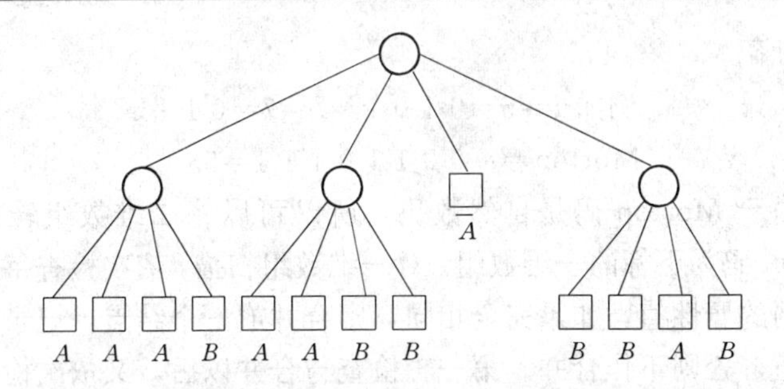

图6-2　四叉树结构

立指针，由于指针占用的空间较大，难以达到数据压缩的目的。另一种线性四叉树，它不需要记录中间结点和指针，仅记录叶结点，并用地址码表示叶结点的位置。因而，线性四叉树广泛用于数据压缩和 GIS 中的数据结构。

线性四叉树的地址码有四进制数和十进制数两种。这里介绍十进制地址码和四叉树的建立过程。十进制地址码亦称 Morton 码，如表 6-5 所示。

表 6-5　线性四叉树的地址码

M_D码　列号 / 行号		JJ	0	1	2	3	4	5	6	7
		J_f	0	1	4	5	16	17	20	21
II	I_f									
0	0		0	1	4	5	16	17	20	21
1	1		2	3	6	7	18	19	22	23
2	2		8	9	12	13	24	25	28	29
3	5		10	11	14	15	26	27	30	31
4	16		32	33	36	37	48	49	52	53
5	17		34	35	38	39	50	51	54	55
6	20		40	41	44	45	56	57	60	61
7	21		42	43	46	47	58	69	62	63

为了得到线性四叉树的地址码，我们首先将二维栅格的行列号转化成二进制数，然后交叉放入 Morton 码变量中，即为线性四叉树

的地址码。

例如 $I=5=0\ 1\ 0\ 1\quad J=7=0\ 1\ 1\ 1$

Morton＝ $0\ 0\ 1\ 1\ 0\ 1\ 1\ 1=55$

由于 Morton 码是自然数码，所以可以将二维数组转化成以 Morton 码为下标的一维数组。对一维数组扫描，依次检查每四个相邻格网的属性值，如果完全相同，则合并成一个结点，记录地址和格网值，否则不作合并。第一轮检查与合并以后，又依次检查每四个大块的值，如果不完全相同就不作合并，否则就合并成更大的结点。递归循环，直到没有能合并的叶结点。上例中的栅格矩阵，展开成以 Morton 码为序的线性表和 4 叉树的建立过程如表 6-6 所示。

表 6-6　线性四叉树与二维行程编码过程

Morton 码	像元值
0	A
1	A
2	A
3	B
4	A
5	A
6	B
7	B
8	A
9	A
10	A
11	A
12	B
13	B
14	A
15	B

线性四叉树		三维行程编码	
M 码	像元值	M 码	像元值
0	A	0	A
1	A	3	B
2	A	4	A
3	B	6	B
4	A	8	A
5	A	12	B
6	B	14	A
7	B	15	B
8	A		
12	B		
13	B		
14	A		
15	B		

如果不考虑线性四叉树的四合一特点，仅按 Morton 码顺序扫描，当前后格网值不相同时，记录该叶结点的地址码和格网值，这样，可以进一步压缩存贮空间。由于它实际上是对整个二维平面上的格网统一编码，所以称二维行程编码。二维行程编码与四叉树码的地址码相同，但性质不同。

3. 矢量栅格一体化数据结构

虽然栅格数据结构有许多优点，但栅格结构精度低，并难以建立网络拓扑结构。这些缺点正好可以用矢量数据结构加以克服，所以现在许多GIS软件中，既含有栅格结构又保持矢量结构，以形成一种混合数据结构。两者与属性数据的关系如表6-7所示。

表6-7　混合数据结构

ID	矢 量 数 据
	栅 格 数 据
	属 性 数 据

然而，这还会出现一些问题，点状、线状地物在栅格结构中难以独立表达，往往会与相邻的面状地物发生矛盾，因而限制了它们与栅格的影像数据直接交互使用的能力。下面介绍一体化数据结构，它不是矢量与栅格结构的简单混合，而是一种既有矢量特点又有栅格性质的数据结构。

（1）细分格网

由于栅格的精度较低，为了提高精度，需要在有点、线通过的网格内再细分成256×256等分。基本栅格和细分格网都采用线性四叉树的地址码编码。这样，一个点的位置用两个Morton码表示，第一个表示点在基本格网中的位置，第二个表示细分格网的Morton码，即点位的地理坐标 x，y 转化成 M_1 和 M_2。例如：$x=210.00$，$y=172.32$转化为 $M_1=275$，$M_2=2690$。对于组成线状地物和面状地物的弧段而言，不仅记录原始采样点的位置，而且记录每条弧段通过每个基本格网边的交叉点，以解决线性目标与栅格数据交互叠置的问题。

（2）点状目标的数据结构

点状目标的数据结构与矢量拓扑结构类似，仅是一对 x、y 坐标换成了两个Morton码。即：

Node ID	M_1	M_2	关联的弧段

（3）段的数据结构

弧段的数据结构亦与矢量拓扑结构类似，但这里除了采用Morton码表示位置特征外，还特别强调应记录弧段通过的所有格网。

即：

ARC ID	起结点	终结点	左多边形	右多边形	中间点（M_1，M_2）

（4）面状地物的数据结构

在一体化数据结构中，面状地物的数据结构不仅包含了组成该面状地物周边的弧段，而且要包括该面状地物中间的面域栅格。这些面域栅格由二维行程编码表组成，并且用循环指针将每个面状地物所属的叶结点串起来，然后再建立面状地物的数据结构：

面块标识号	周边的弧标识号	中间面域叶结点信息

由这种方式建立的数据结构既有矢量的特点，精度较高，容易建立拓扑关系，又有栅格的性质，容易进行空间叠置分析和易于与遥感影像数据结合。

二、GIS 的数据模型

数据模型是描述数据内容和数据之间联系的工具，它是衡量数据库能力强弱的主要标志之一。数据库设计的核心问题之一就是设计一个好的数据模型。目前在数据库领域，常用的数据模型有：层次模型、网络模型、关系模型，以及最近兴起的面向目标模型。下面以两个简单的空间实体为例（图 6-3），简述它在前三个传统数据模型中的数据组织形式及其特点。

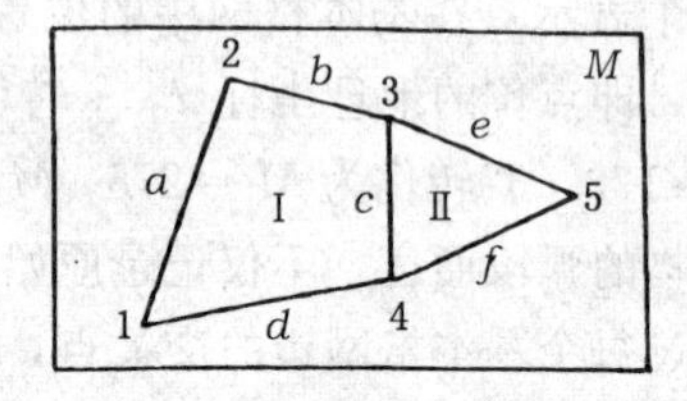

图 6-3 地图 *M* 及其实间实体 Ⅰ

1. 层次模型

层次模型是记录类型结点的有向树林，树的主要特征之一是除根结点外，任何结点有且仅有一个父结点。父结点表示的总体与子结点的总体必须是一对多的联系，即一个父记录对应于多个子记录，而一个子记录只对应于一个父记录。对于图 6-3 所示的多边形地图，可以构造出图 6-4 所示的层次模型。

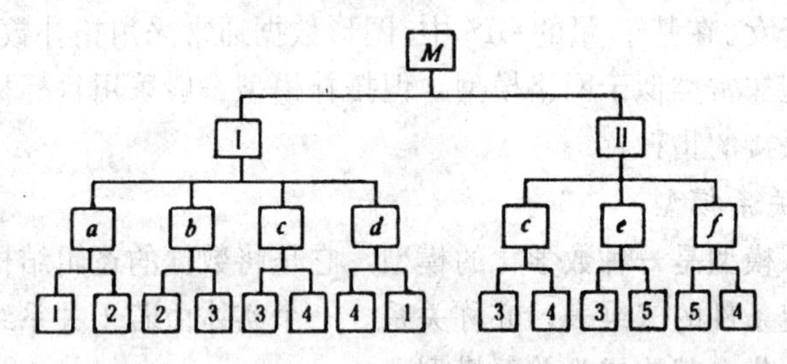

图 6-4　层次模型

层次模型不能表示多对多的联系，这是令人遗憾的缺陷。在 GIS 中，若采用这种层次模型将难以顾及公共点、线数据共享和实体元素间的拓扑关系，导致数据冗余度增加，而且给拓扑查询带来困难。

2. 网络模型

网络模型是 CODASYL 发展起来的一种数据模型，用于设计网络数据库。网络模型是以记录类型为结点的网络结构。网络与树有两个非常显著的区别：

①一个子结点可以有两个或多个父结点；

②在两个结点之间可以有两种或多种联系。

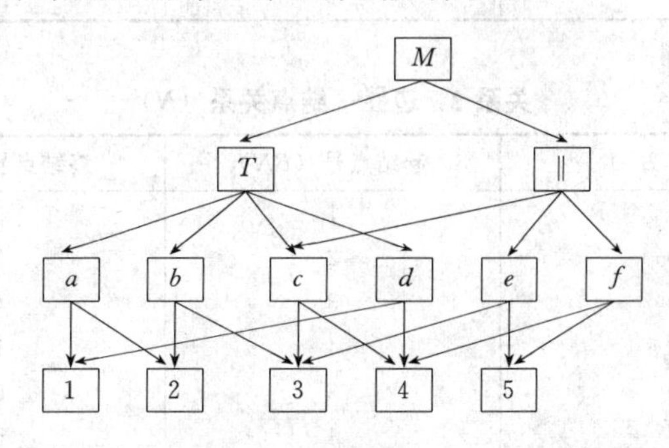

图6-5　网络模型

图 6-5 是图 6-3 的网络模型，图中的每个方格称为一个结点，代

表一组实体元素，每个实体元素用一记录表示，不同元素之间的联系用络联接，一个结点可能有多个双亲，所以一个结点可能是多个络中的子女。在基于 量的GIS 中，图形数据通常采用拓扑数据模型，这种模型非常类似于网络模型，但拓扑模型一般采用目标标识来代替网络联接的指针。

3. 关系模型

关系模型是一种数学化的模型，它是将数据的逻辑结构归结为满足一定条件的二维表，亦称关系。一个实体由若干关系组成，而关系表的集合就构成为关系模型。

如图 6-3 所示的多边形地图，可用下列关系表示多边形与边界及结点之间的关系（表 6-8）。

表 6-8 关系表 关系 1：边界关系（*B*）

多边形编码（$P^{\#}$）	边号（$B^{\#}$）	连 长
I	*a*	30
I	*b*	22
I	*c*	16
I	*d*	25
I	*c*	16
I	*e*	14
I	*f*	17

关系 2：边界—结点关系（*N*） （续表）

边号（$B^{\#}$）	起结点号（*BN*）	终结点号（*BN*）
a	1	2
b	2	3
c	3	4
d	4	1
e	3	5
f	4	5

关系 3：结点坐标关系（*C*）　（续表）

结点号（$N^{\#}$）	x	y
1	26.7	23.5
2	28.4	46.6
3	46.1	42.5
4	31.3	45.6
5	68.4	38.7

关系模型的最大特色是描述的一致性，对象之间的联系不是用指针表示，而是由数据本身通过公共值隐含地表达它们之间的联系，并且是用关系代数和关系运算来操作数据。关系模型具有结构简单、灵活，数据修改和更新方便，容易维护和理解等优点，是当前数据库中最常用的数据模型。大部分 GIS 中的属性数据亦采用关系数据模型，有些系统甚至采用关系数据库管理系统管理几何图形数据，如系统 9 等。

然而，关系模型在效率、数据语义、模型扩充、程序交互和目标标识方面都还存在一些问题，特别是在处理空间数据库所涉及的复杂目标方面，传统关系模型显得难以适应。

4. 面向目标模型

面向目标（object-oriented）方法也称面向对象方法，是为了克服软件质量和软件生产率低下而发展起来的一种程序设计方法。目前它在涉及计算机科学的许多领域得到重视。面向目标的定义是指无论怎样复杂的事物都可准确地由一个目标表示。例如地图上多边形的一个结点或一条弧段是目标，一条河流，或一个省也是一个目标。每个目标都是一个包含了数据集和操作集的实体。

除数据与操作的封装性以外，面向目标的数据模型还涉及到四个抽象概念：分类（classification）、概括（generalization）、聚集（aggregation）和联合（association），以及继承（inheritance）和传播（propagation）两个语义工具。

（1）分类

类是关于同类目标的集合，具有相同属性和操作的目标组合在一起形成类。属于同一类的所有目标共享相同的属性项和操作方法，但每个目标可能有不同的属性值，以一个城市GIS为例，它包括了建筑物、街道、公园、给排水管道、电力设施等类型，而中山路51号楼则是建筑物类中的一个实体，即目标。建筑物类中可能有地址、房主、用途、建筑日期等属性，并可能需要显示目标，更新属性数据等操作。

(2) 概括

在定义类型时，将几种类型中某些具有公共特征的属性和操作抽象出来，形成一种更一般的超类，称为概括。例如，饭店、商店、学校、医院等都涉及到建筑物，所以可以将建筑物抽象出来，形成一种超类，建立饭店、商店、学校等子类的公共的属性项和操作。子类还可以进一步分类，如饭店类可以进一步分餐馆、旅社、涉外宾馆、招待所等类型。所以一个类可能是某个或某几个超类的子类，同时又可能是几个子类的超类。

(3) 继承

继承是一种服务于概括的工具。在上述概括的概念中，子类的某些属性和操作来源于它的超类。例如在前面概括的例子中，饭店类是建筑物类的子类，它的一些操作，如显示和删除目标等，以及一些属性如地址、房主、用途、建筑日期等是所有建筑物公有的，所以仅在建筑物类中定义它们，然后遗传过来，还可以将超类的操作和属性遗传给子类的子类。继承是一有力建模工具，它有助于进行共享说明和应用的实现，提供了一个对世界简明而精确的描述。

(4) 联合

在定义目标时，将同一类目标中的几个具有相同属性值的目标结合起来，为了避免重复，设立一个更高水平的目标表示那些相同的属性值。例如，一个农户拥有两块农田，它们使用同样的耕种方法，种植同样的庄稼，其中农田主、耕种方法和庄稼三个属性相同，因而可把这两个目标组合成一个新的目标，新目标中包含了这三个属性。

（5）聚集

聚集有点类似于联合，但聚集是将几个不同特征的目标组合成一个更高水平的目标。每个不同特征的目标是该复合目标的一部分，它们有自己的属性描述数据和操作，这些是不能为复合目标所公用的，但复合目标可以从它们那里派生得到一些信息。例如房子从某种意义上说是一个复合目标，它是由墙、门、窗、房顶等组成。

（6）传播

传播是作用于联合和聚集的工具，它通过一种强制性的手段将子目标的属性信息传播给复杂目标。就是说，复杂目标的某些属性值不单独存于数据库中，而是从它的子目标中提取和派生。例如，一个多边形的位置坐标数据，并不直接存于多边形文件中，而是存于弧段和结点文件中，多边形文件仅提供一种组合目标的功能和机制，即借助于传播工具可以得到多边形位置信息。

（7）基于一体化结构的面向目标的几何数据模型

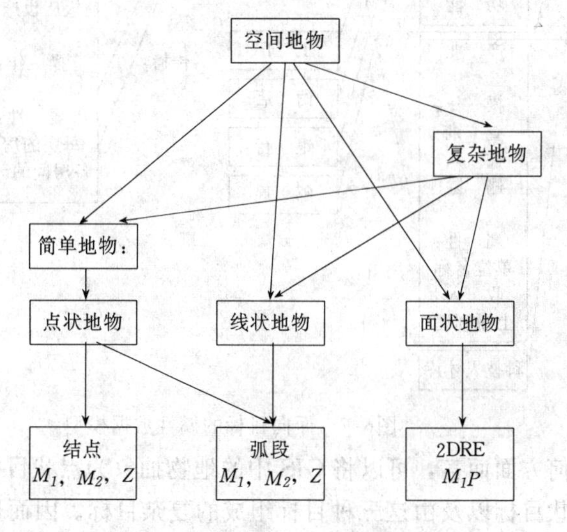

图6-6　面向目标的几何数据模型

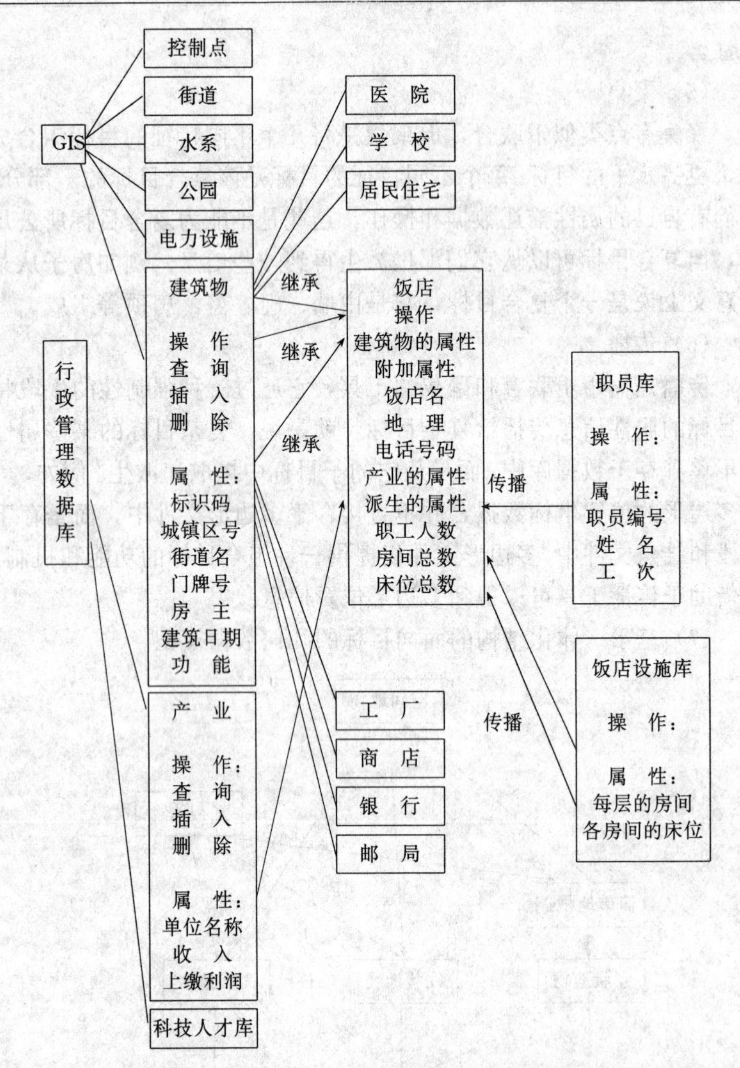

图6-7 面向目标的属性数据模型

从几何方面而言，可以将 GIS 中的地物抽象为点状目标、线状目标、面状目标以及由这三种目标组成的复杂目标。因而这四种类型可以作为 GIS 中各种地物类型的超类，而每一种几何类型的地物又可能由一些更简单的几何图形元素构成，例如一个面状地物是由周边弧段和中间面域组成，弧段又涉及到结点和中间点坐标。在几何模型中，聚集和传播是最有用的抽象模型和建模工具。结点的坐标传播给弧段，弧段聚集成线状地物或面状地物，简单地物组成复杂地物。这些几何目标可形成类似于网络的面向目标数据模型（图6-6）。

5. 面向目标的属性数据模型

面向目标的属性数据模型主要涉及分类、概括和继承的抽象模型和建模工具，有些情况下也涉及到聚集、集合与传播。GIS 中的地物分类可以根据国家标准或实际情况划分，例如城市 GIS 的地物可分为建筑物、道路、公园、水系、电力线等几大类（图 6-7）。每一类有相应的属性和操作。每个大类可能再进一步分成子类，如建筑物类可以进一步分为饭店、医院、学校、住宅等子类。子类继承超类的属性和操作，它本身还可以增加一些附加的属性和操作，另外子目标的属性还可以传播给复合目标。利用这些抽象模型和建模工具，使得 GIS 中的分类更接近于现实世界。

第二节 DGPS、TSS 支持下的野外数字电子地图测绘

数据源是 GIS 的瓶颈问题，解决 GIS 数据源的手段通常有两大类：一类是基于栅格结构的 RS 数据源，包括对航片、地图的扫描所获得的数据源；另一类是基于矢量结的大地测量数据，如经纬仪、惯性测量系统、DGPS、TSS（全站仪测定系统）等野外直接测量获得的数据，包括对地形图的手扶跟踪数字化。

多年来，GIS 的用户更多的关心直接采用 RS 数据源或者将已有地形原图扫描矢量化或手扶跟踪数字化后的地图数据源，实际上这些数据有很大的局限性，RS 数据现实性好，但数据精度和空间分辨率往往不能令人满意；而原图数字化结果现实性差，数据精度对

于直接野外测量结果而言有损失即要差许多。这就是为什么近5年来，我国测绘界和GIS应用界十分关注通过DGPS、TSS直接在野外获得高精度的GIS数据，并实现自动观测，电子手簿自动记录建立数据文件*.dat，这个*.dat既可以直接进入GIS，作为其数据源，配合野外记录的属性数据，绘制地图，修测地图，实施空间分析；也可以将*.dat在野外或室内输入数字化测图系统软件中，或实时或后处理测绘出电子地图，这种电子地图是数字式的，可与GIS实现数据交换和图形交换。其特点是操作简单、编图方便，具有编辑、文件、查询、绘图、扫描、数字化仪、数字化地图等多项功能，与标准的GIS比较，数字化测图系统软件主要缺少拓扑关系建立和空间分析功能。由于数字电子地图直接野外测量，空间数据精度很高（主要地物点点位误差可达cm级）。成图又比GIS作业方便、快速，因而日益形成一种GIS的有效数据源。

目前，国内流行多种野外数字化测图软件，这些软件各有其特点，这里介绍主流软件CASS3.0，该系统可以采用包括DGPS等多种手段采集数据实现野外数字化测图。

一、CASS3.0简介

CASS3.0是我国南方测绘仪器公司开发的野外大比例R数字化地形、地籍测图系统，该系统的主要特点是：

1. 野外测绘方法的多样性

可采用大地测量仪器（如光学经纬仪＋视距R，电子经纬仪＋测距仪，全站仪、DGPS）配合E500袖珍计算机野外实时自动记录、计算手簿。通过内外业一体化在微机上自动绘制数字电子地图，其成图方法可以是野外观测带有属性操作码的数据文件直接制图，也可以是无码、只有空间三维几何数据的数据文件配合草图成图。当然也可以是一种称之为电子平板仪的作业模式，相当于过去的平板仪测图，野外实时、自动地将全站仪、DGPS数据传入系统软件，实时成图。CASS3.0还支持对原图的手扶跟踪数字化和扫描数字化。

2. 平台的先进性

选择 Auto CAD 平台，随平台升级而升级，CASS 3.0 的支持平台为 Auto CAD 14.0，采用 C++ 编程，能够实现图形与数据文件的同步和数字化地图进入 GIS 的难题，定义了 *.CAS交换文件格式，与图形文件对应，通过 *.CAS 实现与其它成图软件、GIS 交换数据，通过 *.CAS 形成多种比例尺的数字电子地图，实现一测多图，一图多用。

3. 操作界面友好性，为中交界面，可操作性强，角步操作均有提示，易于掌握。

4. 系统的可开发性

可根据用户的需要，增添相关的地形、专业专用符号，用 Autolisp 语言开发，简单、方便。

在资源与环境中，GIS 的地图数据主要来自原图数字化，一般原图现势性较差，通过 CASS 3.0 配合 DGPS，可以补测新增的建筑物，建立新增的道路网络并与原图叠加，使用成为现势性完整的原始数据和地图。

二、CASS3.0 主要功能

CASS3.0 主要功能菜单（一级菜单下拉）为：

文件管理　工具（CAD）　编辑（CAD）　显示

数据处理　绘图处理　等高线　地物编辑

计算与应用　图纸管理　原图数字化（扫描）

右侧屏幕菜单为：

坐标定位　测站定位　数字化仪

电子平板

利用上述功能可实现交互展点、文字注记、绘制控制点、界址点、居民地、独立地物、交通设施、管线设施、水系地貌、等深线、地貌土质、自然斜坡、植被园林、境界线等。其中植被园林可注记单株针叶树、阔叶树，针叶林、阔叶林、混交林、竹林、蔬林地、灌木林地等。

CASS 3.0 采用了 Auto CAD 层的概念，主要有 KZD（控制点）层、JMD（居民地和栅栏）层、DLDW（工矿建构筑物）层、DLSS（交通及附属设施）层、GXYZ（管线及附属设施）层、SXSS（水系及附属设施）层、JJ（境界）层、DMTZ（地貌和土质）层、ZBTZ（植被）层、DGX（等高线）层、DSX（等深线）层、JZD（界址界）层、GCD（高程点）层、ZJ（注记）层。每层实体类型可以是点（POINT）、复合线（PLINE）、线段（LINE）、圆（CIRCLE）、文字（TEXT）、特殊地物（SPECIAL）标识，每个实体类型有一六位代码，如房屋（简单）141200（PLINE），一般铁路（不依比例）161102（PLINE）、茶园 212300（POINT）等，测量时自动形成，也可在内业成图中加入，文字（TEXT）是对地形符号的进一步描述和规定。

三、CASS3.0 数据交换文件格式

CASS3.0 的数据交换文件扩展名默认为“.CAS”，总体格式如下：

START
西南角坐标
东北角坐标
[层名]
实体类型
……
nil
……
……
实体类型
……
nil
[层名]

……

[层名]

……

END

第一行和最后一行固定为 START 和 END，第二、三行规定了图幅的范围，设想用一矩形刚好把所有的实体包括进去，则该矩形左下角坐标是西南角坐标，右上角坐标是东北角坐标。CASS3.0 交换文件的坐标格式为“Y 坐标，X 坐标 [，高程]”，其中 Y 和 X 坐标分别表示东方向和北方向坐标，高程可以省略，但在表示等高线，陡坎等时最好不要省略。

文件正文从第四行开始，以图层为单位分成几个区，图层按照 1995 年发布的地形图图式划分，共有 14 个，用中括号将层名括起来，作为该图层区的开始行，每个层内部又以实体类别划分开来，CASS3.0 交换文件共有 POINT、LINE、CIRCLE，PLINE，SPECIAL，TEXT 等六种实体类型，文件中每个层的每种实体类型部分以实体类型名为开始行，以字符串“nil”为结束行，中间连续说明若干个该类型实体，每种类型实体的说明方法如下：

1. 点状地物

POINT

143702，5.826，1.000

42.354，50.146

143502，0.000，1.000

30.692，58.215

……

nil

每个点状地物占两行，第一行是“代码，旋转角，缩放比”，如上所示，“143702”代表门墩，“5.826”代表顺时针旋转 5.826 个弧度，“1.000”代表符号表示原大小，第二行是点状地物的坐标。

2. 复合线

```
PLINE
206701，CONTINUOUS，0.00，N，0.00
50.300，43.613
77.212，37.465
86. 695，23. 376
80. 159，6. 853
63. 371，3. 650
40. 560，5. 700
37. 997，21. 839
C
204201，10421，0. 00，F，1. 00
18. 902，59. 752
34. 793，51. 939
54. 400，46. 431
79. 903，44. 382
E
……
nil
```

每一条复合线所占的行数取决于复合线的结点数，第一行说明了该复合线的一些特性，格式为“代码，线型，线宽，拟合方式，平行宽度”，由于CASS3. 0定义了很多线型，无法一一记住，可在线型栏中以“N”代替，成图时系统会自动根据代码选择相应的线型，如无相应线型，则默认为CONTINUOUS型，即实线型，LINE和CIRCLE的线型栏用法与复合线一样；线宽的单位是毫米，代表复合线的宽度；拟合方式有三种，“N”代表不拟合，“S”代表复合线要进行样条拟合，“F”代表复合线要进行曲线拟合；平行宽度的意义很多，一般情况下为0，当表示依比例的围墙、铁路等宽度不定的平行双线时，只记录右侧的复合线，而把宽度以米为单位记入“平行宽度”栏中，所谓右侧的复合线指的是另一根线在该线前进方向的左侧，当复合线表示陡坎时，“平行宽度”又表示坎高。

复合线实体的第二行开始是各结点的坐标，一个点占一行，直到出现一行头一个字符是“C”或“E”为止，如为“E”，代表正常停止，如为“C”，表示闭合，第一个点和最后一个点连起来，系统根据代码确定实体内是否有填充和填充的种类。

3. 线段

LINE

143301，CONTINUOUS

20.440，41.564

50.684，25.553

……

nil

每一个 LINE 型地物占三行，第一行为“代码，线型”，第二行为线段起点坐标，第三行为线段终点坐标。

4. 圆

CIRLE

141101，CONTINUOUS，24.614

43.963，33.353

……

nil

每一个圆形地物占两行，第一行为“代码，线型，半径（米）”，第二行为圆心坐标。

5. 文字

TEXT

南方，4.00，0.00

70.304，70.016

……

nil

每一个文字占两行，第一行为"文字内容，字高（毫米），旋转角（弧度，逆时针增加）"，第二行为文字起点即左下角坐标。

6. 特殊地物

用SPECIAL标识，包括除以上五种类型之外的实体类型，如控制点、楼梯等，其格式变化很大。

四、一个简单的例子

本段可供初学者对CASS3.0成图系统有个初步的概念。

①首先进入CASS3.0系统，点取屏幕菜单的"坐标定位"项，即选择了鼠标定点方式，屏幕菜单也出现了一列图层名，选中某图层便可选择画图层的某地物。

②选"绘图处理"下拉菜单中的"定显示区"子菜单，系统会提示输入坐标数据文件名，请选择文件"\CASS30\DEMO\FHS.DAT"，系统将计算该文件内的各点坐标，定出一显示区域而将所有点的坐标包含在屏幕显示区内。

③选"绘图处理"下拉菜单中的"展点"下的"野外测点点名"子菜单，然后按系统提示输入坐标数据文件"\CASS30\DEMO\FHS.DAT"，系统将把该文件内的所有点的点位和点名显示在屏幕上，用"窗口缩放"功能局部放大图形的左上部分，每个点由表示点位的小点和点名组成。

④选"工具"下拉菜单中的"物体捕捉模式"下的"最近点"子菜单，这样就可把捕捉方式设为"最近点"，这样，当需要定点时，鼠标靠近点位图的某个小点，都会有一个小光标指示，并且有一个"Nearest"提示，此时按鼠标左键定点，就会精确定到那个小圆点上。除了"最近点"外，还有其他几种捕捉方式。

⑤下面假定根据野外绘制的草图画图。从屏幕菜单中点取"居民地"，出现一图标菜单，从中选一般房屋，出现提示：

已知三点/2，已知两点及宽度〈1〉：

直接回车默认用3个已知点画一四边形房屋，接着，会有提示：

绘图比例尺1：

输入“10000”，即把比例尺定为1∶10000。系统在需要时会检查比例尺，如还没设比例尺就会提示用户输入。

⑥按“37”、“40”、“41”的顺序定位三次，一个房子就画出来了。

⑦选“数据处理”下拉菜单中的“查看实体属性”子菜单，鼠标光标成小框状，点取刚画出的房子，每个图形实本内部都带有属性（用Auto CAD底部命令画出的实体除外），如“141101”就是一般房屋的属性代码，CASS30系统为每个实体提供了6位属性代码，基本是根据该实体在地形图图式上的编号定的，CASS30代码是自动加到实体上的，用户不必记忆，除非想改变实体的代码。

⑧从屏幕菜单中点取“独立地物”，点“次页”按钮找到“路灯”的图标，按“OK”按钮确认，用鼠标左键在“31”点定位，路灯就画了上去。

⑨从屏幕菜单中点取“控制点”，从图标菜单中选“导线点”，在第“30”点定点，出现提示：

等级、点号：输入I16，再出现提示：

高程（m）：输入84.46，

此时，导线点及其信息即画在图上。

⑩从屏幕菜单中点取“地貌土质”，从图标菜单中选“陡坎”，会有提示：

请输入坎高，单位：米〈1.0〉

输入坎高，如直接回车则默认为1米。依次在“39”、“33”，“7”，“8”，“9”定五点，出现提示：

拟合吗〈N〉？y

键入“Y”键，陡坎将被拟合。

⑪陡坎毛刺的方向默认为连线方向的左侧，选“地物编辑”下拉菜单“陡坎、斜坡换向”子菜单，再选取刚画的陡坎，陡坎方向即会改变。

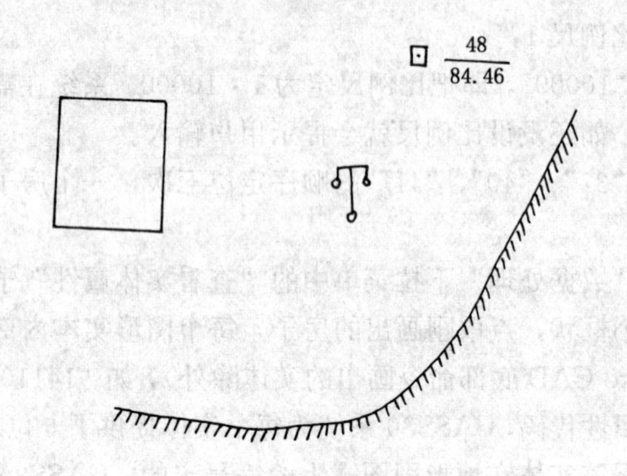

图 6-8 CASS 编辑地形图

⑫选"编辑"下拉菜单中的"删除"下的"实体所在图层"子菜单，再点取展点形成的任一点名，回车后即可将展点号层(ZDH) 上的所有点名注记删掉。经过以上操作后，生成的图形如图6-8 所示。

⑬选"数据处理"下拉菜单的"生成交换文件"子菜单，在输入"CASS 交换文件名"对话框中输入"ABC"，CASS30 交换文件默认文件后缀是".CAS"。系统提示：

是否处理等高、等深线？(1) 否 (2) 是 〈1〉

直接回车默认不处理等高、等深线，系统显示各个图层，最后以"OK"结束，生成了"ABC.CAS"交换文件。

⑭选"编辑"下拉菜单的"编辑文本"，在出现"File to edit："提示时键入"ABC.CAS"文件名，便可对该交换文件进行编辑查看了，下面是该文件清单。

START

103，169

161，221

[KZD]

SPECIAL

131500，I16

148.150，221.270，84.160

nil

[JMD]

PLINE

141101，CONTINUOUS，0.00，N，0.00

124.450，200.740

106.130，206.430

102.970，185.590

121.290，179.900

C

nil

[DLDW]

POINT

155210，0.000，1.000

143.720，203.900

nil

[DMTZ] PLINE

204211，10421A，0.00，F，1.00

110.860，171.060

132.030，169.170

143.528，175.002

151.904，195.396

161.315，214.692

E

nil

END

⑮删除图面所有内容，再选“数据处理”下拉菜单的“读入交换文件”子菜单，在输入“CASS交换文件名”对话框中输入

“ABC”，回车后系统将自动读入交换文件“ABC. CAS”内容，最后得到的图形和图 6-8 相同。

第三节 数字地面模型及其内插

一、DTM 的概念与作用

数字地面模型（Digital Terrain Model，DTM）是描述地面诸特性空间分布的有序数值阵列，它可用二维区域上的一个有限的向量序列来表示，即：

$$K_{\mathrm{p}}=f_{\mathrm{k}}(u_{\mathrm{p}},v_{\mathrm{p}}) \quad (\mathrm{k}=1,2,3,\cdots m,\mathrm{p}=1,2,3,\cdots n)$$

式中：K_{p} 为第 p 号地面点（可以是单一的点，但一般是某点及其微小邻域所划定的一个地面单元）上的第 k 类地面特性信息的取值；u_{p}，v_{p} 为第 p 号地面点的二维坐标，可以采用任一地图投影坐标，如经纬度，矩阵的行列号等；m（$m\geqslant 1$）为地面特征信息类型的数目；n 为地面点的个数。

在许多情况下，所记的地面特性是高程 Z，它的空间分布由 x、y 平面坐标系统来描述，也可用径度 λ 和纬度 φ 来描述海拔 h 的分布，对于这种 DTM 也称作数字高程模型（Digital Elevation Model，DEM）。在本书中，如不作特别强调，DTM 所指的即为 DEM。

二、DTM 线性内插

使用最接近的三个数据点，其观测值设为 Z_1、Z_2、Z_3，则可确定出一个平面。从而求出一个新点（平面坐标为 X，Y）的数值 Z_p 为：

$$Z_p = a_0 + a_1X + a_2Y \tag{6-1}$$

参数 a_0，a_1，a_2，根据 3 个数据点计算求得。

三、DTM 双线性多项式内插

使用最靠近的 4 个数据点组成一个四边形，使用下列双线性内插公式求其中某点的高程 Z_p 为：

$$Z_p = a_0 + a_1X + a_2Y + a_3XY \tag{6-2}$$

当数据点系有规律的点子时，则四个数据点组成为一个长方形或正方形。此时如用双线性内插法，则对一个边长为 L（图 6-9）的正方形结构可直接使用下式计算某点 P 的 Z_p 为：

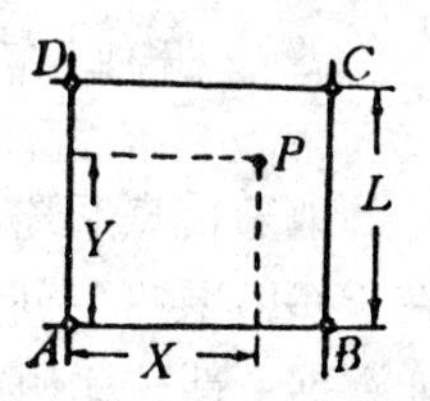

图 6-9　双线性内插法

$$Z_p = Z_A\left(1-\frac{X}{L}\right)\left(1-\frac{Y}{L}\right)+Z_B\left(1-\frac{Y}{L}\right)\left(\frac{X}{L}\right)+Z_c\left(\frac{X}{L}\right)\left(\frac{Y}{L}\right)+Z_D\left(1-\frac{X}{L}\right)\left(\frac{Y}{L}\right) \tag{6-3}$$

四、DTM 移动拟合法

对每一个新点选取其邻近的 n 个数据点，把新点作为平面坐标的原点，然后使用一个多项式曲面拟合，多项式中的各参数得自该 n 个数据点。例如某任意点 P 的平面坐标为 X_p，Y_p，现根据移动拟合法计算其点的高程。拟合的曲面选用：

$$Z = AX^2 + BXY + CY^2 + DX + EY + F$$

其中 A，B，C，D，E，F 为待定的参数。首先在以 P 点为圆心以 R 为半径的圆内选用数据点（已知高程的点子）。把在这个范围内各数据点 i 的平面坐标 X_i，Y_i 变换到以 P 为原点的坐标值 $\overline{X}_i$、$\overline{Y}_i$，即：

$$\overline{X}_i = X_i - X_p,\ \overline{Y}_i = Y_i - Y_P$$

则对数据点 i 的误差方程式列为：

$$V_i = A\overline{X}_i^2 + B\overline{X}_i\overline{Y}_i + C\overline{Y}_i^2 + D\overline{X}_i + E\overline{Y}_i + F - Z_i \tag{6-4}$$

并给以适当的权 P_i，式中 Z_i 为 i 点的已知高程，F 实即内插点 P 的待定高程。

对权 P_i 假定的原则是当算求一个点 P（X_P，Y_P）的高程时，要使距其较近的高程数据点有较大的影响。权的假定可以举例子如下：

$$P_i = \frac{1}{d_i^k},\ P_i = \left(\frac{R-d_i}{d_i}\right)^2,\ P_i = e^{-\frac{d_i^2}{k^2}}$$

式中 k 为常数，d_i 待定点 P_i 与数据点之间的平距。

第四节 GIS 中的数据分析与输出

地理信息系统（GIS）与数字电子地图如 CASS3.0 的主要区别在于 GIS 具有空间数据的分析、变换能力。除一些基本的变换功能如数据更新、比例尺变换，投影变换外，主要的空间分析和变换功能为地理数据的拓扑和空间状况运算，属性综合运算，几何要素与属性的联合运算等。为了完成这些运算，GIS 一般都以用户和系统交互的形式提供以上分析处理能力。

图 6-10 表示以分级结构形式概括的各种空间分析类型和方法。其中一些是数据库的数据恢复——单变量或多变量统计分析等简单分析，有的则是涉及领域分析、综合几何与属性的复杂分析。空间模拟技术能用来建立几乎无限的数据分析能力，有些复杂分析方法则是一系列简单方法经组合后形成特殊模型而产生的。应指出，栅格数据结构与矢量数据结构的空间分析方法有所不同。一般来说，栅格结构组织数据的空间分析方法要简单一些。

一、综合属性数据分析

GIS 中属性数据一般采用关系型数据库管理，因此，关系型数据库中各种分析功能都可以对属性数据进行分析。

1. 数学计算

属性数据中的数字型数据可以进行“加”、“减”、“乘”、“除”、“乘方”等数学运算，以产生新的属性值，如人口数/图斑面积$(km)^2$＝人口密度。

2. 逻辑运算

逻辑运算的基本原理是布尔代数，这种逻辑分析几乎可以在所有的空间分析中得到应用。它按属性数据的组合条件来检索其他属性项目或图形数据，以及进行空间聚类。

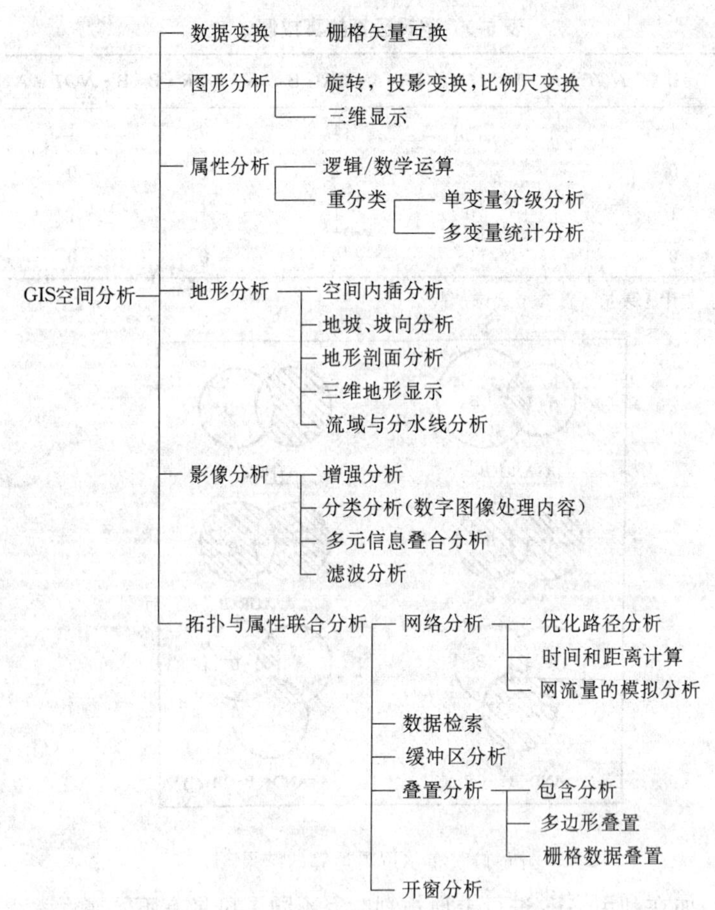

图6-10　GIS的空间分析方法

布尔代数的基本运算符号是 AND，OR，XOR，NOT，逻辑运算的结果为“真”或“假”，如表 6-9 所示。

假设 A、B、C 分别为具有属性 a、b、c 的集合，那么，布尔逻辑运算的结果组成了新的属性集合（图 6-11）。

表 6-9 逻辑运算的真或假

A	B	*NOT*·A	A·*AND*·B	A·*OR*·B	A·*XOR*·B	B·*NOT*·A
1	1	0	1	1	0	1
1	0	0	0	1	1	0
0	1	1	0	1	1	1
0	0	1	0	0	0	0

注：表中1表示"真"，0表示"假"。

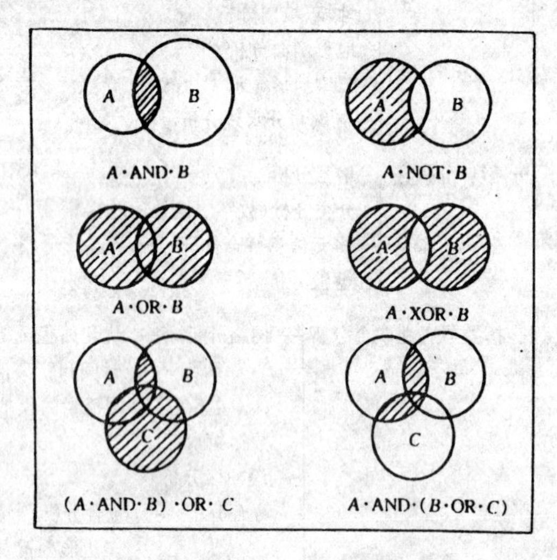

图 6-11 布尔逻辑运算的结果

例如在利用 GIS 进行土地规划时，不同图斑具有不同属性，其中 *A* 为土层厚度>50cm 的土壤单元结合，*B* 为土壤类别为红沙壤的单元集合，*C* 为 pH 值大于 7.0 所有单元集合，则

A·AND·*B* 检索出全部土层厚>50cm 且土壤类别为红沙壤的土壤单元；

A·OR·*B* 检索出全部土层厚>50cm 以及土壤类别为红沙壤的土壤单元；

（*A*·AND·*B*）·OR·*C* 检索出全部满足土层厚>50cm 且土

壤类别为红沙壤这两个条件以及pH值大于7.0的所有土壤单元；

值得注意的是，布尔逻辑运算不满足交换律，(*A*·AND·*B*)·OR·*C*≠*A*·AND·（*B*·OR·*C*）。因此，在应用时，必须依"AND"或"OR"的优先权，用圆括号来明确运算顺序。

以上四个基本逻辑运算符号通过组合可以组成复杂的综合属性检索条件。

布尔逻辑运算表达式除完成检索功能外，还可以进行再分类分析。如，当（pH值＞7. 0·AND·土壤厚度＞50cm）·OR·土壤类别为红沙壤时，土壤适宜种茶叶。

当（pH值＞7. 0·AND·土壤厚度＞50cm）·AND·土壤类别为红沙壤时，土壤适宜种苹果。

此时，复杂的布尔逻辑表达式检索出满足上述条件的图斑并显示出结果，就可以得到种植适宜性评价图。

3. 单变量分级分析

属性的单变量分级分析是把单个属性作为变量，依据布尔逻辑方法分成若干个个别。例如，属性表中土壤厚度0～1m，依据表6-10中的标准划分为5个类别。

表6-10　土壤厚度分级标准

土壤厚度（m）	类别
≥0·AND·＜0. 2	薄层
≥0. 2·AND·＜0. 4	较薄
≥0. 4·AND·＜0. 6	中厚
≥0. 6·AND·＜0. 8	较厚
≥0. 8	厚层

这种分析方法，可进行属性数据的合并式转换，把复杂的属性类别合并成简单的类别，以实现空间聚合。

4. 多变量统计分析

多变量统计分析主要用于数据分类。在GIS中存储的数据具有原始的性质，以便用户可以根据不同的使用目的，进行任意提取和分析，特别是对于观测和取样数据，随着采用的分类和内插方法的不同，得到的结果有很大的差异。因此，在大多数情况下，首先是将大量未经分类的属性数据输入信息系统的数据库，然后要求用户建立具体的分类算法，以获得所需要的信息。

（1）变量筛选分析

随着现代数据收集系统的不断改进，在一个取样点上常可以收集到几十种原始变量。在这些变量中有许多是相互关联的，可以通过寻找一组相互独立的变量，使多变量数据得到简化，这就是变量筛选分析。常用的变量筛选方法有主成分分析法、主因子分析法和关键变量分析法等。

主成分分析是以取样点作为坐标轴，以示属性变量之间的亲疏关系。

主因子分析是以属性变量作为矢量，通过以相似系数建立相关矩阵，研究属性变量作为坐标轴，以取样点作为矢量，通过以相关系数建立相关矩阵来研究取样点之间的亲疏关系。

关键变量分析则是利用属性变量之间的相关矩阵，通过由用户确定的阈值，从数据库变量全集合中选择一定数量的关键独立变量，以消除其它冗余的变量。

现以关键变量分析法为例，讨论其计算方法。

设有几个数据点，每点有 m 个属性变量，则多变量数据可表示为矩阵：

$$x = \begin{bmatrix} x_{11} & x_{12} & \cdots & x_{1m} \\ x_{21} & x_{22} & \cdots & x_{2m} \\ \vdots & & & \\ x_{n1} & x_{n2} & \cdots & x_{nm} \end{bmatrix} \tag{6-5}$$

这些变量之间的关系可用相关系数矩阵表示：

$$R=\begin{bmatrix} r_{11} & r_{12} & \cdots & r_{1m} \\ r_{21} & r_{22} & \cdots & r_{2m} \\ \vdots & \vdots & & \vdots \\ r_{n1} & r_{n2} & \cdots & r_{nm} \end{bmatrix} \tag{6-6}$$

r_{ij}是数据标准化后的夹角余弦，其计算公式为：

$$r_{ij}=\frac{\sum_{k=1}^{n}(x_{kj}-\bar{x}_i)(x_{kj}-\bar{x}_j)}{\sqrt{\sum_{k=1}^{n}(x_{kj}-\bar{x}_i)^2\sum_{k=1}^{n}(x_{kj}-\bar{x}_j)^2}} \tag{6-7}$$

式中 $0\leqslant r_{ij}\leqslant 1; j=1,2,\cdots,m; k=1,2,\cdots,n$。显然，$r_{ij}$ 越近于1，变量 i 与变量 j 的关系越密切；r_{ij} 越近于零，i 与 j 的关系越疏远。

(2) 变量聚类分析

所谓变量聚类分析就是一系列数据观测点的属性变量，按其性质上的亲疏远近程度进行分类。m 个属性数据组成了 m 维空间，两个数据点在 m 维空间的相似性可用变量空间欧几里德距离来表示：

$$d_{ij}=\sqrt{\sum_{k=1}^{n}(x_{ik}-x_{jk})^2} \tag{6-8}$$

式中各变量及参数的含义与式（6-7）相同。

数据点的相似性取决于 d_{ij}，d_{ij}小则相似性大，d_{ij}大则相似性小。

设有根据欧几里德距离建立的距离系数矩阵，可以用最短距离法获得聚类图。

计算步骤如下：

①用式（6-8）计算数据点之间的距离，形成距离系数矩阵 D（0）。此时，各个数据点自成一类，显然有 $D_{pq}=D_{qp}$（对角矩阵）。

②选择 D（0）中最小的非对角元素，设为 D_{pq}，则 p、q 两个数据点合并为一类，记为 r。

③计算新类与其它类的距离。由于第 p、第 q 数据点已合并成一类 r，须将 D（0）中的第 p、q 行及第 p、q 列删去，并计算新类 r 到其它数据点的距离，插入到原 p 行、p 列中去，组成新的距离矩阵

D（1）。

$$D_{rk}=\min\{D_{pk},D_{qk}\} \tag{6-9}$$

$$k=1，2，\cdots，m，k\neq p、q$$

④重复上述（2）、（3）两个步骤，得 D（2）、D（3）…，直到所有的数据点都得到归类为止。若某一步中得到的最小非对角元素不止一个，则对应的这些类可以同时合并。

二、缓冲区分析

缓冲区（buffer）分析即根据数据库中的点、线、面实体，在其周围建立一定宽度范围的缓冲区多边形（图 6-12）。这是 GIS 空间分析的基本功能之一。例如，某项工程建设的地址已选定，应根据工程建设的影响范围（如 500m）通知周围居民作搬迁或采取其它措施；在森林规划中，需要按照距河流一定纵深的范围来规划森林的砍伐

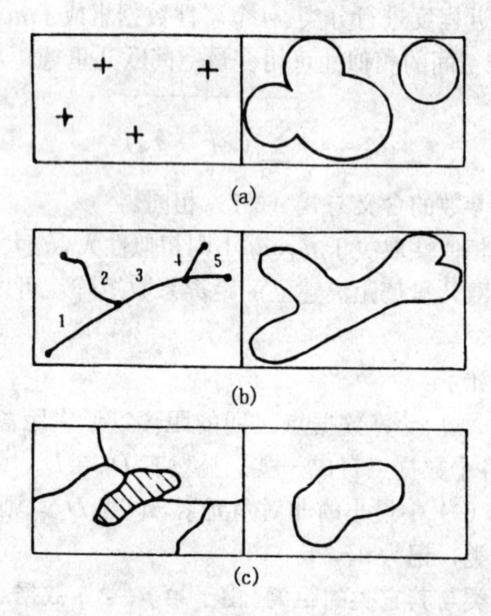

图 6-12 不同类型实体缓冲区的建立（据 ESRI，1988）

a—点缓冲区；b—线缓冲区；c—面缓冲区

区，以防止水土流失；在野生动物保护评价中，许多动物的活动范围总是局限于栖息地（河流、洞穴、巢）的一定范围内。在这些例子中，都需要沿这些点、线、面建立一定范围的缓冲区。

缓冲区是一些新的多边形，不包含中原点、线、面要素。缓冲区的大小由缓冲宽度确定。在建立缓冲区时，应注意几个特殊问题。

1. 缓冲区发生重叠时的处理

缓冲区的重叠包括多个特征缓冲区之间的重叠（图 6-13）以及同一特征缓冲区图形的重叠（图 6-14）。对于前者，首先通过拓扑分析的方法，自动地识别出落在某个缓冲区内部的那些线段或弧段，然后删除这些线段或弧段，得到经处理后的连通缓冲区；对于后者，可通过缓冲区边界曲线逐条线段求交。如果有交点并且在该两条线段上，则记录该交点，从此点截断曲线，而线段的其余部分是否保留则应判断它位于重叠区内还是位于重叠区外。若位于区内则删除，区外则记录之，便可得到包含岛的缓冲区。

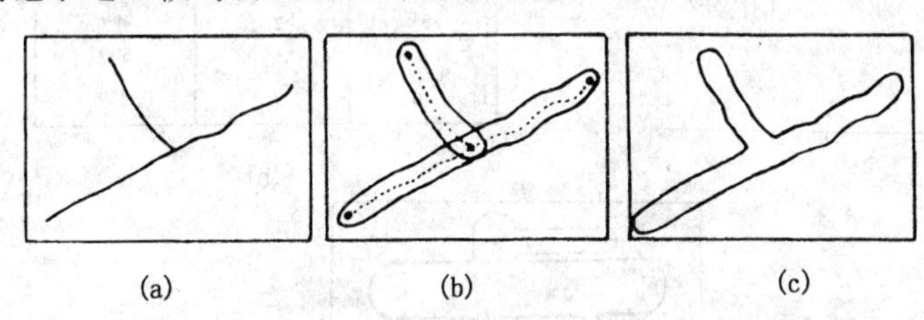

图 6-13　多个特征缓冲区图形的处理（据 ESRI，1988）
a—原图；b—缓冲区操作；c—缓冲区结果

2. 特征属性要求缓冲区宽度不同时的处理

在进行缓冲区分析时，经常发生不同级别的同一类要素具有不同的缓冲区大小。例如，在城市土地地价评估时，沿主要街道两侧的通达度、繁华度的辐射范围大，而小街道则较小，这与要素的类型和特点有关。在建立这种缓冲区时，首先应建立要素属性表，根据不同属性确定不同的缓冲区宽度，然后再产生缓冲区（图 6-15）。

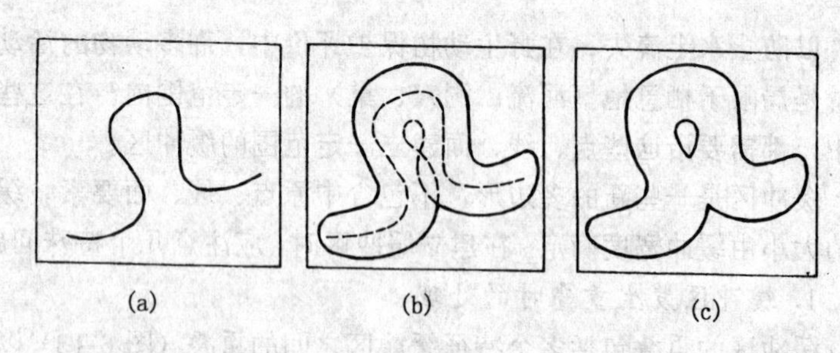

图 6-14 同一特征缓冲区图形的处理

a—输入数据；b—缓冲区操作；c—重叠处理后的缓冲区

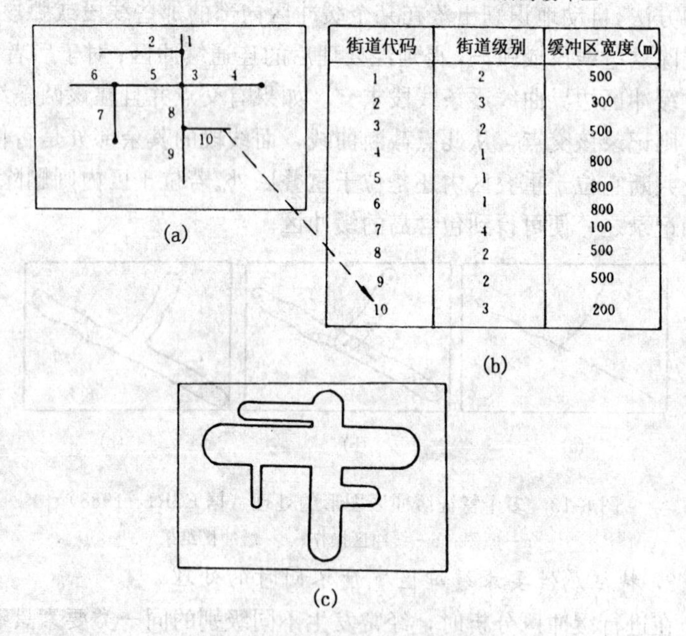

街道代码	街道级别	缓冲区宽度(m)
1	2	500
2	3	300
3	2	500
4	1	800
5	1	800
6	1	800
7	4	100
8	2	500
9	2	500
10	3	200

图 6-15 不同宽度的缓冲区处理

a—原图形；b—街道属性表；c—缓冲区结果

3. 复杂图形缓冲区的内外标识处理

复杂图件经缓冲区分析后产生许多多边形。图 6-16 表示在缓冲带内、外的多边形区域中，为了标识哪些区域是缓冲带内还是缓冲带外，应在这些多边形中加入特征属性。如在多边形属性表中加入

INSIDE 栏，INSIDE 值为 1 表示该多边形在缓冲区外，INSIDE 为 100，则该多边形位于缓冲带内。

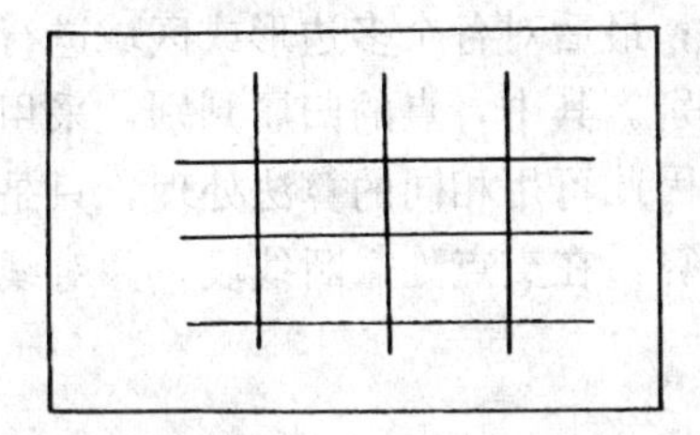

(a)

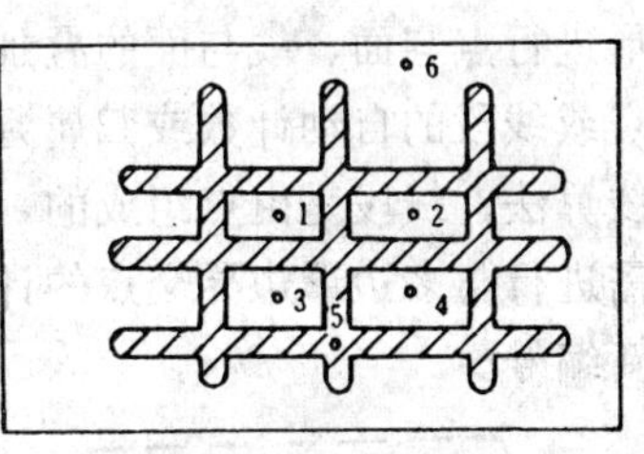

(b)

多边形号	INSIDE
1	1
2	1
3	1
4	1
5	100
6	1

图 6-16 缓冲区内外多边形的标识

a—输入图形；b—缓冲区结果；c—缓冲区属性表

三、空间合成叠置分析

空间信息（多边形网络叠置层）的合成叠置，就是把同一地区，同一比例尺的两幅或两幅以上的图层重叠在一起，产生新的空间图形或空间位置上新的属性。因此，叠置后产生的新的图形属性就是原叠置相应位置处的图形对应属性的函数，可用下述关系式表达：

$$U = f(A、B、C\cdots)$$

式中 A、B、$C\cdots$ 表示原叠置层的图形的属性，f 函数取决于各层上的属性与用户需要之间的关系。

1. 包含分析

包含分析主要用于确定点、线、面之间的相互联系，如确定某区域内森林防火瞭望塔的个数，这是点与面之间的包含分析（Point-in polygon）（图 6-17）。再如确定某一县境内公路的类型以及不同级别道路的里程，是线与面之间的包含分析（line in polygon）（图 6-

18)。分析方法是：首先把这些塔、公路等点、线要素数字化，经处理后形成具有拓扑结构的相应图层，然后和已经存放在系统中的多边形进行点与面、线与面的叠加；最后对各个多边形或区域进行这些点或线段的自动计数或归属判别。其中，点的归属判别，采用铅垂线算法；线段是由点组成的，因此可用相同的算法处理，只是此时需进行与多边形边界交点的计算，在交点处截断线段，并对线段重新编号。

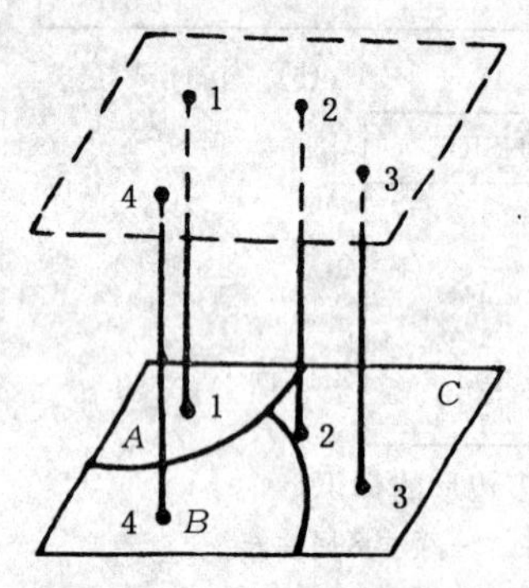

点号	多边形号
1	A
2	C
3	C
4	B

(b)

图 6-17　点包含分析

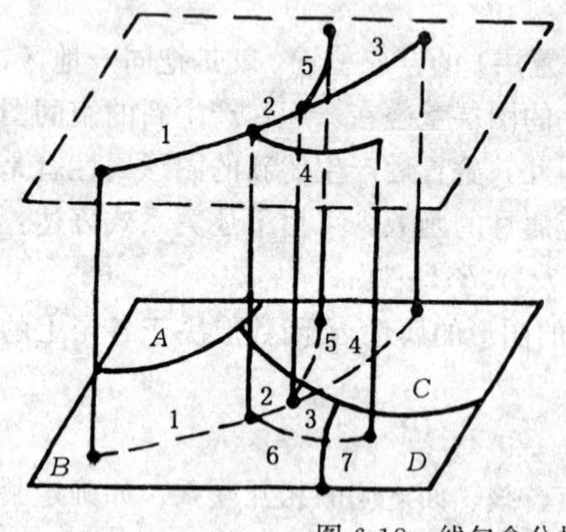

叠置后线号	原线号	多边形号
1	1	B
2	2	B
3	3	B
4	3	C
5	5	C
6	4	B
7	4	D

(b)

图 6-18　线包含分析

2. 多边形叠置 (overlay)

多边形叠置方法亦称为 polygon-on-polygon 差叠置。参加叠置分析的两个图层应都是矢量多边形结构。若需进行多层叠置，也是两两叠置后再与第三层叠置，依次类推。其中被叠置的多边形为本底多边形，用来叠置的多边形为上覆多边形，叠置后产生具有多重属性的新多边形。

多边形叠置的目的是通过区域多重属性的模拟，寻找和确定同时具有几种地理属性的分布区域或是按照确定的地理指标，对叠置后产生的具有不同属性级的多边形进行重新分类或分级。

如，林区公路选线，就是将地形图、地质图、土壤图、水文图、林相图叠置，配合选线专家系统，选择出路线最短、施工最易、坡度合理、影响森林最少的林区公路，将有关地图数字化后输入 GIS，经叠置运算和专家系统分析，输出选线结果图。

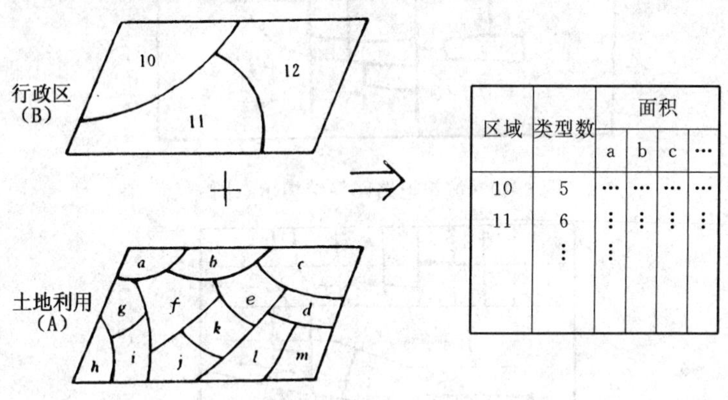

图 6-19　统计叠置示意图

此外，还可进行多边形包含统计叠置（图 6-19），以精确地统计一种要素（如土地利用）在另一种要素（如行政区域）的某个区域多边形范围内的分布状况和数量特征（包括拥有的类型数、各类型的面积及其所占总面积的百分比等），或提取某个区域范围内某种专题内容的数据。这种叠置所产生的结果为统计报表。

四、网络分析

1. 基本概念

网络是一系列相互联结的弧段，形成物质、信息流通的通道。例如：水从水库流向各种水渠；从发电厂经电网向用户供电；城市的道路网均构成网络，如图 6-20 所示。网络是现代生产、生活必不可少的条件。

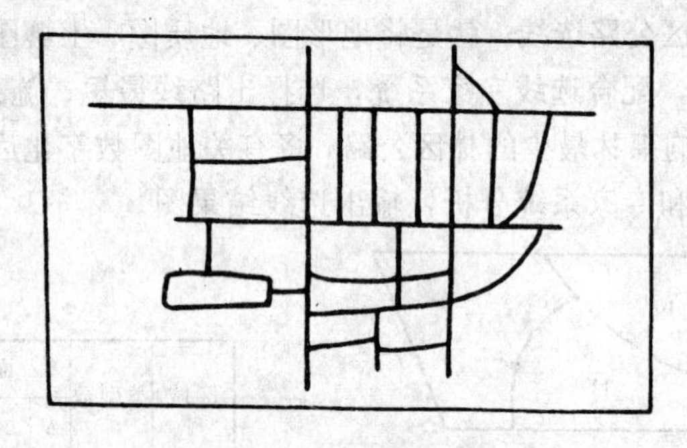

图 6-20 城市道路网络结构示意图

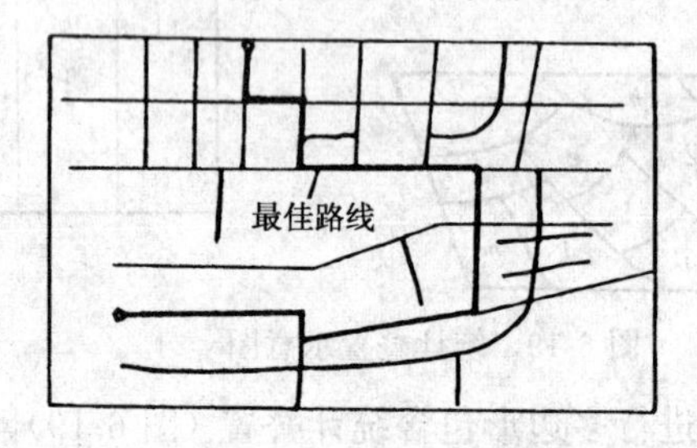

图 6-21 选择从始点到终点的最佳路线

网络分析的主要用途是：选择最佳路径；选择最佳布局中心的位置。所谓最佳路径是指从始点到终点的最短距离或花费最少的路线（图 6-21）；最佳布局中心位置是指各中心所覆盖范围内任一点到中心的距离最近或花费最小（图 6-22）；网流量是指网络上从起点到终点的某个函数，如运输价格，运输时间等。网络上任意点都可以是起点或终点。

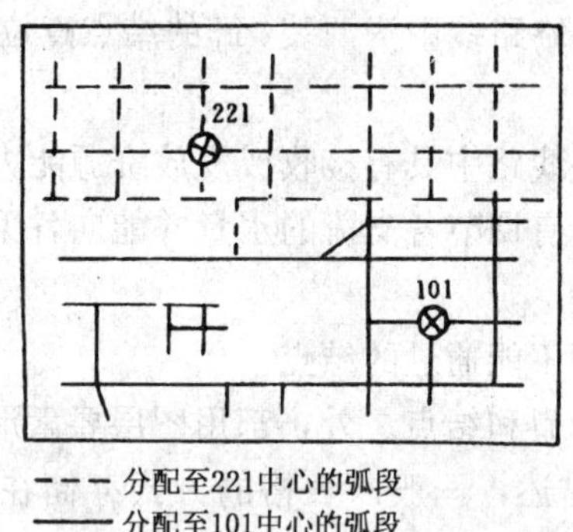

图 6-22　选择最佳布局中心

一个网络由如下一些基本要素组成（图 6-23）。

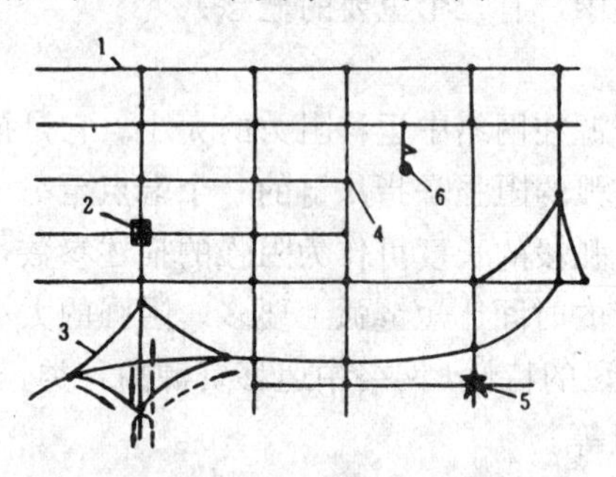

图 6-23　网络的基本要素

1-连通路线；2-障碍；3-转弯；4-结点；5-停靠点；6-中心

①结点　网络中任意两条线段的交点。

②连通路线或链　连结两个结点的弧段要素，是网络中资源运移的通道，与结点一起，构成了网络中的最基本要素。链间的相互联系在 GIS 中应具有拓扑结构。

③转弯　在连通路线相连的结点处，资源运移方向可能转变，运移方向从一个链上经结点转向另一个链。特定方向的转弯通常限制了资源在网络中的运移。例如在道路网中的高架桥使得车辆不能向左或向右拐弯。

④停靠点　网络路线中资源装、卸的结点点位，如邮件投放点、公共汽车站等。

⑤中心　网络线路中具有接收或发放资源能力，且位于结点处的设施。如水库具有调节各支流的水量并能向各渠道开闸放水的能力。

⑥障碍　资源不能通过的结点。

上述要素除障碍和结点之外，都用图层要素形式表示，并用一系列相关属性来描述，一般以表格的方式存储在 GIS 系统数据库中，以便构造网络模型和网络分析。这些属性是网络中的重要部分。例如，在城市交通网络中，每一段道路（链）都有名字、速度上限、宽度等；停靠点处有大量的物资等待装载或下卸等属性。

在这些属性中，有三个重要的概念：

①阻强

阻强是指资源在网络中运移阻力的大小。它是描述链与拐弯所具有的属性。链弧的阻强是指从链的一个端点至另一个端点所需克服的阻力，如链弧段的长度可作为阻强的描述参数，因为物资在长链弧上运移花费的时间比短链弧上要多。阻强的大小应根据多种因素来确定，如弧段的特性，网络中运移资源的种类、运移的方向，弧段中的特殊情况等。

转弯的阻强描述了从一条链弧经结点到另一条链弧的阻力大小，它随着两相连链弧的条件状况而变化。

为了便于分析计算，不同类型的阻强都应使用同一种量纲。

运用阻强概念的目的在于模拟真实网络中各路线及转弯的变化条件。网络分析中选取的最佳布局中心和最佳路线随要素阻强的大小而变化。最佳路线是最小阻力的路线。对不构成通道的弧段或转弯往往赋以负的阻强，这样在选取最佳路线时可自动跳过这些弧段或转弯。

②资源需求量

资源需求量系指网络中与弧段和停靠点相联系资源的数量。如在供水网络中每条沟渠所载的水量；在城市网络中沿每条街道所住的学生数；在停靠点装卸货物的件数等。

③资源容量

资源容量系指网络中心为了满足各弧段的需求，能够容纳或提供的资源总数量。如学校的容量指学校能注册的学生总数；停车场能停放机动车辆的空间；水库的总容量等等。

2. 网络要素及其属性表示

(1) 链弧的属性表示

链弧是有向线段，除用拓扑关系描述外，还有相应的属性如阻强、需求量等 (图 6-24)。其中需求量对于选择最佳布局中心及网流量计算是必不可少的属性值。

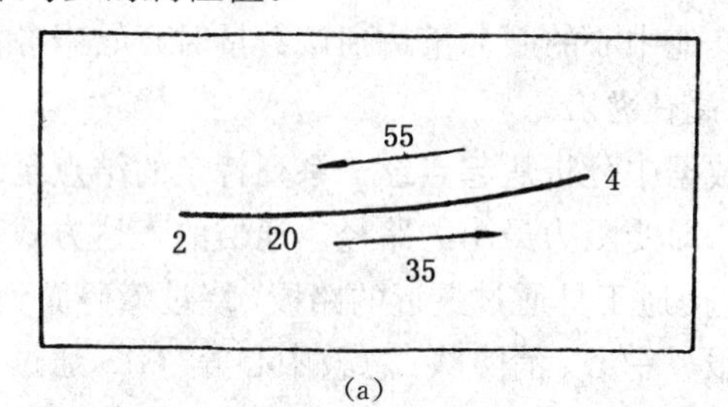

(a)

从结点	至结点	长度 (km)	链弧号	正方向阻强 (km/h)	反方向阻强 (km/h)	资源需求量
2	4	175.50	20	35	55	5

(b)

图 6-24　链弧的属性表示

(2) 转弯及其属性表示

在网络结点处，可能产生的转弯个数为：

$$N=m^2$$

式中 m 为在结点处相连的弧段条数。当 3 条弧段相连时，转弯的个数为 9（图 6-25）。

在转弯处往往有一些限制，对不同限制类别及其属性的描述见表 6-11。

（3）停靠点、中心的属性

这两种网络要素的属性表示法很简单。停靠点仅在选择最佳路线时使用，其属性为资源需求量，正值表示装载，负值表示下卸（表 6-12）。

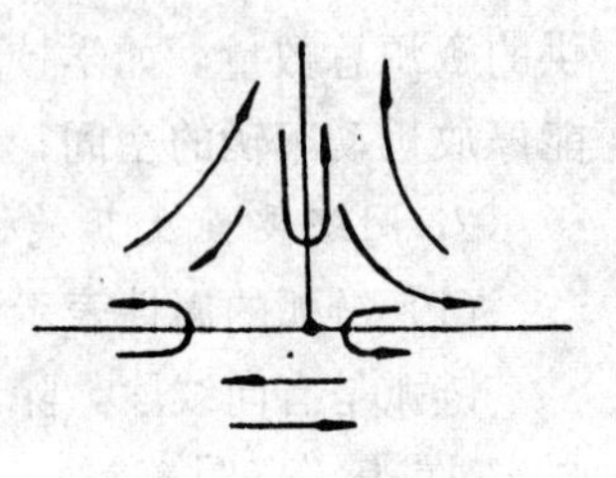

图 6-25　转弯的类型

中心仅在寻求最佳状况时使用，其属性是资源最大容量、服务范围（从中心至各可能路径的最大可能距离）和服务延迟数（在其他中心的服务量达到该数量时开始服务）。

3. 选取最佳路径

在网络数据中分析从起点经一系列特定的结点至终点的资源运移最佳路线，即受阻力最小的路径。通俗的表达方式是，怎么在最短的时间内，交通工具通过最近的路段，绕过障碍而到达目的地？目的地如一些服务中心、消防队、急救中心等。GIS 通过共享数据库属性数据模型进行模拟、分析和判断，迅速显示出最佳路线。其算法一般采用比较法。

若求从起点 P_1 至终点 P_2 的路径有几条，则应有

$$IMPED=\min\left[IMPED_i\ (P_1,\ P_2)\right]\quad i\leqslant n$$

式中：$IMPED$ 为最小阻强，$IMPED_i$（P_1，P_2）为第 i 种路径所受的阻强，则 $IMPED$ 所对应的路径为最优路径。

举例：在图 6-26 所示的网络中，从起点 P_1 至终点 P_2 的路径有 3 条：第 1 条是经 10 和 11 号链弧，其阻强 $IMPED_1$（P_1，P_2）$=3+1+2=6$；第 2 条是经 20 与 21 号链弧，其阻强 $IMPED_2$（P_1，P_2）$=2+2+4=8$；第 3 条是直接从 P_1 点至 P_2 点的 15 号链弧，其阻强 $IMPED_3$（P_1，P_2）$=7$；因此，取 $IMPED=6$。第 1 条路线是最优路径，在显示网络时，予以特别显示。

表 6-11 转弯的类型及其属性描述

转弯类型	描 述	属性表 0=无阻强 −1=不允许拐弯				
		结点号	从弧段	至弧段	角度	时间阻强(s)
U 型拐弯	U 型拐弯指从 6 号弧至 20 号结点并从 20 号结点转回 6 号弧，这是一个 180 度转弯，花费 20 秒时间	20	6	6	180	20
停靠点	停靠点使得从 6 号弧至其它弧段——直通 7 号弧，向左转至 8 号弧，向右转至 9 号弧的运移减慢	20 20 20	6 6 6	7 8 9	0 90 −90	15 20 10
高架道或地道	高架道或地道允许直通而无延迟，如从 6 号弧至 7 号弧；但不允许转弯，此时以负的阻强表示（如从 6 号弧至 8、9 号弧）	20 20 20 20 20 20	6 6 6 9 9 9	7 8 9 8 7 6	0 90 −90 0 −90 90	0 −1 −1 0 −1 −1
不准右转弯	不允许从 6 号弧转向 9 号弧，并赋于负值阻强；允许其它方向的转变，其阻强为正	20 20 20	6 6 6	9 7 8	−90 0 90	−1 5 10

表 6-12 停靠点与其属性

结点号	需求量
546	3.5
547	−2.0

4. 选择最佳布局中心

在网络中，中心点与网络各路径的关系是固定的。选择最佳布局中心的目的是把所有链弧都分配到某一中心，并把中心的资源分配给这些链弧以满足其需求，也即既要满足需要，又不能浪费中心的资源。GIS 中网络分析功能通过对比的方法，模拟分析中心覆盖范围和服务对象数量，筛选出最佳布局和布局中心的位置。对比条件包括中心的性质、网络覆盖范围及网络状况描述等属性数据。在模拟和分析过程中，也可以采取人机对话的方式，由用户设置模拟条件，以使中心保证最大覆盖范围，并且为用户提供最佳服务。

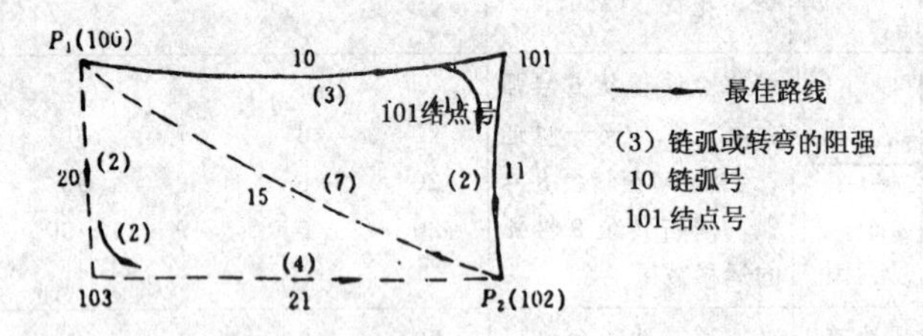

图 6-26 最佳路径选取分析实例

图 6-26 表示有阻强链弧的最佳布局算法。有 3 条弧段已分配到相应的中心，而弧段 15 尚待分配。分配的原则是已有路径的阻强总数与该弧阻强之和作比较，选取阻强最小的路径，该路径相连的中心为最佳中心。15 号弧的分配方案与阻强如下：

至 101 点：$IMPED=1+2=3$

至 120 点：$IMPED=1+2+2=5$

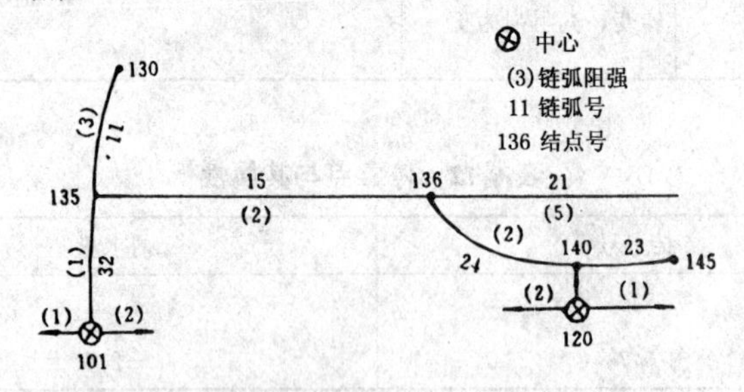

图 6-27 弧段分配到最佳中心

因此，应把该弧分配到 101 中心去。假如两个中心的阻强总和相等，则可任意取一中心，或参考其它条件而取其一。

把所有链弧分配到所有对应中心的操作应同时有序地进行，但发生下列情况之一时则应停止分配：

①沿路径的累积阻强已达到中心的服务范围；

②沿路径的积累资源需求量已达到中心的总资源量；

③网络中所有链弧均已分配到最近中心。

第七章 “3S”集成技术及其应用

第一节 “3S”集成原理

“3S”是中国科学家按照GPS、GIS、RS字尾均有一个S，而这三者关系日趋紧密结合，而构成的一个对地观测、处理、分析、制图系统。国外地学科学家也认为GPS、GIS、RS的结合与集成是从整体上解决空间对地观测的理想手段，但很不习惯、不理解中国式的“3S”。两院院士李德仁教授还提出过“5S”概念，是在已有“3S”的基础上加入ES（专家系统）和DPS（数字摄影测量系统）。毫无疑问，全站仪、电子罗盘、惯性测量系统等都是一定条件下采集空间数据的有效手段。因此，对于“3S”的理解必须建立在广义的基础上，包括GPS在内的一切定位、测量手段和多平台、多波段、高分辨率的RS数据，通过含有ES系统的GIS，实现空间数据的自动采集、编辑、管理、分析、制图，进而为一切与地学科学相关的行业服务，实现地学信息的实时、自动、数字、智能化的应用，为各行业的预测和决策服务。因此，“3S”不是GPS、GIS、RS的简单组合，而是将其通过数据接口严格地、紧密地、系统地集成起来，使其成为一个大系统。显然，这个目标上的“3S”尚在实验当中，目前RS与GPS、RS与GIS、GIS与GPS的两两集成已有多处成功的先例。近年来，全世界地学界风靡一时的新词Geomatics一定意义就是中国科学家大谈的“3S”集成，尽管目前尚无一个权威的Geomatics的中文译名，但Geomatics的核心思想就是“3S”，它是另外一个有趣的名词——数字地球的重要技术、基础手段。无疑，“3S”在资源与环境调查、监测、评价中，在重大自然灾害监测、预警、评估、消灭对策中，对城市及经济技术开发区规划、开发、管理、评价中，在现代化军事作战指挥系统中有着广阔的应用前景。

一、RS 与 GIS 的集成

1. RS 为 GIS 的提供信息源

早期利用摄影测量像片或 RS 卫星，经纠正、处理，形成正射影像图，进一步目视判读之后，可编制出多种专题用图，这些图件经过扫描或手扶跟踪数字化之后成为数字电子地图，进入到 GIS 中，实现多重信息的综合分析，派生出新的图形和图件。例如，公路选线设计中根据地形图、土壤图、地质水文图和选线约束条件模型派生出最佳路线图；流域综合治理中，依坡度图、土壤图、植被图通过 GIS 产生出土地利用评价图和土地利用规划图。

比较理想的 RS 作为 GIS 的数据源是将 RS 的分类图像数据直接顺利地进入 GIS 中，经过栅矢转化形成空间矢量结构数据，满足 GIS 的多种应用和需求。

2. GIS 为 RS 提供空间数据管理和分析的技术手段

RS 信息源主要来源于地物对太阳辐射的反射作用，识别地物主要依据于 RS 量测地物灰展值的差异，实践中出现“同物异谱”和“同谱异物”是可能的，从单纯的 RS 数字图像处理，这类问题解决难度较大，若将 GIS 与 RS 结合起来，此类问题就易于解决。如 GIS 将地形划分为阳坡、阴坡、半阴半阳坡及高山、中山、低山，配合 RS 进行地表植被分类，就能获得很好的效果。

3. RS 与 GIS 的三种结合方式

图 7-1 给出了 GIS 与 RS 的三种结合方式。图 7-1a 是分开但平行的结合，RS 的数据结构为栅格数据，其几何信息（定位信息）为其行、列数，而其属性信息（定性信息）为其灰展值，GIS 多为矢量数据结构，可实现矢—栅转化，因此，GIS 与 RS 的结合实质上是数据转换、传输、配准。所谓配准是指 RS 数据与 GIS 中图形数据之间几何关系的一致。为了便于管理，在具体实施中有两种结构，一种

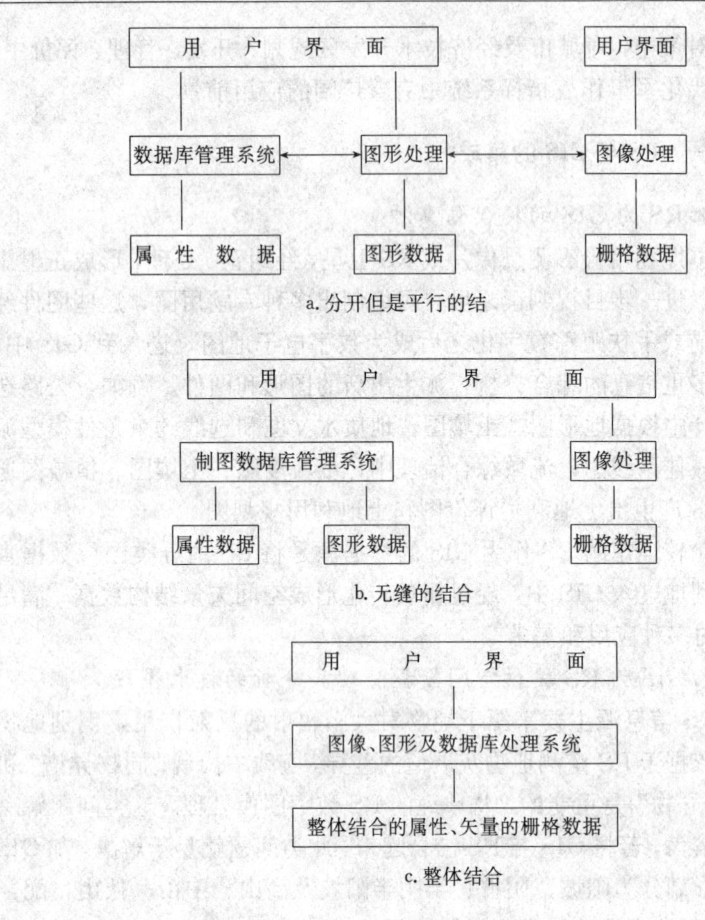

图7-1 GIS与RS结合三种方式

是GIS为RS的一个子系统；另一种是RS为GIS的子系统，这种结构更易实现，因为在GIS中增加栅格数据处理功能比在RS中增知矢量数据处理、分析及数据库管理功能更容易一些，逻辑上也更为合理。目前市面上的GIS产品，如MGE，ARC/INFO、GeoStar等都加入了RS数字图像处理系统功能。图7-1b是一种无缝的结合，图7-1（a）、图7-1（b）两种结合都需要建立一种标准的空间数交换格式，作为RS与GIS之间各种GIS之间、GIS与数字电子地图之间的数据交换格式和标准，这是全世界都关注的问题，美国联邦空间数据委员会1992年颁布了空间数据交换标准SDTS（Spatial Data Transfer Standard）澳大利亚基于美国SDTS，建立了自己的ASDT-S，我国亦正在建立相应的标准。应该建立一个全世界统一的标准交换格式，实现空间数据共享，完成数字地球工程。图7-1c是一种无缝的结合，即将GIS与RS真正集成起来，形成数据结构和物理结构均为一体化的系统，国外已有这样的系统，如美国NASA国家空间实验室的地球资源实验室开发的ELAS系统，将数字化图形数据、同步卫星影像和其它数据置于统一的数据库，实现统一分析、处理、制图。

二、RS与GIS集成

从GIS的需求去看，GPS与RS都是有效的数据源，GPS数据精度高、数量较少，侧重提供特征点位几何信息，发挥定位和导航功能，当GPS操作者到达实地时，还能明确地物属性；而RS则数据量很大，数据精度低，侧重从宏观上反映图像信息、几何特征，把GPS与RS有机地结合起来。可以实现定性、定位、定量的对地观测。DGPS实时数据实时进入RS系统，实时显示、纠正、校正RS图像，已不是难题。利用GPS，可以实现RS卫星姿态角测量、摄影测量内外定向元素测定、航测控制点定位、RS几何纠正点定位、数据配准、样地定位、同步地物光谱值测地定位等。

三、GPS与GIS的集成

这是最常见、最有发展前景的集成，也是易于实现的集成。这种集成的基本思路是把DGPS的实时数据通过串口实时进入GIS中，在数字电子地图上实现实时显示、定位、纠正，线长、面积、体积等空间位态参数的实时计算及显示、记录。其集成的基本技术方法无非是将GPS数据通过RS-232C接口按设置的通讯参数实时地传入GIS中，是非常普及的技术，至于一些显示、计算，在GIS二次开发中也很容易实现，可参考有关高级用户手册进行。

北京林业大学与水利部水土保持监测中心联合开发了水保实时监测系统，该系统由DGPS、便携机、数字电子地图等构成，可实时测定防护林、荒漠化土地周长、面积，实时计算水土流失体积，将水保工程项目在GIS中显示、定位、圈定，同时GPS作为GIS有力的补测、补绘手段，实现GIS原始地图数据的实时更新。

GIS与RS的结合可广泛应用车辆、船舶、飞机定位、导航和监控，广泛用于交通、公安、车船机自动驾驶、科学种田、集约农业、集约林业、森林防火、海上捕捞等多个领域。

四、GPS、GIS、RS、“3S”集成

数据结构一致，物理结构紧密的“3S”集成系统目前尚不多见，常见者多系两两紧密集成，而附加了第三者，即相对松散的集成系统。

“3S”的综合应用是一种充分利用各自的技术特点，快速准确而又经济地为人们提供所需要的有关信息的新技术。基本思想是利用RS提供最新的图像信息，利用GPS提供图像信息中的“骨架”位置信息，利用GIS为图像处理、分析应用提供技术手段，三者一起紧密结合可为用户提供精确的基础资料（图件和数据）。

为了说明什么是“3S”集成，下面列举两个国内外的实例。

加拿大曾应用“3S”数据研究了马克海姆城市边缘区的变化情况，其技术流程如图7-2所示。

图7-2的左边流程是利用SPOT卫星HRV XS（多光谱）和P（可见光波段）图像数据（1989年9月18日获取），提供马克海姆城市边缘区的土地利用类别数据。为此：

①对SPOT的HAVXS和P数据进行预处理

在GIS支持下用一次多项式法，完成这两帧图像的几何纠正；将校正的XS数据用邻近重新采样程序，使其具有与原HRV P数据

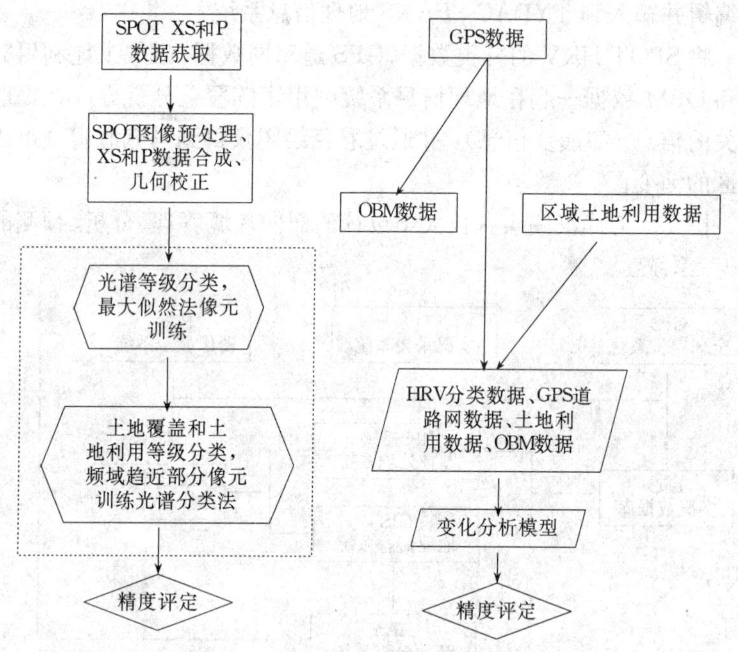

图7-2　技术流程图

相当的空间几何特性；根据计算机的相关关系将红外波段和全色波段图像数据进行合成或用红外波段、边缘增强的全色波段和全色波图像合成为假彩色图像。

②计算机自动分类

用监督最大似然分类方法进行光谱等级分类，分出 8 个光谱类别，接着用频域算法进行土地覆盖和土地利用分类，分出 8 种用地。

图 7-2 右边流程的 GPS 数据是用两个通道的高级 TANS 导航仪器，由汽车沿道路（研究区内）以 1s 的时间间隔采集的（1989 年 10 月），然后用 ARC/INFO 软件产生一张单线的路网图，并输入到 TYDAC SPANS 地理信息系统。

OBM 数据和区域土地利用数据分别是加拿大安达略基本图（1984 年出版）和土地利用图数字化的数据，它们用 ARC/INFO 软件编辑并输入到 TYDAC SPANS 地理信息系统。

将 SPOT HRV 的分类数据、GPS 道路网数据、区域土地利用数据和 OBM 数据一起在地理信息系统中用矩阵覆盖分析方法，提取有关的信息（如演变信息），并通过彩色绘图仪得到马克海姆城市边缘区的演变图。

图 7-3 为武汉测绘科技大学设计的面向环境管理、分析、预测的“3S”系统。

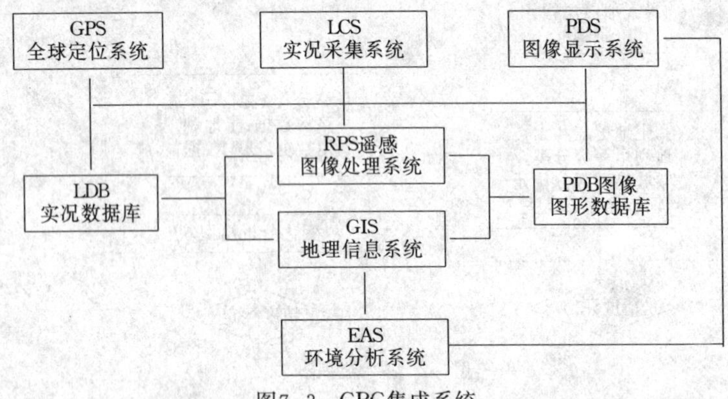

图7-3 GRG集成系统

图 7-3 为本系统设计方案，除了全球定位系统、遥感图像处理系统和地理信息系统三个主要核心系统外，增加必要的实况采集系统、图像图形显示系统和环境分析系统及 2 个数据库。

1. 全球定位系统（GPS）

全球定位系统主要用作实时定位。为遥感实况数据提供空间坐标，用于建立实况数据库及在 PDS 的图像上显示载运工具和传感器的位置和观测值，供操作人员观察和进行系统分析。无论是遥感数据采集和车船导航，采用单接收机定位的精度已能满足要求，如 Magellan MAV5000 型手持式 GPS，单机用 C/A 码伪距法测量，其定位精度在 30～100m，而静态观测一个点的定位时间只需 1 分钟，动态观测时约 10～20 秒，如果采用双机作差分定位，则定位精度 X，

Y，Z 方向都能达到±1～5m。此外还有许多导航数据。所有的数据都可通过 GPS 的输出端与计算机串口或并口连接后输入计算机。

2. 实况采集系统（LCS）

无论是遥感调查、环境监测和导航都少不了实况数据采集。实况数据采集用的传感器诸如红外辐射计或红外测温仪、瞬时光谱仪、湿度计、酸碱度测定仪、噪声仪、甚至像雷达、声纳等等。大多传感器输入的是模拟数据，须经模/数转换后，结合 GPS 定位数据，进入 LDB 建库或进入其它系统。模/数转换是由插在计算机中的模数变换接口板来完成。如图 7-4 为一种 SV12S 模/数变换接口板，可以有 16 个通道与 16 种传感器连接，采用 CAL 译码，16 路同时进入计算机，采样重复率为每秒钟 8 次。实况数据可在 PDS 上直接显示，也可以通过建库后经 RPS 或 GIS 处理后在 PDS 上显示。

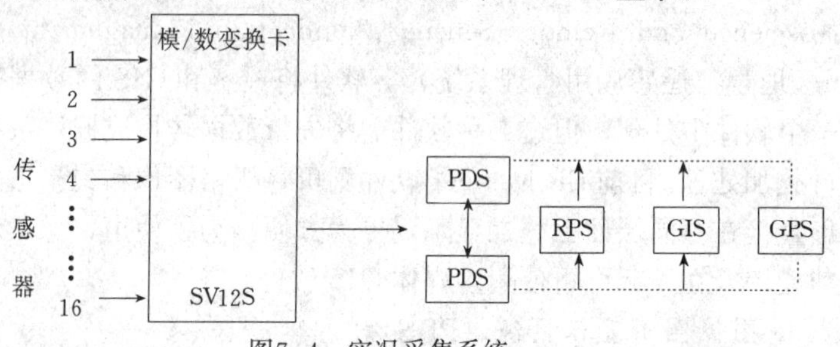

图7-4　实况采集系统

3. 遥感图像处理系统（RPS）

遥感图像处理系统的功能主要有：①根据实况数据（包括星上测定的参数）与原始遥感影像的特点所作的辐射校正。②根据 GPS 定位数据或 PDB 中的地图数据对影像作几何校正以及其它各种几何处理。③数据变换和压缩。尤其是为了与 GIS 矢量数据叠合分析，需将提取的专题数据进行栅格——矢量数据变换，或将 PDB 及 GIS 中过来的图形数据变换成栅格数据。④图像增强。⑤图像识别和特征提取。工作站上使用的图像处理软件如 ERDAS (Earth Resources Date Analysis System)。图像处理系统向 GIS 和 EAS 提供专题信息，向PDS提供导航用图像和显示处理的中间结果和最后成果，向PDB存放处理的图像或图形。

4. 地理信息系统（GIS）

GIS是以处理矢量形式的图形数据为主进行制图分析，也可对栅格形式的数据进行叠加分析。GIS的特点是可以对同一地区，以统一的几何坐标为准，对不同层面上的信息进行查询、编辑、统计和分析。在3S系统中它的作用是将预先存入PDB中的背景数据与LDB中的实况数据和RPS中的遥感分类数据进行多层面的管理和分析。

当前GIS所用软件主要是ARC/INFO，GENAMAP等。为集成RPS与GIS于一体，可使用GRASS（Geographical Resources Analysis Support System—地理资源分析支持系统）或GRAMS（Geoscience and Remote Sensing Application Management System—地学与遥感应用管理系统）等软件将遥感和GIS的数据置于同一个软件中处理，但这二种软件需将矢量数据转换成栅格数据后进行叠加处理。目前ER Mapper软件则可将栅格图像和矢量形式的图形直接在不同层面上叠加显示，更为方便。为了使声、像、动画等功能综合在一起，可使用多媒体GIS软件。

5. 图像图形显示系统（PDS）

图像图形显示系统是处理和分析人员了解和监视系统工作的窗口，对于导航和实况采集尤为重要，因这两项工作要以实时显示来指导航行和采集数据。在图像处理、分类、图形编辑、叠加等以及数据分析中也随时需要显示中间结果和最终成果。显示屏幕可以用专用屏幕，也可直接在操作终端上显示图像，需在图像卡支持下工作，要求有漫游，缩放、彩色合成，专题显示，图像与图形以及与实况数据叠合，动态变化及其它各项通常的图像图形显示功能，屏幕缓冲存贮器希望在1MB以上，屏幕显示的位面选用16～32bit，以作多层面显示。

6. 环境分析系统（EAS）

环境分析系统为各种专业应用的分析所设置，这些专业分析已远远超过了GIS中的分析功能。环境分析系统是按照用户的要求，以一定的模式把有关数据和分析方法像积木一样地组织在一起，例如根据环境分析要求，选择来自LDB、PDB的数据，组织GIS提供的若干功能，结合EAS本身的一些专用分析功能，作叠置分析、网络分析，甚至运用人工智能方法进行动态分析和预测分析，完成规定的环境分析任务。系统软件需结合应用目的编制。

上述2例可以看出，一个“3S”系统必须具备：

(1) 完备、一致的对地观测、数据采集系统

这里主要是RS数据源、DGPS和其它大地测量仪器（如全站仪、多台电子经纬仪基于空间前方交会的三维工业测量系统、惯性测量系统、电子罗盘等)、传感器（用于多种专业性问题的数字模拟仪器，其中模拟仪器要进行数模转化）三个主要组成部分，这部分主要（关键）技术是与计算机数据库系统的顺利、实时、安全、可靠通讯。

(2) 图像、图形存贮、编辑、处理、分析、预测、决策系统

其核心是功能完备、操作简单、与数字地图兼容的GIS和RS数字图像处理合一的系统，这部分是系统的核心，针对军事、城建、城管、土地、森林资源、环境、水保与荒漠化等专业性的空间问题，用户可进行必要的二次开发。

(3) 图像、图形、文字报告、决策方案、预测结果输出系统（显示、绘图、打印等）

“3S”系统是一个集多种功能和特点的对地观测手段（主要是RS、DPS、GPS和其它大地测量仪器、专业传感器）于一体，向GIS和RS数字图像处理系统提供具有足够数量、精度、可靠性、完备性的空间数据，通过空间分析、预测、决策确保地学问题优化、系统地解决。“3S”是高度自动化、实时化、智能化的对地观测系统，这种系统，不仅具有自动、实时地采集、处理和更新数据的功能，而且能够智能化地分析和运用数据，为多种应用提供科学的决策咨询，

并回答用户可能提供的各种复杂问题。

第二节 “3S”集成系统的应用

“3S”系统在土地、地质、采矿、石油、军事、土建、管线、道路、环境、水利、林业、水保等多种领域的开发、调查、评价、监测、预测中发挥基础和信息提供的作用，为决策科学化提供依据和保障。但是，“3S”的作用绝不可过份夸大化，比如说，一个森林资源调查、监测系统，能够快速准确的研究森林病虫害的种类、范围、程度，并指导杀虫灭害，但用什么手段去实施，仍需要林学专家去指导解决。而解决结果的评价（特别是大范围时）又要依靠“3S”专家去实施。因此“3S”专家与其服务领域的专家相辅相成，协同作战时，专业问题才能得以解决。就专家位置而言，“3S”专家是系统服务员，而专业问题专家是系统决策者。指望一个“3S”系统超越专业专家去解决专业问题是不可能的。

一、“3S”土地资源监测评价系统 UAVRS-Ⅱ

由中国测绘科学研究院组织的“3S”土地资源监测评价系统于1999年7月通过专家预审，该系统由低空无人驾驶飞机、DGPS、摄影机、扫描仪、微波实时传输、遥测遥控、配合图形、图像处理系统、GIS构成，可以实时地进行各种规模的土地资源调查、动态监测和评价。

二、“3S”海洋导航、调查、测图系统

现代大型船舶在海上航行虽然已有十分先进的导航设备。但海难事故时有发生，如我国的“向阳红16号”科学考察船在去太平洋作锰结核矿调查时与塞浦路斯货轮相撞沉没；“爱沙尼亚”号客轮在波罗的海遇风暴而遇难，死亡人数达900人。而去南极的考察船往返经过咆哮的西风带时，在惊涛骇浪中航行更是惊心动魄；进入南

极圈时在冰山林立的海区航行，除了要有丰富的航海经验外，更需要有最先进的导航设备保证航行安全。“3S”集成系统是一种理想的实用型系统。航海需要准确的实时定位，GPS 实现了这一点。同时航海还与气象息息相关，气象卫星遥感图像能提供最新的气象信息。气象分析还与高空形势图、地面形势图和海况图等有密切关系，“3S”集成系统的优势是对遥感图像进行几何校正，使GPS 定位数据的图像，正确地显示船位，同时利用 GIS 的叠加功能，将 GPS 数据，纠正后的遥感图片与海图和各种背景资料，诸如高空形势图和地面形势图，海况图叠加处理和分析，寻找安全航线，驾驶员可以十分清楚地在 PDS 上观察到自己所处的位置及航行路线周围的情况。

对于冰区航行需要有雷达图像寻找开放水域和导航，同样须经 RPS 进行处理。为防止船舶与冰山或其它船只碰撞，须将船载雷达信号通过 LCS 与海图叠加显示。

南极大陆考察，在茫茫冰原中进行，大部分地区没有详细的地图，南极气候变化无常，风暴中能见度很低、冰盖上不少地区又有冰裂缝难以通过，考察中需要遥感图像结合 GPS 导航，同时需要前人考察中积累的资料作背景数据参考分析，考察数据又可通过 LCS 采集后建库，也可在行进中作实时分析。

海洋物理调查中，船载测深仪、测温仪、盐度计及测流计等通过 LCS，再结合 GPS 定位数据，可在“3S”系统中直接建库，结合海洋遥感数据绘制海温、盐度在不同深度的分布图，研究表层、中层、深层和底层水、水团和洋流的特点，结合先前的资料，通过 EAS 分析其变化特点。

利用“3S”集成系统研究极区海冰分布和变化，除了卫星遥感图像资料外，绕极区航行可以大量采集实况数据，再由 GIS 将以往资料进行叠加分析，监测冰区的动态变化，研究其对全球气候和海水面升降的影响，以及极区产冰量、开放水域及航行环境。

鳞虾生长与海温，洋流和海洋微生物分布等有密切关系，同样“3S”集成系统能在鳞虾调查中发挥作用，使用 GPS 定位，LCS 收集鱼探仪数据，结合海温、洋流及海洋微生物分布进行分析和制图，为商业性捕鳞虾提供可靠依据。

“3S”集成系统可在遥感图像导航下进行实况采集，同时运用GPS定位数据使实况采集数据与遥感图像精确配准，以供以后的分析用。本系统还可用于分析类图的检测。有些实况数据结合背景数据还可以作近实时分析。

三、车辆定位指挥调度系统

系统由DGPS、无线数据链、专业传感器、CCD扫描系统构成，配合电子地图，实现交通运输的合理调度和管制。如公共汽车的合理调度，出租车监测和调配，警车、消防车、运钞车的调度、指挥和监控等，见图7-5。

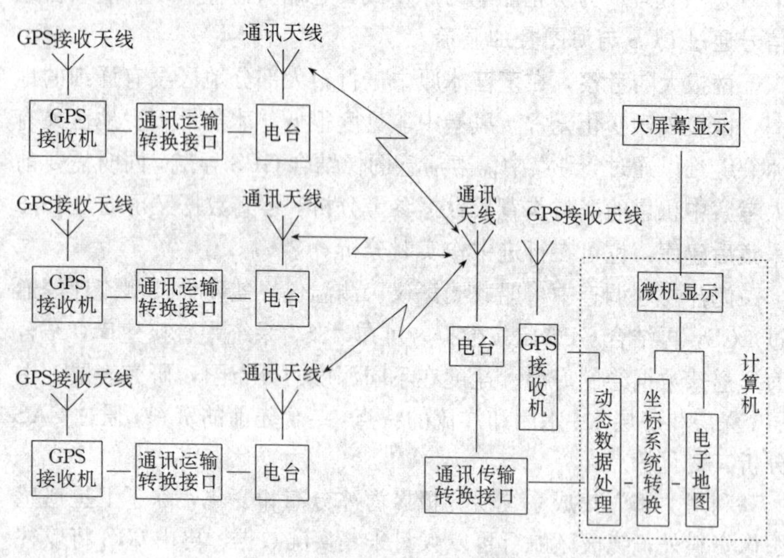

图7-5 车辆定位调度指挥系统

四、精密农业系统

精密农业（Precise Farm）是国外依靠科学技术发展高效农业的

一个新概念，是电子地图、DGPS、现代农机、现代农业科学技术集成的结晶，其特点对土壤特征、水分、气候等与农业相关的因素进行研究，建立相关的GIS，通过DGPS导航，实现飞机播种、药物飞播治虫防病锄草施肥，当然此项工作也可由DGPS导航的农机车辆完成。此举可以省去横向重叠、转换重叠，因地制宜地播种、施肥、锄草、撒药，减少浪费，提高效益。如夜间喷洒农药和化肥，因夜间风小、气温低，可使用喷孔更多、更细的喷雾器，因夜间蒸发和漂移损失小，喷施均匀，夜间植物气孔张开，更易吸收农药和化肥；而白天阳光照射，喷洒的农药会因为蒸发、无效扩散，随风漂游而造成浪费。据国外统计，利用现代精密农业系统，可节约50%的农药和公肥。

第三节 森林资源、水土保持、荒漠化调查、监测“3S”系统介绍

此课题是我们结合水利部水土保持监测中心课题及冯仲科博士论文完成的。系统的特点是突出DGPS，使DGPS发挥提供矢量数据、样地定位、电子地图补测补绘、RS训练样地定位与恢复、RS几何校正起始数据等多种功能与作用。

系统突出数据库功能，使各种手段获取的数据都能与数据库之间实现双向访问，进而解决森林资源、水土保持、荒漠化调查与监测中从定位到观测、从处理到分析、从决策到制图、从静态估计到动态分析各种条件下的空间几何、物理问题，确保资源合理开发利用，实现GIS、RS、GPS一体化、集成化。

一、课题研究的基本问题

①林业资源调查监测必要空间定位精度的研究。

②DGPS基础多功能控制网的合理密度、精度和施测研究。

③树冠、地形、重复次数、测程对DGPS精度影响之研究，粗

差探测。

④点、线、面、体定位方法、数学模型、精度分析研究。

⑤固定样地 DGPS 恢复、建立、自动记录、实时计算、处理通讯之研究。

⑥DGPS 用于森林调查、监测，防火、更新、病虫害、荒漠化、野生动物跟踪调查研究。

⑦DGPS 与 RS 结合之研究（训练样地定位、面积测定，校正所需已知数据定位、混合像元图斑及面积测定、DGPS 在 RS 图像上的实时显示处理）。

⑧DGPS 与 GIS 结合之研究，实时测图，补测补绘，实时显示，数据管理与分析，林相图，森林资源分布图绘制。

二、重点解决问题

①DGPS 星历、C/A、L1、L2 数据的接收、处理、解码、调制、解调问题，整周模糊度的快速解算问题。

②树冠、地形引起的粗差探测、剔除、平差问题。

③提高森林郁闭条件下、定位精度和可靠性措施问题。

④GPS 与 RS、GIS 集成的数据接口与组织问题。

三、独创与新颖之处

①快速解算调整模糊度的新方法。

②林区 DPGS 定位精差探测与抗差估计。

③提高定位精度与可靠性的方法。

④GPS 在 RS、GIS 上的实时显示、处理、分析。

第四节 “3S”在草地估产中的应用

本节选自《生态学报》1998 年 9 月（vol. 18，No. 5）李建龙等人的论文“RS，GPS 和 GIS 集成系统在新疆北部天然草地估产技术中的应用进展”。特别说明，这个集成系统是离散的，即结合不是紧密的，但在“3S”应用方面是一个有益的探索。

草地产量是草业生产力高低的重要衡量指标，同时也是制定畜牧业生产规划的基础。能否及时掌握准确地大面积草地动态产量资料，对计算草地载畜量和安排草畜生产，提高草地畜牧业生产力，都具有十分重要的意义。然而，目前一般采用的传统测产方法，由于测点控制面窄，周期长，再加之费时费力，成本高，都不能及时反映大面积草地产量动态变化状况，而具有其局限性。因此，为了克服传统测产方法和技术的不足，提高生态学在植物群落和景观层次的研究水平和范围，提高人们对草地生态系统在空间、时间和属性特征动态变化的了解和演替过程的掌握，使生态学原理和草地信息更有效应用于草业生产，发展草业生产力和丰富草地生态学研究方法。本研究旨在探讨利用遥感技术，全球定位系统和借助 GIS 系统的统计功能，通过多年地面观测工作和卫星影像的印证和草地专家系统分析，经过一系列专业化技术处理，实现草地信息获取，信息处理和信息应用自动化、定量化和一体化目标，进而通过建立草地可食牧草各类估产模型和遥感环境综合技术系统（RSECTS）（图 7-6），努力实现草地可食产量大面积遥感动态监测和估产指标及提高估产的精度。最终实现草地估产新思路的目标——RS、GPS、GIS 和草地专家系统（“4S”）一体化集成，丰富及拓宽草地生态学研究方法。

一、试验地、材料与方法

1. 试验地概况与样地定位

位于新疆北部阜康县境内，地处天山北坡山前及低山带，为东经 87°46′～88°44′，北纬 43°45′～45°30′之间。该县属于温带干旱大陆性气候，多年平均气温山区 3.4℃，平原区 6.6℃，沙漠区 5.9℃，多年平均降水量山区 406.8mm，平原区 187.5mm，沙漠区 114.7mm。利用草地调查与 TM 资料进行植被分类和底图制作。草地植被从北到南依次分布的主要类型为温性荒漠类（类型Ⅰ）、低平地草甸类（类型Ⅱ）、温性荒漠草原类（类型Ⅲ）和温性草甸草原类（类型Ⅳ）等。在这4类型区内建立了长期草地与环境气象资料生态定位观测站，进行多年常规生态环境资料观测。其方位用TRANSPAK (made in U. S. A) 便携式全球卫星导航定位仪结合地图订正确定，在计算机工作站建立起GPS定位系统。

2. 材料与方法

(1) 遥感影像和处理方法

从1991～1996年共收集24幅NOAA卫片资料和2幅TM卫片资料等，利用GPS准确定位，提供空间定位资料等和使用ERDAS软件进行图像处理和信息提取，用ARC/INFO (GIS) 建立空间数据库等和进行资料统计分析，做到RS—GPS—GIS一体化集成分析。

(2) 草地产量

每年于5月16日至10月16日每隔半月用$1m^2$样方按收获法测产，重复测4次。另外，在每年6月1日和9月16日夏秋高产期分别在4个类型区内，选择典型地段设置100m×25m样地进行结构调查和大区测产，重复测3次，用于大面积遥感估产结果的精度检验。

(3) 环境气象和光谱资料

用常规法观测了每个样地的0～50cm平均土壤含水量、地下25cm地温、地面气温、降水量、蒸发量和日照等及用RS-B型野外光谱仪观测了地面光谱资料等。

(4) 遥感植被指数

用提供气象卫星通道1和2的经校正后的*RVI*和*DNVI*绿度值，进行可食牧草产量相关分析，并接受F检验、精度与灵敏度分析等数据加工处理。建立了地学、地面光学和卫星遥感估产模型及遥感—环境综合技术系统 (RSECTS) 等图 (7-6)。做到RS—GPS—GIS与草地专家系统（"4S"）方法一体化集成，提高草地大面积估产精度和拓宽草地生态学研究方法。

二、结果与分析

1. 遥感图像处理与信息提取技术和估产方法等特色

利用NOAA资料对大面积草地牧草长势进行动态监测是可行的，精度是可靠的，业已被现有研究所证实，但能否应用于草地准确估产仍值得深入探讨，因为其资料易受空间分辨率低和大气及地理背景的干扰。为克服NOAA资料本身的不足，发挥其动态宏观优越性和提高草地面积估产的精度，在进行了一般常规图像处理、信息提取和资料加工及应用基础上，本研究特做如下改进：①首先对获取的所有NOAA资料反复做太阳高度角影响纠正，利用不同时相NOAA影像筛选和叠加进行大气效应订正，几何粗精和经纬度校正（在ERDAS和GIS系统支持下，利用天池水域进行反复校对），在RS与GIS结合下进行数值和坐标转换及数据矢量化，信息分类、复合和产量资料平均校正等处理，以减少资料本身在加工处理过程中的误差；②利用TM资料和地面光谱资料对已处理的NOAA信息做必要校正。在利用TM资料进行分类，底图制作和多阶抽样下，进而又用TM资料作为“桥梁”间接地建立NOAA信息与实地资料的关系，逐步做到多星多时相天、地资料的有机结合；③为克服像元影像坐标偏移及边缘畸变的缺点，采用地面观测点及周围24个像元（5×5）的气象卫星绿度值平均后，再用于可食牧草产量相关分析，以减少“点对点”资料的偏差；④采用天、地多年24个时相的同步观测资料，建立可食牧草产量与绿度值间相关估产模型，发挥GPS与RS和GIS一体化功能结合优势，并对其结果做相关系数（r值）、灵敏度统计和模型估产精度检验与分析（而非单时相单因子的简单相关估产模型），使数学模型本身的估产精度达到95%以上；⑤对建立的各种地学、光学和卫星遥感动态估产模型，均进行了实际估产精度的验证和效果分析，注重遥感估产结果与草原专业知识和生态问题相结合。充分利用专业模式和经验去连接和发挥RS与GIS的

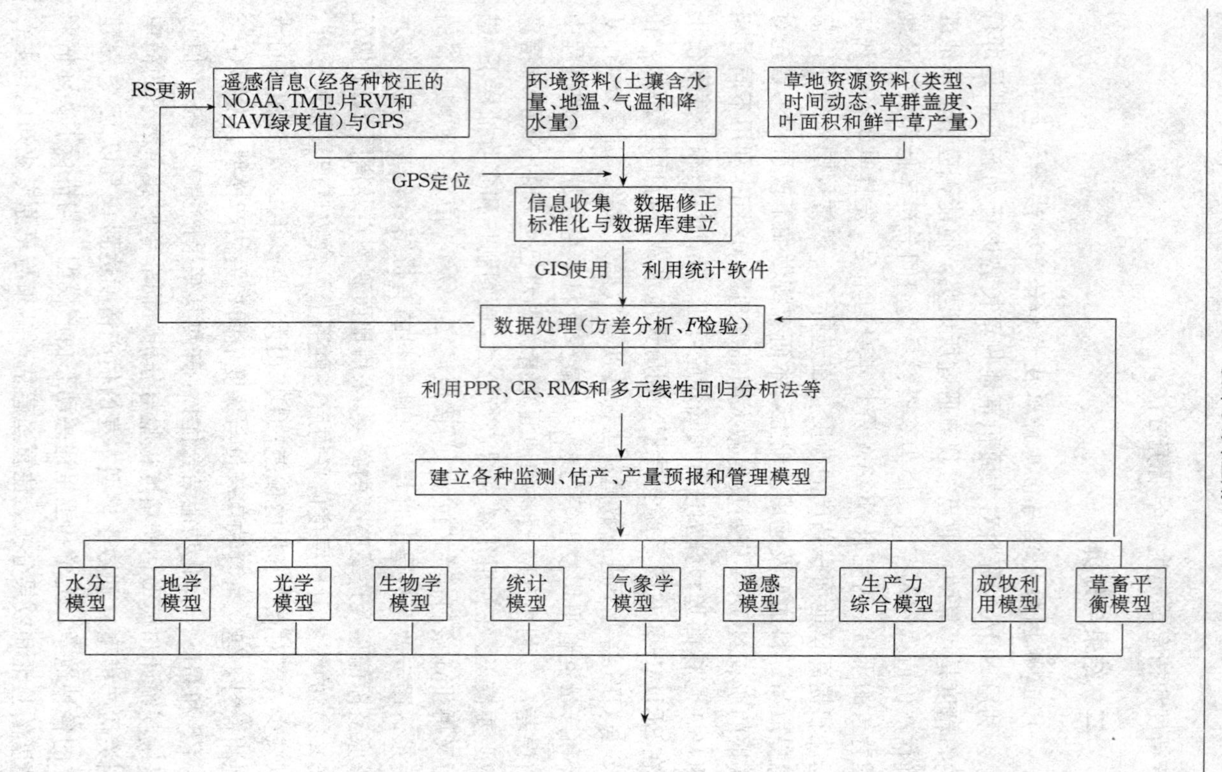
RS更新
遥感信息(经各种校正的NOAA、TM卫片RVI和NAVI绿度值)与GPS
环境资料(土壤含水量、地温、气温和降水量)
草地资源资料(类型、时间动态、草群盖度、叶面积和鲜干草产量)
GPS定位
信息收集　数据修正标准化与数据库建立
GIS使用
利用统计软件
数据处理(方差分析、F检验)
利用PPR、CR、RMS和多元线性回归分析法等
建立各种监测、估产、产量预报和管理模型
水分模型
地学模型
光学模型
生物学模型
统计模型
气象学模型
遥感模型
生产力综合模型
放牧利用模型
草畜平衡模型

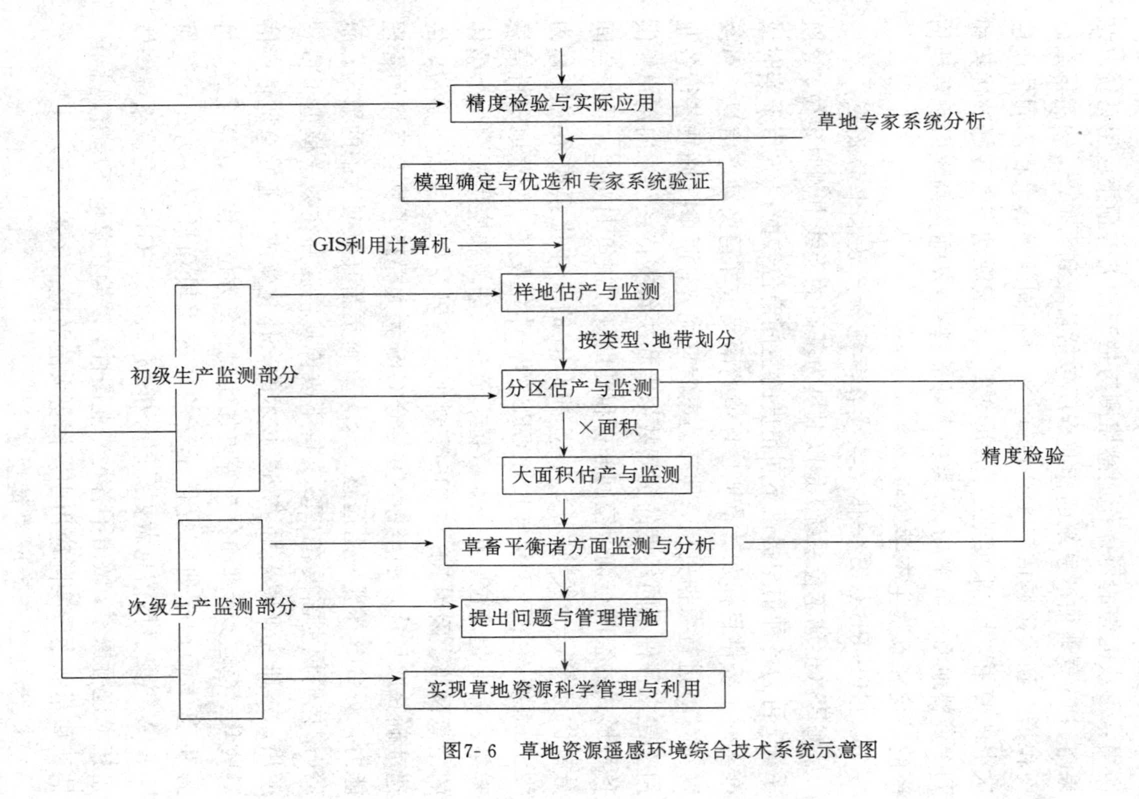

图7-6 草地资源遥感环境综合技术系统示意图

作用，形成完整的可操作遥感监测与估产和灾害预报应用系统（结果略）；⑥草地估产系统的作业程序包括从点到面估产，然而再乘以面积推广到大区域估产（图 7-6）。注重不同遥感信息在不同估产层次上的使用，最大限度地发挥 NOAA 资料宏观动态效应好的优势和 TM 资料地面分辩率高、分类精度好的特点，从而提高大面积草地估产的精度和景观生态学效应。

2. GPS-RS-GIS 一体化集成在草地估产技术中的效应

GPS（全球定位系统）是以卫星为基础的无线电测时定位、导航系统，可为各种用户提供不同精度的空间定位数据；RS 用于实时或准实时地提供目标及其草地、环境的语义或非语义动态信息，可及时对 GIS 进行数据更新，具有动态信息优势；而 GIS 则被各行各业用于建立各种不同尺度的空间数据库和决策支持系统，向用户提供各种形式的空间查询，空间分析和辅助规划决策的功能，具有空间分析优势等，一般将 GPS、RS 和 GIS 的一体化集成系统统称为“3S”系统，由于 GIS 与 RS、GPS 的一体化发展，使草地资料信息采集、标准化定位、传输、存贮、管理、分析和应用成为一个整体的信息网络。因为 RS 和 GIS 资料加工需要在 GPS 系统下定位，快速准确获取目标点的坐标，并结合 GIS 大大提高了移动目标的管理能力，而 GIS 需要应用遥感（RS）资料更新其数据库中的数据；而 RS 影像的识别需要在 GIS 支持下改善其精度并在数学模型上得到应用。本研究证明采用“3S”技术的一体化集成，能使草地估产信息收集、存贮、管理和分析等更加实时、全方位、快速和精度高，可为生态学和地学研究提供全新的研究手段和思路。为此，既对 NOAA 气象卫星信息做更深层分析，亦对 RS—GIS—专家系统一体化技术进行探索，做出了各种专业图件，以期在草地环境宏观监测、估产和草业生产实际应用中发挥更大的效应（RSECTS）。

3. 草地估产的地学模型建立

在本 RSECTS 系统分析中，模型的建立起着重要作用，它既是信息分析的工具，又是建立可运行的草地资源动态监测和估产一体化系统的基础。地学模型通式为：$Y=Y(GT,t,X_1,X_2,X_3,X_4)$，式中$Y$为可食牧草鲜干草产量（kg/gm²），$GT$为不同草地类型，$t$为时间（指年季月），$X_1$为0～50cm土壤平均含水量，$X_2$为25cm年均地温，$X_3$为年均气温，$X_4$为年均降水量。利用近代最新统计回归法——运用Cp准则辅以RMSq准则作为所有自变量子集回归分析，从中选择最优主导生态因子和回归方程，建立标准地估产模型（从$Q=1$，2，3，4中逐步选择分析，见表7-1）。

表7-1　标准在产地学模型

类型	鲜草的最优标准估产地学模型	干草的最优标准在产地学模型
Ⅰ	$Y_1=15\times(81.5-61.548x_1-536.269x_2+487.691x_3-76.673x_4)$	$Y_2=15\times(32.485-22.601x_1-277.895x_2+248.913x_3-23.675x_4)$
Ⅱ	$Y_1=15\times(174.59-168.103x_1+149.672x_2)$	$Y_2=15\times(85.395-64.274x_1+52.02x_2)$
Ⅲ	$Y_1=15\times(71.955+187.982x_2+207.429x_3+69.552x_4)$	$Y_2=15\times(39.5-15.059x_3)$
Ⅳ	$Y_1=15\times(286.345+436.024x_2+388.367x_4)$	$Y_2=15\times(94.85+73.923x_2+113.902x_4)$

由结果可见，运用所有自变量子集回归分析，得出了相关估产优化地学模型和找出了影响产量形成的主导生态因子，如类型Ⅰ为水热各因子，类型Ⅱ为土壤含水量和地温，类型Ⅲ为地温、气温和降水量及类型Ⅳ为气温和降水量，结果符合实际生态规律和成因分析结论，它即反映了可食牧草产量形成的本质，又有利于将来的产量预报。同时，也表明由于不同草地类型因所处生态环境和牧草组成种类和结构不同，导致影响牧草产量形成的主导生态因子也有所不同，而以上数学表达式则定量反映了这种成因相关生态规律及本质，弥补了遥感估产“微观”不足的弱点。

4. 草地估产的地面光学模型建立

光学模型通式为$g_i=g_i(CH1,CH2)$，$Y_g=Y_g(g1,g2)$，式中$j=$

1,2,两种算水模式,$CH1$,$CH2$ 分别为地面实测光谱通道 1,2,g_j 为第 j 种算法模式计算的地面实测光谱绿度值;Y_g 为地面实测可食牧草产量,$g_1=RVI$,$g_2=DAVI$。

经参考 r 值、回归平方和、F 值及最大绝对误差大小,从 6 种常见数字曲线类型中选择最优形式,建立牧草产量监测与估产模型如表 7-2。由表 7-2 结果分析可见,这些建立的非线性优化光学估产模型 r 值均高于 0.917,相关程度很高,且都通过了 0.01 极显著水平统计检验,表明估产模型灵敏度很高,具有实际应用价值。在不同时

表 7-2 不同时间不同草地类型牧草产量地面光谱监测与估产模型 (kg/hm²)

类型	牧草产量	非线性最优监测与估产模型	r	F
Ⅰ	鲜草	$Y=15/(0.001+0.023EXP(-RVI))$	0.982	4753.546**
		$1/Y=-0.015+0.030/(NDVI)$	0.987	6583.813**
	干草	$Y=15/(0.003+0.110EXP(-RVI))$	0.963	1850.254**
		$1/Y=-0.60+0.105/(NDVI)$	0.965	1810.319**
Ⅱ	鲜草	$Y=15/(0.002+0.017EXP(-RVI))$	0.996	5344.918**
		$Y=8353.035+4537.0651LOG(NDVI)$	0.996	1211.009**
	干草	$Y=15/(0.004+0.032EXP(-RVI))$	0.956	3510.153**
		$Y=4395.225+2370.84LOG(NDVI)$	0.990	486.098**
Ⅲ	鲜草	$Y=696.135EXP(0.604RVI)$	0.978	772.890**
		$Y=961.950EXP(3.197NDVI)$	0.917	1752.781**
	干草	$Y=380.982RVI1.369$	0.998	1484.102**
		$1/Y=0.015+0.060/(NDVI)$	0.996	2031.880**
Ⅳ	鲜草	$Y=-1536.495+6851.985LOG(RVI)$	0.964	101.948**
		$Y=14318.34+11963.565LOG(NVDI)$	0.958	113.034**
	干草	$Y=461.925+1371.225LOG(RVI)$	0.998	2092.712**
		$Y=3630.51+2386.935LOG(NDVI)$	0.990	5048.470**

注:**表示 0.01 极显著水平(下同)。

空条件下可食牧草鲜干重仍与两种光谱绿度值成正相关,并且以非线性曲线形式拟合,其效果更佳,因此,这些光学模型均可用于草地资源监测、估产和产量预报。研究还表明,在同一类型不同时间的绿度值随可食牧草产量高低变化而发生同步变化,由此说明可利用绿度值的变化对牧草产量、长势和资源动态变化进行监测,而且在不同的草地类型,应选择不同的绿度值和不同的曲线拟合,则可提高估产精度;另外在同一时间不同草地类型上观测的光谱绿度也有所不同,有随植被盖度和可食牧草产量增高而变大的趋势,为此,可用光谱绿度值的数值高低,进行草地产量分级和大面积估产及草地利用现状图制作等(表 7-2),并将此结果进行草地专家系统分析,获得了许多草地研究成果。

5. 草地估产的卫星遥感模型建立

利用线性或非线性逐步回归分析法,对 Y_1(鲜草产量)、X_1($NDAVI$)和 X_2(RVI)进行多重相关分析、从中选择最优回归方程,建立了大面积卫星遥感估产模型(表 7-3)。经参考 r 值大小,模型的回归平方和、F 值和最大绝对误差大小,从 6 种常用曲线类型中选择出最优形式,建立的线性或非线性草地产估模型,经效果检验分析后得出,在不同时空条件下,Y_1 与 X_1 和 X_2 值间成正相关,且相关性密度 r 值均在 0.679～0.984 之间,并通过了 F 检验($P<0.01$),并且以非性线曲线形式拟合,建立遥感估产模型,其精度更高(表 7-3)。由表 7-3 可见,其相关程度是类型Ⅳ>类型Ⅱ>类型Ⅰ>类型Ⅲ,这是由于类型Ⅲ多以含叶绿素相对较少的木本灌木组成,且易受山体干扰,地面光谱反射率较高,导致其产量与 RVI、$NDVI$ 的相关性与其它类型相比稍差。一般在植被盖度较高的类型Ⅳ、Ⅱ和Ⅲ,是鲜草产量与 RVI 的相关性好于 $NDVI$,而在植被盖度相对较低、处于荒漠区的类型Ⅰ则相反,是鲜草产量与 $NDVI$ 的相关性好于 RVI,表明不同草地类型因植被盖度和叶绿素含量不同,应选用不同绿度值进行草地估产,方可提高估产精度(表 7-3)。

表 7-3 不同类型的草地产量卫星遥感估产模型(kg/hm²)

类型	牧草产量	最优非线性模型表达式	r	F
Ⅰ	鲜草	$1/Y_1=-0.15+0.030/(NDVI)$	0.883	119.865**
	Fresh	$Y_1=15/(-0.026+0.132\text{EXP}(-RVI))$	0.740	59.072**
Ⅱ	鲜草	$Y_1=811.635\text{EXP}(6.581NDVI)$	0.893	164.224**
	Fresh	$Y_1=1073.682RVIA2.460$	0.944	289.450**
Ⅲ	鲜草	$Y_1=15/(-0.092+0.123\text{EXP}(-NDVI))$	0.679	61.627**
	Fresh		0.713	73.510**
Ⅳ	鲜草	$Y_1=1131.555\text{EXP}(4.280NDVI)$	0.930	711.763**
	Fresh	$Y_1=1097.895RVIA1.959$	0.984	2002.222**

6. 不是草地类型分区遥感估产效果与度分析

利用建立的优化非线性遥感估产模型，实际估测的 4 个草地类型大面积分区产草量，并与地面实测结果进行对比，做出了系统学精度检验。由 7-4 结果分析可见，4 个大区遥感估测的草地可食牧草

表 7-4 利用遥感技术和 GIS 估测草地产量与地面实测产量结果及效果统计检验（鲜草，$n=24$）

各大分区	分区总面积(hm²)	卫星遥感估测总产量(10^8kg)	地面实测总产量(10^8kg)	相对误差(%)	总体估产精度(%)	统计检验结果
温性平原荒漠区(Ⅰ)	458800.0	15.5313	20.4969	−24.2	75.8	通过
温性低地盐化草甸区(Ⅱ)	6802.7	04128	0.3605	14.5	85.5	通过
温性荒漠草原区(Ⅲ)	18340.0	0.7398	0.8704	−15.3	84.7	通过
温性山地草甸原区(Ⅳ)	18250.0	1.9783	1.6645	18.9	81.1	通过

产量与实测产量基本吻合，相对误差小 25%，估产总精度分别为 75.8%、85.5%、84.7%和 81.1%，均在 75%以上，且通过了 F 统计检验。从草原生产实际要求和统计学的标准衡量，各大分区鲜草产量

遥感估测精度均达到了比较满意的水平。结果表明利用NOAA资料和GPS—RS—GIS及草地专家系统一体化体系进行大面积草地估产是可行的和经济的，是植物生态学研究中又一新方法和技术，此技术和成果会在草业生产上和生态学研究方面广泛应用。

三、结论与讨论

研究证明，在遥感图像处理，信息提取与应用过程及GPS—RS—GIS—草地专家系统一体化集成技术方面所做探索，是有益和创新的。在GPS—RS—GIS集成体系支持下，利用多年草地产量资料与多时相遥感绿度值间建立的各种相关估产模型，其r值均在0.679以上，都通过了F检验，在4个大分区实际估员检验中，精度分别为75.8%、85.5%、84.7%和81.1%（从类型Ⅰ至Ⅳ），可满足统计学和草业生产的实际要求，因而可用于草地动态监测和估产，实现了遥感估产目的，并获得了诸多研究进展。由于RS和GIS系统的匹配应用，使小范围内所获研究结果和草地生态信息得以外延和扩展，使人们有能力以更为宏观综合的方式来探讨草地资源的奥秘和了解更大范围的草地演替变化过程等。研究还发现除类型Ⅰ以外，用RVI指标估测其它3个类型草地可食牧草产量的粗度要高于用$NDVI$指标（在类型Ⅰ，则相反）。因此，用NOAA资料和遥感技术与GIS等的结合进行大面积草地动态估产和生态学研究是可行的、可信的，也是经济的，其研究成果具有广泛的学术和应用价值及生态学意义。诚然，对GPS—RS—GIS和草地专家系统（4S）一体化草地估产方法，还将有必要做进一步探索。当然，充分利用草地专业模式去连接和发挥RS，GIS和GPS的作用，将会形成完整的草地遥感监测与估产应用系统。

第五节 DGPS、DPS、GIS集成系统用于测树

国家森林资源连续清查（又称一类清查）要对样地角木检尺，内

外业检测、计算、统计工作量均较大，国外曾建议在直升飞机的两翼装置摄像机，在样地中心上部拍照，通过立体像对估算样地蓄积量。但此项研究未能成功，主要是当初缺乏GPS导航，无法确定飞机与地面的严格位置关系，加之经济代价太大。可否采用近景摄影测量的手段解决这一问题呢？值得探讨。国外近年来在近景摄影测量用于文物保护修复、机电设备安装、建构筑物变形分析等交通车辆事故实时信息获取等方面已取得令人满意的成就。

这里介绍采用普通照相机（模拟或数码）而不是摄影测量相机拍照，通过计算机扫描、建模处理同名像点，进而研究树高、胸径、树冠大小等。一般不用航测专用的坐标量测仪等仪器，因而轻便、方便、快速、精确。特别强调，树冠大小与生物量相关，用普通相机摄影测量树冠意义重大。

一、固定样地的摄影测量工作

首先用DGPS设置或恢复固定样地，在照相机视场内选择10个以上明显标志，如用“+”、“⊕”、“×”、“⊗”等贴在树上，用DGPS或者全站仪测量这些标志的三维坐标i (X_i, Y_i, Z_i)，当然，亦可以不测量（本节结束时专门讨论这一特殊、实用的情形）。选择4个以上摄影点，测量其中心三维坐标j (X_{sj}, Y_{sj}, Z_{sj})。若为测量树冠形态，应在树冠前、后、左、右竖立标杆并设置适当标志，使之固定，测量其坐标。

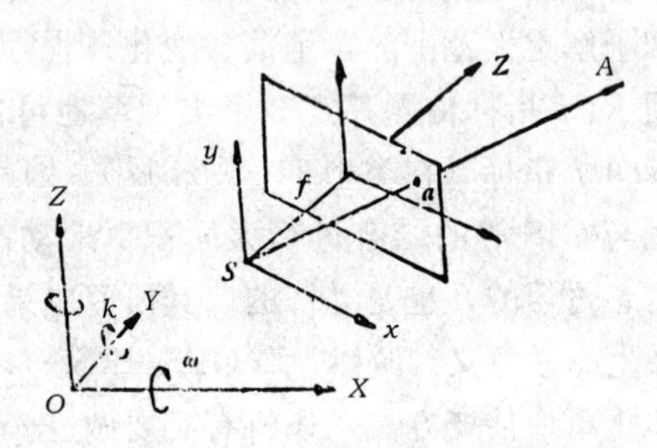

图7-7 地面坐标系和像空间坐标系

如图7-7，O-XYZ为地面坐标系，S-xyz为像空间坐标系，S为摄影机投影中心，f为摄影机主距，x_0，z_0是主点的像片坐标。地面目标点A成像于a，其像片坐标为x、z。设投影中心的地面坐标为

X_S、Y_S、Z_S，目标点 A 的坐标为 X_A、Y_A、Z_A。像点坐标与目标点的地面坐标用共线方程联系起来，即：

$$\left.\begin{aligned} x-x_0=f\cdot\frac{a_{11}\ (X_A-X_S)\ +a_{21}\ (Y_A-Y_S)\ +a_{31}\ (Z_A-Z_S)}{a_{12}\ (X_A-X_S)\ +a_{22}\ (Y_A-Y_S)\ +a_{32}\ (Z_A-Z_S)} \\ y-y_0=f\cdot\frac{a_{13}\ (X_A-X_S)\ +a_{23}\ (Y_A-Y_S)\ +a_{33}\ (Z_A-Z_S)}{a_{12}\ (X_A-X_S)\ +a_{22}\ (Y_A-Y_S)\ +a_{32}\ (Z_A-Z_S)} \end{aligned}\right\} \tag{7-1}$$

式中：a_{ij}为旋转矩阵 R 的元素，它们是外方位角元素 ω，k，φ 的函数，写成：

$$R=\begin{bmatrix} a_{11} & a_{12} & a_{13} \\ a_{21} & a_{22} & a_{23} \\ a_{31} & a_{32} & a_{33} \end{bmatrix} = \begin{bmatrix} \cos\varphi\cos k-\sin\varphi\sin\omega\sin k & \sin\varphi\cos\omega & -\cos\varphi\sin k-\sin\varphi\sin\omega\cos k \\ -\sin\varphi\cos k-\cos\varphi\sin\omega\sin k & \cos\varphi\cos\omega & \sin\varphi\sin k-\cos\varphi\sin\omega\cos k \\ \cos\omega\sin k & \sin\omega & \cos\omega\cos k \end{bmatrix} \tag{7-2}$$

式中：x_0、y_0、f 称之为内方位元素，X_S、Y_S、Z_S 为 ω、k、φ 称之为外方位元素。内外方位元素一般有 9 个，其中 3 个内方位元素可通过对相机的鉴定获得，但一般认为是未知数，因为普通相机内方位元素不稳定。(7-1)、(7-2) 式中，当 A 点为控制点，其坐标已知，x、y 通过坐标量测仪或扫描（数字）影像从计算机上获取，此时只有内外方位元素共计 9 个未知数，通过 5 个控制点列出 $2\times5=10$ 个方程，就可确定全部未知数，通过两张以上的像片就能确定各像点在物方空间的三维坐标。若能已知摄影站的三维坐标，则只有 6 个未知数，通过 3 个控制点、二张像片达到上述目标。

实际工作中需对（7-1）、(7-2) 式进行线性变换（DLT），其变换结果为：

$$\left.\begin{aligned}x+\Delta x+\frac{L_1X+L_2Y+L_3Z+L_4}{L_9X+L_{10}Y+L_{11}Z+1}=0\\y+\Delta y+\frac{L_5X+L_6Y+L_7Z+L_8}{L_9X+L_{10}Y+L_{11}Z+1}=0\end{aligned}\right\}\tag{7-3}$$

式中：L_i ($i=1, 2, \cdots, 11$) 为未知数；x、y 为像片坐标；X、Y、Z 为控制点大地坐标；Δx、Δy 为物镜畸变差及底片变形差，属系统误差，其表达式为：

$$\left.\begin{aligned}\Delta x=K_1xy^2+K_2x^3\\\Delta y=K_2y^3+K_1x^2y\end{aligned}\right\}\tag{7-4}$$

式（7-3）的误差方程（依台劳级数展开）为：

$$\left.\begin{aligned}V_x=-\frac{1}{A}\ (L_1X+L_2Y+L_3Z+L_4+xXL_9+xYL_{10}+xZL_{11}\\+A\cdot\Delta x+x)\\V_y=-\frac{1}{A}\ (L_5X+L_26+L_7Z+L_8+yXL_9+yYL_{10}+yZL_{11}\\+A\cdot\Delta y+y)\end{aligned}\right\}\tag{7-5}$$

式中：

$$A=L_9X+L_{10}Y+L_{11}Z+1\tag{7-6}$$

（7-5）式矩阵形式为：

$$V=ML+W\tag{7-7}$$

其法方程式为：

$$M^TML+M^TW=0\tag{7-8}$$

式中 L 包含模型参数 L_i 及附加参数 K_j($j=1,\cdots t$)，则应设立的控制点数 $n>(11+t)/2$，就可求解出经系统误差改正后的像片坐标 x^*、y^*。再由 x^*、y^* 由式(7-5)重新求得 L_i，最后求出采场特征点的大地坐标 X、Y、Z。

通过上述直接线性变换解法获得了各特征点的三维坐标。由于测点的密度不一定恰好满足我们计算和绘图需要，采用移动拟合法解决了这个问题。

对于一个待插值新点，选取邻近的几个点，把新点作为坐标平面的原点，然后用如下的多项式拟合曲面

$$Z = Ax^2 + Bxy + Cy^2 + Dx + Ey + F \tag{7-9}$$

式中 A、B、C、D、E、F 为待定参数，然后以待定点 P 为圆心，以 R 为半径做圆，在圆内选取数据点，并把平面坐标变换到以待定点 P 为原点。即：

$$\left.\begin{aligned}\bar{x}_i &= x_i - x_p\\ \bar{y}_i &= y_i - y_p\end{aligned}\right\} \tag{7-10}$$

由于多项式中有 6 个未知数，要求至少在圆内选取 6 个已知点，当多于 6 个时，可进行平差计算，误差方程式为

$$V_i = A\bar{x}_i^2 + B\bar{x}_i\bar{y}_i + C\bar{y}_i^2 + D\bar{x}_i + E\bar{y}_i + F - Z_i \tag{7-11}$$

并定义权为：

$$P_i = \frac{1}{d_i^K}$$

式中，d 为待定点 P 到已知点间距离；K 为常数，一般取 2。由拟合的局部曲面方程，可内插出任意点的坐标。

利用积分学理论和方法解决了树冠体积计算问题。为了求得树冠体积，设树冠分布域为 D，用平行于 X、Y 二直线对树冠进行分割，树冠被分割成为 n 个不相重叠的子体，如图 7-8 所示。当 $n\to\infty$时，计算每个子体所控制的树冠体积量，并累加，即可求出整个树冠体积。子体的坐标有 8 个，子体的底面积为 $\mathrm{d}x\mathrm{d}y$，如图 7-9 所示。子体高度 H_i 为：

$$\begin{aligned}H_i=\frac{1}{4}\Big\{&\sqrt{(x_1-x_2)^2+(y_1-y_2)^2+(z_1-z_2)^2}\\&+\sqrt{(x_3-x_4)^2+(y_3-y_4)^2+(z_3-z_4)^2}\\&+\sqrt{(x_5-x_6)^2+(y_5-y_6)^2+(z_5-z_6)^2}\\&+\sqrt{(x_7-x_8)^2+(y_7-y_8)^2+(z_7-z_8)^2}\Big\}\end{aligned} \tag{7-12}$$

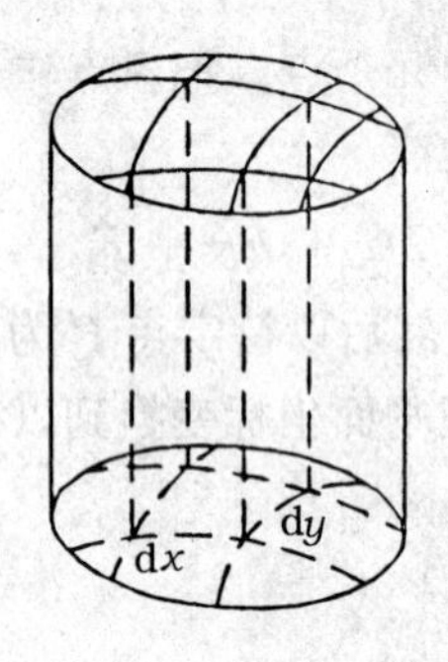

图 7-8 树冠求积分割图

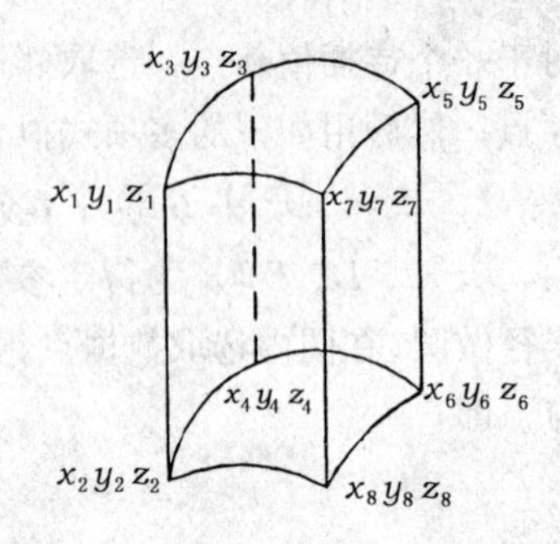

图 7-9 树冠求积积分原理图

子体的体积为

$$V_i=H_i\mathrm{d}x\mathrm{d}y \tag{7-13}$$

整个树冠的体积为：

$$V=\lim_{n\to\infty}\sum_{i=1}^{n}D_iH_i\mathrm{d}x\mathrm{d}y=\iint_D F[D(x,y),H(x,y)]\mathrm{d}x\mathrm{d}y \tag{7-14}$$

树冠生物量显然与 V 相关且成正比，其确切关系乃是林学家、植物学家、生态学家所要研究的问题。

至于测量树高、胸径，只是最简单的几何坐标之运算了。据我们实验，测量树高的外符合相对误差为 2%，胸径的外符合误差为 1%，树冠体积的内符合误差为 3%，至于外符合多少，尚未验证。

二、无像控制点数字摄影测量的条件

测量像控点三维坐标需要借助于DGPS RTK。或全站仪三维坐标测量进行，对于林区测量而言，携带这些设备是令人为难的，可否不测像控点坐标而实现数字摄影测量呢？理论和实践均已证明其可行性和实用性。

设某待测目标上设备 N 个明显标志，对其进行 M 次摄影，从(7-1)、(7-2)式出发，考虑物镜畸变和底片变形，欲使其有解则应满足：

$$3+M\cdot 6+2+3(N-1)<2MN \tag{7-15}$$

上式的意义是 3 个内方元素。2 个物镜畸变和底片变形系数

K_1、K_2、$6M$ 个外方位元素。3（$N-1$）明显标志点坐标，（假定一点已知），所有这些未知数应小于 M 次摄影、N 个像控点列出的方程数 $2MN$，整理（7-15）式得：

$$M>\frac{3N+2}{2(N-3)} \tag{7-16}$$

若 $N=4$，$M>7$；$N=5$，$M>5$；$N=6$，$M>4$；$N=7$，$M>4$；$N\rightarrow\infty$，$M>2$，一般明显标志点应多于 10 个，摄影次数应多于 4 次。

此类问题最难解决的是未知数的初值设置和如何减少计算过程的迭代次数。

三、DGPS、DPS、GIS 的集成系统用于测树过程

其一般过程可表示为（图 7-10）：

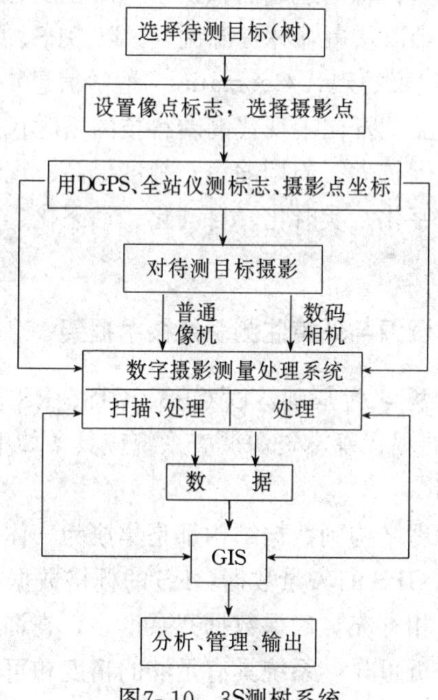

图7-10　3S测树系统

第六节 基于“3S”技术的森林资源与环境监测系统

资源、环境及可持续发展问题是当今研究的3项重大课题。作为陆地最大的生态系统——森林，显然与这3大课题有着紧密的关系。如何量测森林资源现状，监测其动态系统变化，分析评价森林资源的数量、质量、分布、健康及其多功能，预估其发展趋势就成为紧迫的任务。

经典的森林资源调查、监测手段多采用航片和地形图，周期长，现势差、地面和室内工作量都很大。由于航摄投影造成面积失真、像片周期造成现势失真、转绘造成面积误差，而在没有任何测绘资料的深山老林，几乎难以从事森林资源调查。以GPS、GIS、RS及其集成技术“3S”为代表的现代Geomatics（地学信息科学与技术）把森林资源的调查与监测推向了现代高新科技的新时代，从而使森林资源调查与监测范围扩大、周期缩短，精度提高、现势性增强、工作量减小，进入数字化、实时化、自动化、动态化、集成化、智能化的新时代。

一、构建森林资源与环境监测系统技术框架

一个以计算机科学为基础，以GPS、GIS、RS及其集成技术“3S”技术为主导的现代森林资源调查系统应具备如下特点：

1. 系统集成化

系统无论从物理结构到数据结构都是集成为一体的森林资源调查监测系统，确保GPS的矢量数据，RS的栅格数据在GIS数据库中的互相转换和互相补充，确保数据冗余度小，查询方便，调用及时，运算正确，分析可靠，系统具有足够的精度和可靠性及优化的经济性。

2. 系统数字化

“3S”系统是计算机与地学科技的完善整合，而计算机对于图形、图像及其属性的存储、管理和分析要依赖于数字和编码。因此，一切与森林资源环境有关的图形、图像及属性都应有数字化的编码，进而能进行空间分析，特别是以 RS 灰度值为基本数据的多元统计回归空间分析。

3. 系统动态化

“3S”森林资源与环境监测系统是动态变化的，包括突变和渐变，因此，需要利用 RS 和 GPS 手段快速的实现数据更新，进而表现出状态和属性的变化，并进行现实资源数据报道和未来发展趋势预测。

4. 系统实时化（Real-Time）

这是近 20 年来出现的一个新名词，与 Post Process（事后处理）相对应，对森林资源环境监测“3S”系统，特别是小区域、小流域的监测系统，主要依靠 GPS、电子罗盘野外目估填图等手段，实施数据、图形、属性的变化和更新，区域大的地方可采用轻型直升飞机或无人驾驶飞机，配合 DGPS、航摄、扫描仪实现数据更新，更大的区域则可采用航天遥感数据更新，应该肯定，一个实时化的系统必然是一个动态化而且充分采用了趋势预测空间分析模型的系统。

5. 系统自动化

优秀的森林资源环境监测“3S”系统应是一个高度自动化易于驾驶的一个平台，资源环境监测人员可以顺利进行系统作业。

6. 系统智能化

这是森林资源环境监测“3S”系统的最高目标，是 GIS 系统中空间分析二次开发的目标，使森林资源环境监测问题从整体解决之关键。

综合上述分析，一个现实、理想的森林资源监测“3S”系统如图 7-11 所示。

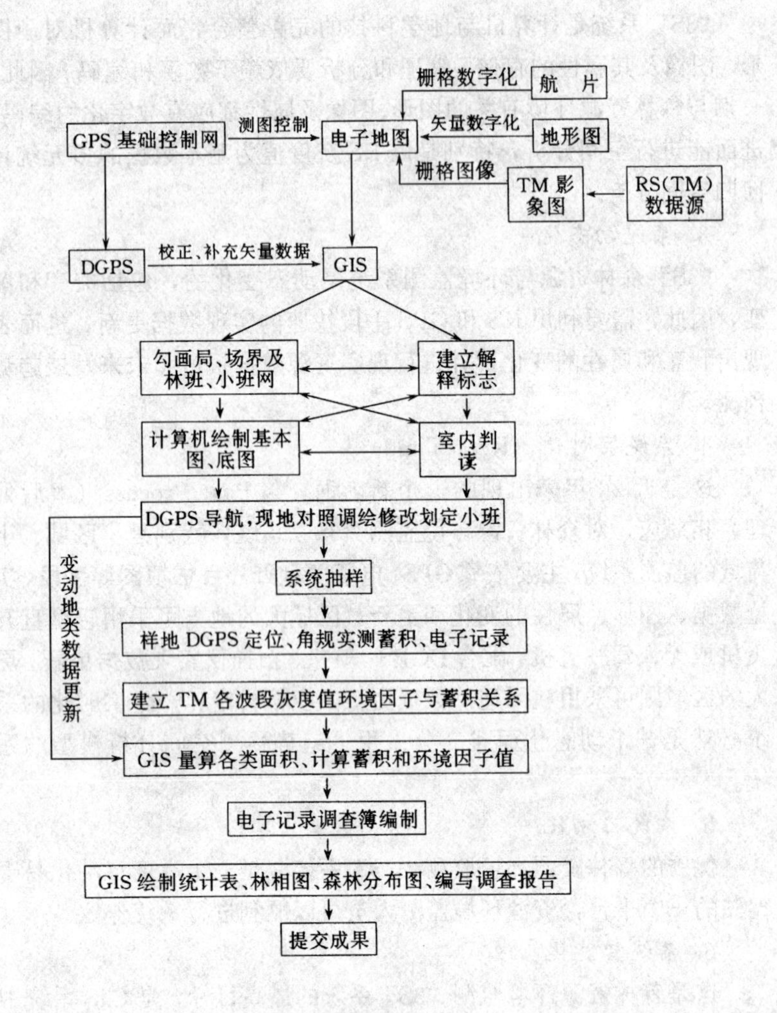

图7-11　森林资源与环境监测技术系统

由图 7-11 不难看出，“3S”系统能够大量代替野外劳动，以较少的野外作业，实现森林资源环境监测“3S”技术系统功能的关键在于建立目标函数（如树高、胸径）与各波段灰度值，环境因子之间多元统计模型，从而使 RS 信息得到充分的应用。

二、森林资源与环境数量估测模型

归纳起来，森林资源与环境监测的内容有三个方面：①林地面积监测；②森林蓄积监测；③森林环境因子与要素监测。森林资源与环境综合监测与评价体系的建立是实现森林多资源多效益监测评价的基础，进而把样地的测定值、估测值（内差和外推）有机地结合起来，建立以 TM 各波段及波段组合灰度值、立地条件特征值为自变量的森林蓄积、环境特征参数表达式，其一般表达式为：

$$q(x, y, H, t) = f(x_1, x_2, \cdots, x_m) \quad (7\text{-}17)$$

(7-17) 式中 q 是基于地理坐标（x，y，H）和时间特征的森林蓄积或环境特征参数表达式，其中 x，y，H 及其邻域空间特征参数要依 DGPS 确定，立地条件特征值要依据以往的调查资料和地形图确定，其原有地形图要依据 DGPS 实现更新，自变量代表相应的 TM 单波段及其组合灰度值和有关的立地条件特征值。模型基础表达式(7-17) 要依据最小二乘（$\sum V_i^2=\text{Min}$）或最小一乘（$\sum |V_i| = \text{Min}$）原理确定，在 GIS 支持下，实现预测内差和外推，进而进行空间分析。通过 RS 影像配合地形图 DTM，实现森林自动分类或目视解译分类，通过 GIS 自动计算和统计各地类面积，进而进行森林资源与环境的综合现状统计和动态变化分析。某一小班森林蓄积或环境特征参数的表达式为：

$$Q(x,y,H,t) = \int_s \int q(x,y,H,t)\mathrm{d}s = \sum q_i(x_i,y_i,H_i,t)s_i \quad (7\text{-}18)$$

(7-18) 式中，Q 为时刻某像元中心点坐标为单位森林蓄积量估测值，s_i 为某像元在本小班内占有的面积。

游先祥、赵宪文等对此问题进行了系统的研究。游先祥教授80年代末期利用TM影响特征因子（如坡向、坡位、坡度、海拔、土壤类型、厚度）林分特征因子（林型、优势树种、郁闭度、龄级、胸径、树高等）建立多元线性回归模型，其表达式为：

$$q(x, y, H, t)=a_0+a_1x_4+a_2x_5+a_3x_6+a_4x_7+a_5x_8+a_6x_{11}+a_7x_{12}+a_8x_{17}+a_9x_{18}+a_{10}x_{19}+a_{11}x_{20}+a_{12}x_{21} \quad (7\text{-}19)$$

(7-19) 式中，x_4（坡向），x_5（坡位），x_8（土壤类型），x_9（土壤厚度），x_{12}（优势树种），x_{20}（饱和度），x_{21}（色度）为非连续变量，而 x_6（坡度），x_7（高程），x_{11}（郁闭度），x_{12}（优势树种），x_{17} (Band4/4)，x_{18}（Band5），x_{19}（Band7/3）为连续变量。

在甘肃省迭部林业局的实验，(7-19) 式相关系数为0.817 5，通过F检验为极显著。

赵宪文研究员20世纪90年代中期对巴林林业局，南木林业局利用TM数据配合林龄、色彩等因子进行多元回归分析，其结果为(针叶组和阔叶组)：

$$y_{(针)}=1640.43+48.25x_1+0x_2+194.63x_3+195.4x_4+362.35x_5+179.05x_6-69.52x_7+78.78x_8+0x_9-4.33x_{10}-108.03x_{11}+140.83x_{12}+57.38x_{13}-38.53x_{14}-47.78x_{15}+23.196x_{16}-37.2824x_{17}-55.3552x_{18}-7272.93x_{19}-70695.63x_{20}-4.15x_{21}-1149.209x_{22}+999983.9x_{23} \quad (7\text{-}20)$$

$$y_{(阔)}=-14459.91-8587x_1+0x_2-3.11x_3+8.91x_4+1.04x_5+23.63x_6+1.18x_7+11.91x_8+0x_9+8.01x_{10}-1.59x_{11}-0.04x_{12}-1.56x_{13}+5.14x_{14}-38.69x_{15}+1569.8x_{16}-689.91x_{17}+87.62x_{18}-703.15x_{19}+1817.9x_{20}+0.33x_{21}-426.6x_{22}+21814.26x_{23} \quad (7\text{-}21)$$

$x_{10}\sim x_{23}$可选择如Band4，7，4/3，(4−3)/(4+3)，(4×5)/7，

(5+7-2)/(5+7+2)，3/(1+2+3+4+5+7)等形式。实测验证各类欲估精度最高达96.95%，最低达82.3%，完全满足二类调查监测要求。

三、存在问题

（1）数据结构的统一问题“3S”技术用于建立森林资源与环境监测系统时数据结构的一致性和互换性是重要的，一是TM数据结构，其属性（以灰度值表示）主要反映了森林的某些特征，需要深入分类（如区分针叶，阔叶），一是TM栅格几何数据与DGPS，地形图数据的一致性和互换性，这是3S系统的建立基础。

（2）预测模型的优化选择　需依据多种自变量建立方程，通过实测验证完善模型。

（3）系统抽样的个数　显然，个数过少其代表性差，而过多则会使野外工作量增大，赵宪文研究员认为样地个数100左右，是否在任何条件下都可行，需进一步研究。

（4）是否需要依(7-18)式计算蓄积量？还是每个小班只估计若干个点的值取平均作为最后结果。样地实测点恰好落入某小班时，应占多大的权重参与估测？所有上述问题均需进一步深入研究和完善。

附录1 "3S"基准与手持式GPS定位

1. GPS及我国测绘基准

自从美国政府2001年5月1日取消"SA"（选择可用性）政策后，GPS单机定位精度从过去的±100m（2σ）提高到标称的±30m（2σ），实际精度还要更高些。由于GPS所采用的坐标为WGS-84，而我国测绘基准系统为BJ-54、C-80或地方坐标系，WGS-84、BJ-54、C-80及地方坐标系之间由于椭球系统、地心定位的不一致性，使得坐标之间存在转化参数。常用坐标系的有关参数可列附表1。

附表1 有关测绘基准与坐标系统

椭球体	建立时间	长半径	偏率	原点
海福特	1910	6378388m	1/297.0	
克拉索夫斯基	1940	6378245m	1/298.3	普尔科法
BJ-54	1954	6378245m	1/298.3	北京
C-80	1980	6378140m	1/298.257	陕西泾阳阳永乐镇
WGS-84	1984	6378137m	1/298.257223563	

两个空间坐标之间的转化参数一般用七参数法（三个平移ΔX，ΔY，ΔZ，三个旋转εx，εy，εz，一个尺度m），对于手持式GPS而言，因定位精度相对较低，故难以求出可靠的εx，εy，εz，和m，因而可认为εx，εy，$\varepsilon z=m=0$，实际手持式GPS单机定位中只考虑ΔX，ΔY，ΔZ。

我国WGS-84、BJ-54与C-80之间的整体转化参数是保密的，这是对于国家安全和利益都是很重要的。整体转化参数适合于全国，我们不能得知和使用，我们可以利用已知的国家等级测量控制点求得区域性转化参数，附表2是几个地区的转化参数。

附表 2　12 个地区 WGS-84 与 BJ-54 之转化参数单位（m）

地　域	ΔX	ΔY	ΔZ	备　注
A	−13	+157	+87	$\Delta A=108$
B	+21	−155	−78	$\Delta f=0.0048\times10^{-4}$
C	−4	−105	−24	
D	−37	75	70	
E	−0. 3	−118. 6	−41. 1	

从附表 2 可以看出，区域性转化参数的变异性是比较大的。然而，采用区域性转化参数解决地区性的定位问题，通常比国家参数有更佳的效果。

2. 区域性参数转化的确定

区域性参数转化的确定可归结为附图 1。有关（B，L，H），（x，y，H），（X，Y，Z），三者转化，我们用 VC 编写了程序。

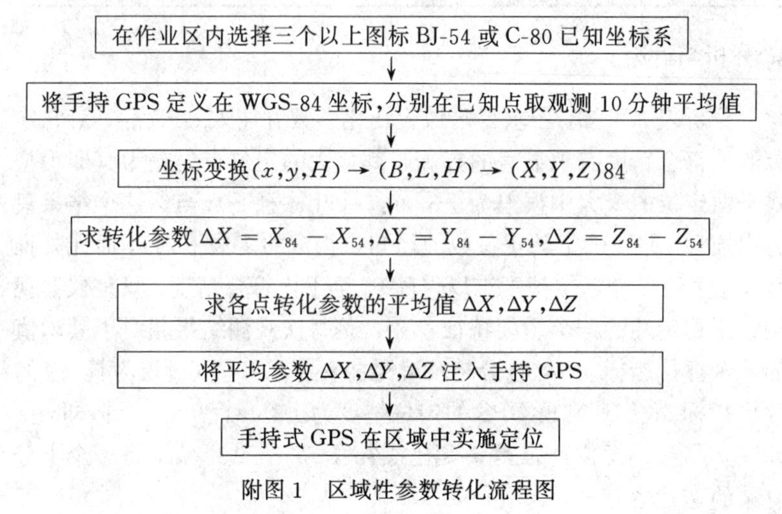

附图 1　区域性参数转化流程图

3. 手持式 GPS 定位精度实验

为了研究手持式 GPS 的定位精度，我们选择 GPS 点 B002 及针

叶林冠下的点 Z_1 和阔叶林冠下的 K_1 点，通过全站仪精确测量其坐标。而后转化为 BJ-54 坐标系的手持式 GPS 接收机连续跟踪 10 次（1 次/天），每次取 5 分钟平均值，观测结果可列附表 3。

附表 3　针叶林冠、阔叶林冠下的手持式 GPS 定位精度

单位（m）

测点	内符合误差						外符合误差					
	Δx max	σ_x	Δy max	σ_y	ΔH max	σ_H	Δx max	σ_x	Δy max	σ_y	ΔH max	σ_H
B002（无林地）	3	±1.2	14	±3.1	2.2	±14.7	2.2	±1.4	7.7	±4.7	35.8	±13.5
$K1$（阔叶林）	3	±1.1	9	±2.7	6.4	±15.0	6.4	±1.7	9.7	±3.2	47.0	±16.7
$Z1$（针叶林）	18	±4.4	11	2.1	6.0	±8.9	6.0	±3.5	7.5	±3.9	9.7	±10.4

4. 分析与讨论

分析表 3 可知，当求得区域化转化参数并注入 GPS 后，GPS 定位的外符合精度有了显著的提高，其最大的定位点误差为（即手扶式平面定位的最大中误差为±5.2m，针叶林冠下），当然这个结果只有内插性（即在确定转化参数的已知点构成的多边形内），而无外推性（在多边形外定位精度难以保障）。至于内符合精度，只是仪器观测结果稳定性的一个重要特征参数，是每次观测结果相对于其均值的一个评价指标。而外符合精度确是相对于已知值（可视为真值）的评价指标。我们通常说 GPS 的定位精度为±15m，而 $\sigma_H=2\sigma_P$，即 $\sigma^2=\sigma_P{}^2+\sigma_H{}^2=5\sigma_P{}^2$，由此推得 $\sigma_P\leqslant\pm6.7$m，$\sigma_H=\pm13.4$m，是一个十分复杂的迭代运算。

附录 2　GPS 数据与 GIS 的转换

1. 导言

GPS 可以测定出接收站所在的位置，是 GIS 的一个重要的数据源。GIS 软件一般都能接收 GPS 数据，但是在野外作业环境下，由于客观条件的限制，一般没有 GIS 软件的支持，因此，将各种 GPS 数据格式转换成多种 GIS 软件都能读取的格式是有必要的。这里主要介绍 GPS 野外采集的定位数据转换为 e00 文件，以与 ARC/INFO 和 MAP GIS 等软件读取。

2. 数据格式标准

地理信息系统在不断的发展过程中，为了更好地实现数据的共享，出现了开放的 GIS，即开放地理数据相互可操作标准（OGIS），目的就在于解决不同 GIS 软件间的数据共享和转换问题。开放地理数据相互可操作标准（OGIS）为软件开发商提供了一个进行 GIS 软件开发的框架，使他们的用户能在一个开放的信息技术环境中存取和处理来自多种数据源的数据。目前，由于 GIS 数据格式不尽相同，而一种 GIS 软件所接受的数据格式是一定的，为了便捷而高效地实现数据的传输和交换，必须采用一定的规划对不同数据源的数据进行转化，要进行数据转化，就必须遵循地理信息数据转化标准。一般来讲，空间数据转换标准分为矢量标准及栅格标准两大类，这一点与 GIS 中普遍采用的矢量数据及栅格数据是一致的。关于数据转化标准以及 GIS 技术的其他标准，ISO、CEN 组织有专门的机构探讨 GIS 标准体系的一系列问题，以推动 GIS 本身的发展和地理信息产业的发展。

在矢量标准中，NTF 格式已被英国地理学会推荐为空间数据交换的优选格式；Autodesk 公司开发的图形交换格式 DXF，也在许多领域得到广泛应用；DGIWG 开发的数字地理信息交换标准格式 DIGEST 以及美国地质调查局开发的空间数据交换标准格式 SDTS 都在数据转换工作中发挥着重要作用。而在栅格标准中，由 Aldus、Microsoft 公司以及 Andrews 和 Fry 共同开发的特征图像文件格式，即栅格交换标准 TIFF，可以认为是目前用于常规目标空间数据的最为重要的栅格标准。

ESRI 的 ARC/INFO 也提供了一个交换文件格式 e00，但一般只供跨平台的 ARC/INFO 系列读取。因此，严格地说，e00 并不是标准的文件交换格式，但由于 ARC/INFO 在 GIS 领域中的重要地位，许多相关软件也提供了对 e00 格式的支持。

3. e00 的文件格式

e00 文件作为 ARC/INFO 的一种交换文件，用于在不同平台之间的 ARC/INFO 系列产品之间交换数据，但是 ESRI 并没有公开 e00 文件的格式，这就带来了一些困难。笔者经过对一些资料的研究，得到了 e00 文件的一部分格式。

我们知道，ARC/INFO 的特征类型有好几种，有点、弧、多边形等，但由于通过 GPS 获取的信息主要是点的位置信息，所以这里只包括了标识点和控制点等特征。下面就介绍一下只包含点信息的 coverage 输出的非压缩的 e00 文件格式。

(1) 起始行：EXP 0E00 文件名

(2) 接下来就是对点的描述：

由 LAB n 表示点描述开始，其中 n=2 表示单精度，n=3 表示双精度（以下均按双精度介绍）

(3) 然后就是每个点的信息，每个点的信息由四部分组成：

编号　所属多边形　x 坐标　y 坐标

x 坐标　y 坐标　（坐标的冗余存储）

x 坐标 y 坐标 （坐标的冗余存储）

下一点……

……

最后由－1 尾随两个 0 表示所有点信息结束。

(4)容限值设置(以下是一个例子，//后为与 e00 文件无关的注释：

TOL 3 //容限值部分开始，双精度

1 28.0000000000000E－02

2 20.0000000000000E＋00

3 20.0000000000000E＋00

4 20.0000000000000E＋00

5 20.0000000000000E＋00

6 28.0000000000000E＋00

7 28.0000000000000E－01

8 28.0000000000000E－01

9 28.0000000000000E－01

10 28.0000000000000E－01

－1 0 0 0 0 0 0

//最后一行表示容限值部分结束。

(5) 没有太大意义的两行：

SIN 3

EOX

(6) 日志文件（以下是一个例子，//后为与 e00 文件无关的注释）：

LOG 3//日志部分开始，双精度

20000207830 0 0 0Administrator

ARCEDIT E：\gao－ZS\1. e00

～

20000207900 0 0 0Administrator

ARCEDIT E：\gao－ZS\1. e00

～

EOL　//日志结束

日志部分主要记录了对文件的一些操作和当时的时间等信息，中间也可以什么都不记录，也可以写无意义的字符（注意要与～配对），ARC/INFO 仍然能够正确的读取。

（7）投影信息（以下是一个例子，//后为与 e00 文件无关的注释）：

PRJ 3　//投影部分开始，双精度

Projection　GEOGRAPHIC

～

Zunits　NO

～

Units　DD

～

Spheroid　CLARKE1866

～

Xshift 0. 0000000000

～

Yshitf 0. 0000000000

～

Parameters

～

EOP　//投影部分结束

投影部分描述了所用到的投影参数，其意义比较明显。

（8）INFO 文件部分：

此部分包含若干个文件，每个文件是分开存储的，每个文件部分包括三个小部分：

文件名，如 1. bnd，1. pat 等；文件字段的定义；字段值；例如：

1. PAT　XX　6　6　32　30

文件名　无太大意义　字段数　重复字段数　记录长度　记录数

AREA　8—1　14—1　18　5　60—1　—1　—1—1　1—

字段名　字段字节数　字节起始位置　输出宽度　小数位数　表示实数　顺序号

1—ID　4—1　21 4—1　5—1　50—1　—1　—1—1　4—

字段名　字段字节数　字节起始位置　输出宽度　表示二进制整数　顺序号

CODE　4—1　29 4—1　4—1　20—1　—1　—1—1　6—

字段名　字段字节数　字节起始位置　输出宽度　表示字符　顺序号

NUM　10—1　37 4—1　15 —1　30—1　—1　—1—1　8—

字段名　字段字节数　字节起始位置　输出宽度　表示十进制整数　顺序号

(以上标下划线的字符在文件中的作用类似于占位符,无实际意义。)

至于字段值，就是将上述各字段的实际值依次列出；然后依次列出其它 INFO 文件，细节同上；

与以上各大部分类似,INFO 部分以 IFO3 表示开始,以 EOI 表示结束。

(9) 最后是一行 EOS，表示整个 e00 文件的结束。

弧和多边形的格式描述要稍微复杂一些，也是类似的。上面的格式描述中,有的字符串是很重要的,比如 LOG 中的～,如果丢失,ARC/INFO 就会一直找到文件末尾,然后报错,其它的如 EOI、EOL 等也是类似的；如果 IFO 和 3 之间少了一个空格，ARC/INFO 也不能正确读入。但是如果将－1 等占位符替换成空格，并不会影响 ARC/INFO 的正确读入。

4. 实际转换

由于GPS手簿的下载文件格式是已知的，所以在了解了e00的文件格式之后，实际的转换工作就比较容易了。对于点的属性信息，可以直接在INFO文件中将字段定义及其属性值加入，导入ARC/INFO中之后其属性信息都将是完全的。转换过程中最需要注意的就是严格遵守e00文件中的数据格式，一个空格的错误都有可能使ARC/INFO不能正确读取，因此准确的数据格式输出是必要的。实践证明，经过转换，能够无损地将GPS得到的点位置信息正确地读入进ARC/INFO中。

参 考 文 献

1. 冯仲科等.GPS 静态定位与 RTD 定位．中国 GPS 协会 99 论文集，1999
2. 冯仲科等．手持式 GPS 改造为 RTD 接收机的研究．中国 GPS 协会 99 论文集，1999
3. 冯仲科．游先祥．普通手持式 GPS 用于林区近实时差分定位的研究．林业科学，1999
4. 冯仲科等.RTD GPS 用于森林资源固定样地调查的研究．中国 GPS 协会 99 论文集，1999
5. 冯仲科等.DGPS 用于实时精确测量超小林班面积的研究．中国 GPS 协会 99 论文集，1999
6. 冯仲科．韩熙春，GPS 接收机 RTK 定位整周模糊度的快速解算方法．北京林业大学学报，1999（2）
7. 冯仲科．现代林业测绘技术系统研究．北京测绘.1999（2）
8. 冯仲科等．全站仪土方工程实时自动测算系统研究．有色金属，1999（2）
9. 李庆海等．概率统计原理和在测量中的应用．北京：测绘出版社，1982
10. 唐守正．多元统计分析方法．北京：中国林业出版社，1986
11. 王广运等.GPS 精密测地系统原理．北京：测绘出版社，1988
12. 李德仁．误差处理和可靠性理论．北京：测绘出版社，1988
13. 游先祥等．不同求积方法测定面积的精度比较."三北"防护林甘青宁类型区再生资源遥感应用研究文集．北京：科学出版社，1991
14. 宋其友．数学地籍测量．北京：测绘出版社，1991
15. 周忠谟等.GPS 卫星测量原理及应用．北京：测绘出版社，1992
16. 国家测绘局．全球定位系统（GPS）测量规范，1992
17. 黄克龙等．电子外业手簿 EFB-S 程序设计与应用．北京：测绘出版社，1992
18. 刘基余等．全球定位系统原理及其应用．北京：测绘出版社，1993
19. 龚健雅．整体 SIS 的数据组织与处理方法．武汉测绘科技大学出版社，1993
20. 游先祥等．三北防护林地区再生资源遥感的理论及其技术应用．北京：中

国林业出版社，1994
21. 冯仲科等．国外现代测绘仪器精品集（1）．北京：测绘出版社，1994
22. 游先祥等．森林资源调查．动态监测．信息管理系统的研究．北京：中国林业出版社，1995
23. 郭达志等．测绘新技术及其应用．北京：中国矿业大学出版社，1995
24. 杜道生等．RS. GIS. GPS 的集成与应用．北京：测绘出版社，1995
25. 孟宪宇主编．测树学．北京：中国林业出版社，1996
26. 李德仁．GPS 用于摄影测量与遥感．北京：测绘出版社，1996
27. 冯仲科等．测量学通用教程．北京：测绘出版社，1996
28. 冯丰隆等．中兴大学实验林 GIS 之建立与应用（一．二）．台湾中兴大学森林学系．1996
29. 国家林业局调查规划设计院．国家森林资源和生态环境综合监测及评价主要技术规定（讨论稿），1998
30. 陆守一等．地理信息系统实用教程．北京：中国林业出版社，1998
31. 冯仲科．全站仪三维导线测量定位系统．测绘科技动态，1998
32. 森林可持续经营 1998（北京）学术研讨会论文集．林业资源管理，1998
33. 王礼先，余新晓等．林业生态工程学．北京：中国林业出版社，1998
34. 北京市林业勘察设计院．北京市森林资源二类调查技术规定，1999
35. 李建龙等．RS，GPS 和 GIS 集成系统在新疆北部天然草地估产技术的应用进展．生态学报，1998
36. 郭达志等．GIS 基础与应用．北京：煤炭工业出版社，1997
37. 仇肇悦等．遥感应用技术．北京：测绘出版社，1995
38. 王之卓．摄影测量原理续篇．北京：测绘出版社，1986
39. 高振松，过静珺．GPS 数据到 ARC/INFO 的转换．北京测绘，2000（4）
40. 赵宪文．林业遥感定量估测．北京：中国林业出版社，1997
41. Evans D. L.. etc. Use of Global Positioning System for Forest Plot Location. Southern Journal of Applied Forestry. 1992，16（2）
42. NMEA 0183 Standard for Interfacing Marine Electronic Devices. 1992（2）
43. Slonecker T.. etc. GPS Applocations in the U. S. Environmental Protection Agency. Surveying and Land Information Systems. 1993，53（2）
44. Mervart L.. etc. Ambiguity Resolution Strategies Using the Results of the International GPS Geodynamics Service（IGS）. Bulletin. G.，1994，（68）：

29～38

45. August. P. etc. GPS for Environmental Applications. Accuracy and Precision of Location. Data Photogrammetric Engineering & Remote Sensing, 1994, 60 (1)
46. Langley R. B. TRCM Se－104 DGPS Standards. GPS World, 1994
47. Proceedings of the Symposium on Forest Inventory and Monitoring in East Asia. Japan Society of Forest Planning Press. 1995, (10): 21～24
48. Lennart Bondesson. etc. Standard Errors of Area Estimates Obtained by Traversing and GPS. Forest Science 1998, 44 (3)
49. Y. Gao. etc. Integrating GPS with Barometry for High-Precision Real-time Kinematic Seismic Survey. Surveying and Land Information Systems, 1998
50. L. E. Sj berg. A New Method for GPS Phase Base Ambiguity Resolution by Combined Phase and Code Observables. Survey Review, 1998

后记 1

《“3S”技术及其应用》作为国内首本介绍“3S”技术原理、方法、应用的编著今天终于同大家见面了。尽管这不是我的第一本正式出版物，我还是为之付出了大量心血。到现在我才体会到写书如同做菜，能列出菜单不见得就能摆出让客人满意的酒席。编著本书最大的体会是感觉中的资料、信息很多、很杂，真正派上用场的却不多；理想中应该是本好书，写出后却连自己都不满意；构想中读者层面很大很广，所以写起来就要左顾右盼，既担心内容太浅让人笑话没有可读性，又担心让人觉得不实用，对工作没有什么帮助。总之，写书难，出书难，买书难，您也难，我也难。

自我感觉在测绘圈里朋友多，许多人认识我，到了林业资源与环境圈里，就没有什么人知道冯某人了。好在本书的合作者余新晓却是这个圈里的名人。做为我的朋友和同乡，这位近十年来北京林业大学历史上最年轻的副教授、教授、博导，自然是著述多多，留学归来、获奖大把。作为水保学院副院长和水保界年轻学者，他的称号、获奖、头衔恐怕一张纸也写不完。

我在测绘界做了些工作的重要原因，还在于我有一个好朋友马超。有人给他相面，说这小子是个有王者气度之人，反正他是够朋友。资源与环境圈里马老板没有什么名气，要是在测绘界，您准识“马”。刚过 40 岁的仪器专家马超是中国最大的测绘仪器公司——南方公司的总经理，这位南方测绘仪器公司的创业者 10 年前靠 15 万启动资金、两个人、半间房创业，到今天已发展为拥有 400 余名员工、4 家测绘仪器制造厂，在全国大城市拥有近 20 家分公司的集团公司。已能研制 DGPS、静态 GPS、全站仪、电子经纬仪、测距仪、附件、GIS、数字测图软件等系列产品。今年是南方公司成立 10 周年，生日庆祝会非常别致，400余名测绘名人、领导、工程技术人员到会祝贺。本人应邀主持院士学术报告会。两院院士、武汉测绘科技大学校长李德仁及王任享院士、魏子卿院士等做“3S”学术报告。

其实南方测绘的仪器、软件、技术在我们生态环境圈里是大有用武之地的，我在本书中的介绍已能说明一些问题。最近向测树专家唐守正院士请教可否把电子经纬仪三维测量系统、全站仪三维测量系统、数字摄影测量三维系统用于测量树干、树枝和树冠，唐先生马上肯定：这是很有前途的方案，应加强研究，力争突破，并称唐院士本人近来一直致力于这方面研究。妙！妙！妙！此前我已指导过二位研究生从事三维工业测量研究，今年新招的二位则全是搞三维工业测量用于测树研究，分别从摄影和大地测量法去搞。一套进口的三维工业测量系统大约要花20万元，而南方测绘的相应产品才五、六万元水平，功能不比进口差多少。出版本书时，南方公司的副总经理杨震彭说：让资源环境界的朋友到南方测绘看看，看看我们的“3S”，只要您打电话020－85598718/85596728/85583738，马上去机场或火车站接朋友们过来参观。

能够编著本书，自然要感谢许多人的帮助，董乃钧教授、韩熙春教授、孟宪宇教授、宋新民教授……，要感谢的人太多了，因为是资源环境领域内应用“3S”的一个新兵，相关知识当然要靠请教这些老先生了。

书出版了，算是了却了一桩心事。愿此书对朋友们有所帮助。对于书中缺陷、谬误之处敬请大家提出宝贵意见。

冯仲科

北京林业大学

1999年8月18日

后记 2

我没有想到《“3S”技术及其应用》第一版5000册图书竟在1年内售罄，这并不是说明我和余新晓有多高的水平和造诣，而是说明了一个事实：“3S”技术实实在在地启动了，实实在在地应用了，实实在在地见效了。这也可从我们近年来国内国外的教学、科研频繁活动中加以证明。

蓬勃发展的“3S”事业为每一位从事“3S”技术研究的科技工作者发挥聪明才智，开劈了得天独厚的条件。方兴未艾的数字地球、数字中国、数字林业把“3S”技术作为一种基础技术推向了前所未有的高度，也为我国实现建立一个从微观精准测树、灾变观测与监测到宏观森林资源与生态环境的综合监测技术体系奠定了良好的基础。我们相信，在各方面的努力下，一个近景摄影测树、灾变环境GPS精确监测、航空数字摄影测量监测森林、航天遥感监测全球变化、GIS分析管理及制图的“3S”集成系统将在不久的将来建立，这将是一个自动、实时、集成、具有多级分辨率的森林资源与生态环境“3S”监测系统。

尽管我们生活在一个知识激增的时代，但这并没有使本书再版时增进更多的内容，这次增订，除修改了许多错误之外，在《“3S”集成技术及其应用》一章中增加了“基于‘3S’技术的森林资源与环境监测系统”一节，同时增加了有关“3S”基准与手持式GPS定位精度、GPS数据与GIS交换两个附录，希望所增内容能给读者以帮助。

我本人原本学习测绘，1997年9月调入北京林业大学森林经理学科，同期攻读博士学位。岁月的流失，时间的推移，我逐渐进入了神奇的绿色森林世界，并与日剧增地热爱着森林经理事业和林业

“3S”技术，我想这将是我终身热爱的事业。看到“3S”事业蓬勃向上，那么多的同志们报考我的硕士、博士研究生，我只有一个愿望，那就是把我们林业“3S”理论与技术研究推向新的阶段。本人林业知识的缺乏期望读者能谅解。

冯仲科

北京林业大学

2001 年 7 月 7 日

“3S”系列丛书

中国林业出版社经过多年组织策划，近期推出“3S”系列丛书。该套丛书已出版《地理信息系统实用教程》和《“3S”技术及其应用》两种书。

《地理信息系统实用教程》(第2版)

陆守一　唐小明　王国胜　编著

16开　350千字　208页　**定价:26.00元**

主要内容:

本书系统全面地阐述了地理信息系统的原理方法及其应用前景。

全书共分九章，包含三部分内容。第一部分着重地理信息系统原理，介绍了地理信息系统的基本概念、运行硬件和软件环境、空间数据结构以及空间数据处理分析的原理方法；第二部分着重地理信息系统应用，介绍空间分析的功能及空间分析模型的应用，并根据地理信息系统的常用功能以MapInfo为平台列举了应用实例；第三部分以信息技术为基础介绍了“3S”技术和网络GIS等新技术。

读者对象:

本书内容丰富，结构紧凑，可作为相关专业的大学本科生和研究生的教材，亦可作为大专院校教师以及从事地理信息系统软件研究及应用系统开发技术人员的技术参考书。